GRUNDZÜGE DER MEHRDIMENSIONALEN DIFFERENTIALGEOMETRIE

IN DIREKTER DARSTELLUNG

VON

D. J. STRUIK

MIT 4 TEXTFIGUREN

BERLIN
VERLAG VON JULIUS SPRINGER
1922

ISBN 978-3-642-50371-9 ISBN 978-3-642-50680-2 (eBook)
DOI 10.1007/978-3-642-50680-2

SOFTCOVER REPRINT OF THE HARDCOVER 1ST EDITION 1922

HERRN PROFESSOR

DR. GREGORIO RICCI-CURBASTRO

IN PADUA,

DEM GRUNDLEGER DER

ABSOLUTEN DIFFERENTIALRECHNUNG,

GEWIDMET

VOM VERFASSER

Vorwort.

Es ist dem Verfasser eine angenehme Pflicht, an dieser Stelle allen, die durch ihr freundliches Interesse oder ihre Hilfe die Bearbeitung des Stoffes und das Zustandekommen des Buches gefördert haben, seinen verbindlichsten Dank auszusprechen.

An erster Stelle gilt mein Dank Herrn Professor Dr. J. A. Schouten in Delft, der die Ausarbeitung des Buches durch seine Ratschläge geleitet und sowohl das Manuskript wie auch sämtliche Korrekturen durchgesehen hat. Herr Dr. L. Berwald in Prag hat die letzten Korrekturen mitgelesen und durch seine mathematischen und bibliographischen Bemerkungen das Buch wesentlich verbessert. Ihm sage ich hier Dank für seine Mühe. Auch die Herren Professor Dr. R. Courant in Göttingen, Dr. H. Stenzel in Hannover und Professor Dr. W. van der Woude in Leiden, welche mir die Arbeit wesentlich erleichtert haben, spreche ich meinen Dank aus.

Der Verlagsbuchhandlung Julius Springer schulde ich Dank für die Freundlichkeit, mit der sie auf meine Wünsche eingegangen ist.

Rotterdam, im April 1922.

D. J. Struik.

Inhaltsverzeichnis.

Berichtigung.

S. 9 Fußnote [9]) ist hinzuzufügen: Schouten-Struik 1922, 1.

S. 10 Fußnote [2]) soll lauten: Vgl. Fußnote [9]) S. 9.

S. 65 Z. 3 von Formel (159) statt $\mathbf{K}_{kjkj}$ lies K_{kjkj}.

S. 124 Formel (12a) statt $h_{ep\delta}$ und $h_{ep\gamma}$ lies: $h_{e\beta\delta}$ und $h_{e\beta\gamma}$.

S. 160 Formel (194a) statt K_{λ}^{μ} lies: K_{λ}^{ν}.

S. 173 In 1894, 8 statt 1887, 2 lies: 1887, 3.

S. 174 In 1896, 4 statt 1887, 2 lies: 1887, 3.

S. 182 Hinzuzufügen: 1895, 3. Stransky, E., Infinitesimalgeometrie der Raumkurven auf Grundlage einer Nicht-Euklidischen Maßbestimmung. *Jahresber. des Staatsgymnasiums in Prachatitz* 1914—15, 2 S.

Struik, Differentialgeometrie.

Einleitung.

Die differentialgeometrischen Probleme in höheren Mannigfaltigkeiten mit euklidischer und nicht-euklidischer Maßbestimmung bilden den Gegenstand einer ausgedehnten Literatur[1]). Die Behandlung ist aber im großen ganzen eine ziemlich unsystematische gewesen. Nicht nur war die Aufeinanderfolge der in Betracht gezogenen Probleme keine planmäßige, sondern vieles schon früher Gefundene wurde später von anderen Untersuchern wieder aufs neue, oft sogar weniger allgemein, abgeleitet. So wurden die verallgemeinerten Frenetschen Formeln, welche Jordan[2]) schon 1874 für V_1 in R_n[3]) aufgestellt hatte, später wiederholt neu abgeleitet, so z. B. von Hoppe, Pirondini u. a.[4]), und es beschränkte sich u. a. Pirondini dabei sogar wieder auf V_1 in R_4. Auch die Formeln von Gauß und Codazzi, die zum Teil von Voß 1880[5]) und Ricci 1902[6]) für V_m in V_n, vollständig von Ricci[7]) 1888 für V_m in R_n und von Kühne 1903 für V_m in V_n[8]) angegeben wurden, wurden öfters auch für weniger allgemeine Fälle neu aufgestellt[9]).

Die Stellung der Hauptprobleme und die ersten grundlegenden Arbeiten rühren von Riemann[10]) her, der den Begriff einer mehrdimensionalen Mannigfaltigkeit mit quadratischer Maßbestimmung entwickelte, und zum erstenmal die hier mit $\overset{4}{\mathbf{K}}$ bezeichnete Krümmungsgröße vierten Grades berechnete, deren Verschwinden die notwendige und hinreichende Bedingung dafür darstellt, daß die V_n eine R_n ist. Auch wies er die Identität des Skalars $\overset{4}{\mathbf{K}} \overset{4}{\cdot}\, {}_2\mathbf{f}\, {}_2\mathbf{f}$ mit der durch geodätische Fortsetzung des Flächenelementes ${}_2\mathbf{f}$ bestimmten Gaußischen Krümmung nach.

---

1) In den Fußnoten wird stets nur das Jahr, in dem die betreffende Arbeit erschienen ist, angegeben und eine Nummer. Jahr und Nummer verweisen auf das Literaturverzeichnis am Schluß des Buches. — 2) Jordan, 1874, 3. — 3) Unter V_p verstehen wir eine p-dimensionale Mannigfaltigkeit mit beliebiger quadratischer Maßbestimmung, unter S_p eine p-dimensionale Mannigfaltigkeit konstanter Riemannscher Krümmung, unter R_p eine p-dimensionale Mannigfaltigkeit mit euklidischer Maßbestimmung. — 4) Vgl. Fußnote S. 76. — 5) Voß 1880, 5. — 6) Ricci, 1902, 12. — 7) Ricci, 1888, 7. — 8) Kühne, 1903, 6. — 9) Vgl. Fußnote S. 136. — 10) Riemann, 1854, 1, 1861, 1.

An Riemanns Untersuchungen schließen sich die Beltramischen an[1]). Beltrami wies nach (1868—69), daß die V_n, welche konstante Riemannsche Krümmung besitzen, und nur diese, durch jeden Punkt und in jeder $(n-1)$-Richtung eine geodätische V_{n-1} gestatten. Schläfli[2]) bewies auch die Umkehrung. Dabei entwickelte Beltrami durch Bildung gewisser fundamentaler Differentialinvarianten einen Apparat zur Beherrschung der sich jetzt von allen Seiten aufdrängenden differentialgeometrischen Probleme.

Die Handhabung des Rechenapparates wurde bedeutend erleichtert durch den Begriff der kovarianten oder kogredienten Differentiation, von dem zuerst Christoffel und Lipschitz[3]) 1869 Gebrauch machten. Mit deren Hilfe wurde es möglich, durch einen Differentiationsprozeß von einer kovarianten, kontravarianten oder gemischten Größe bestimmten Grades zu einer anderen Größe, deren Grad um eins höher ist, fortzuschreiten.

Inzwischen wurde die Differentialgeometrie höherer Mannigfaltigkeiten von einer ganz anderen Seite von Kronecker[4]) angefaßt, der 1869 die V_{n-1} in einer R_n betrachtete und die wichtigsten Theoreme über Hauptkrümmungslinien, das Meusniersche Theorem usw. ableitete. In enger Beziehung zu diesen Untersuchungen stehen die Lieschen von 1871—72[5]), die sich ebenfalls mit der V_{n-1} in R_n befassen, aber darüber hinaus in die Theorie der kontinuierlichen Transformationsgruppen und in die Kugelgeometrie hineinführen.

Die Lösung mancher wichtigen Frage wurde in den folgenden Jahren von Lipschitz[6]) gegeben, der die V_m $(m \leqq n-1)$ in R_n und V_n untersuchte und zu den wichtigsten Theoremen über den mittleren Krümmungsvektor $\mathbf{D}$, sowie zu den Theoremen über die Produktsummen $\sigma_{\alpha\varepsilon}$ gelangte. Er untersuchte auch die Minimal-V_m in einer V_n.

Zur selben Zeit (1874) hat Jordan[7]) den Begriff der Hauptrichtungen einer V_m in R_n aufgestellt und die Erweiterung der Frenetschen Formeln für V_1 in R_n angegeben, eine Erweiterung, die 1882 auch von Brunel[8]) gefunden wurde, während die Verallgemeinerung für V_1 in V_n erst Kühne 1903 und Blaschke 1920[9]) zu verdanken ist.

Die Versuche von Beez[10]) 1875—79, die Riemannsche Theorie der V_n zu einem Widerspruch zu führen, schlugen fehl, führten aber zum wichtigen sogenannten Beezschen Satz, welcher für die Verbiegbarkeit der V_{n-1} in R_n eine merkwürdige Sonderstellung der Fälle $n = 2$ und $n = 3$ aufdeckt.

---

[1]) Beltrami, 1868, 1; 1868, 2; 1869, 1. — [2]) Schläfli, 1871, 4, vgl. Beltrami, 1871, 1. — [3]) Christoffel, 1869, 2; 1869, 3; Lipschitz, 1869, 5; 1870, 2. — [4]) Kronecker, 1869, 4. — [5]) Lie, 1871, 2; 1871, 3; 1872, 2. — [6]) Lipschitz, 1870, 1; 1873, 1; 1874, 5; 1876, 3; 1876, 4; 1882, 2; vgl. auch 1874, 6. — [7]) Jordan, 1874, 4; 1874, 3. — [8]) Brunel, 1882, 1. — [9]) Kühne, 1903, 6; Blaschke, 1920. 1. — [10]) Beez, 1875, 1; 1875, 2; 1876, 2; 1879, 1.

Die Arbeit von Voß[1]) 1880 brachte eine Untersuchung der geodätischen Mannigfaltigkeiten und der Mannigfaltigkeiten mit lauter Nabelpunkten, sowie die erweiterte Formel von Gauß und einen Teil der erweiterten Formeln von Codazzi für V_m in V_n.

Die bisher erhaltenen Resultate wurden von Killing 1885 in seinem Buche: „Die nicht-euklidischen Raumformen“[2]) zum größten Teil zusammengefaßt und teilweise erweitert. Dabei beschränkte Killing sich aber nur auf die V_m in einer S_n. Einige Resultate von Killing wurden durch Berzolari[3]) 1897—98 verallgemeinert, und K. Kommerell[4]) gab 1897 in seiner Dissertation eine Theorie der V_2 in R_4, welche von E. E. Levi[5]) 1908 für V_2 in R_n erweitert wurde. Auch Bompiani gab Verallgemeinerungen des Meusnierschen und Eulerschen Satzes[6]).

Im Jahre 1886 publizierte F. Schur[7]) einige wichtige Untersuchungen über die S_n; er entwickelte dabei u. a. das für diese Mannigfaltigkeiten gültige sogenannte Schursche Theorem, das später durch die von Bianchi im Jahre 1902 entdeckte (freilich schon von Padova 1888 angegebene) Identität allgemeinere Bedeutung bekam[8]).

Killing[2]) und F. Schur[9]) haben auch, an Beez anknüpfend, sich zuerst mit der Lösung des Problems der Biegung einer V_3 in R_4 beschäftigt, welches Problem seitdem von einer Reihe von Autoren untersucht ist[10]).

Anknüpfend an die Resultate von Riemann und Christoffel führte Ricci von 1887 an ein neues Element in die Untersuchung ein, den sogenannten absoluten Differentialkalkül[11]). Dieses neue analytische Hilfsmittel setzte ihn in den Stand, die Rechnungen in leichterer Weise durchzuführen und der Forschung neue Gebiete zu erschließen. In einer sich über drei Jahrzehnte erstreckenden Reihe von Arbeiten, welche ihren Abschluß noch nicht gefunden hat, zeigten Ricci und einige seiner Schüler die Fruchtbarkeit seiner Methode auch für V_2 in R_3[12]). Durch die Theorie der Kongruenzen in einer V_n wurde er weiter zum Begriffe der kanonischen Kongruenzen und zum Ausbau der Theorie der n-fachen Orthogonalsysteme geführt[13]). Die von $\overset{4}{\mathbf{K}}$ abgeleiteten Größen $^{2}\mathbf{K}$ und $^{2}\mathbf{G}$ führten zum Begriffe der Hauptrichtungen einer V_n, der sich für die Klassifikation der V_n als überaus wichtig erwies[14]). Auch die schon von Bianchi angefangene gruppentheoretische Klassifizierung der V_n

---

1) Voß, 1880, 5. — 2) Killing, 1885, 2. — 3) Berzolari, 1897, 2; 1898, 2; 1898, 3. — 4) Kommerell, 1897, 7. — 5) Levi, 1908, 4. — 6) Bompiani, 1913, 1. — 7) Schur, 1886, 7. — 8) Bianchi, 1902, 1; Padova, 1889, 4, vgl. Fußnote 1) S. 148. — 9) Schur, 1886, 6; 1887, 7. — 10) Siehe Fußnote S. 144. — 11) Vgl. z. B. Ricci, 1887, 5; 1888, 8; 1889, 5; 1892, 6; 1898, 10; Ricci-Levi Civita, 1901, 6. — 12) Vgl. z. B. Ricci, 1892, 6; 1893, 4; 1894, 11; 1894, 12; 1898, 10. — 13) Z. B. Ricci, 1895, 5. — 14) Vgl. z. B. Ricci, 1903, 9; 1904, 8, und fast alle späteren Arbeiten.

konnte mit Hilfe des absoluten Differentialkalküls mit Eleganz unternommen und weitergeführt werden[1]). Eine vorläufige Zusammenfassung von Resultaten wurde schon 1901 von Ricci und Levi-Civita in einer in französischer Sprache geschriebenen Arbeit niedergelegt[2]). Die Untersuchungen konnten später vermittels der schon erwähnten, 1902 neu entdeckten, äußerst wichtigen Bianchischen Identität sehr vertieft werden. Diese Identität, welche es ermöglicht, auch in Probleme, die $\nabla \overset{4}{\mathbf{K}}$ enthalten, und die also um eine Differentiationsstufe höher liegen, tiefer einzudringen, spielt in fast allen späteren Untersuchungen eine wichtige Rolle und ist auch für die Relativitätstheorie, wo sie den Impuls-Energiesatz liefert, von zentraler Bedeutung.

Eine besondere Stellung nehmen die Arbeiten von Fubini ein, welche seit 1899 die Kenntnisse der Eigenschaften der V_n, insbesondere der gruppen theoretischen Eigenschaften, nach manchen Seiten hin erweitern[3]).

Das Lehrbuch über Differentialgeometrie von Bianchi, das in der Übersetzung von Lukat 1899 in deutscher Sprache erschien, bringt in der zweiten italienischen und der ersten deutschen Auflage[4]) einige Kapitel über die V_n, welche die wichtigsten Eigenschaften von $\overset{4}{\mathbf{K}}$ und der V_{n-1} in V_n enthalten.

Auch das Lehrbuch von Cesaro (deutsche Übertragung von Kowalewski 1901)[5]), enthält Eigenschaften der V_3 und der V_1 und V_{n-1} in R_n, welche Cesaro in einigen späteren Arbeiten noch erweitert hat, insbesondere für S_n[6]).

Das Lehrbuch über Orthogonalsysteme von Darboux[7]) behandelt die n-fachen Orthogonalsysteme in einer R_n.

Die Einsteinsche Relativitätstheorie, die sich seit 1913[8]) des Ricci-Kalküls bedient hat, hat das Interesse für diese Rechnungsmethode und für die Differentialgeometrie höherer Mannigfaltigkeiten in weiteren Kreisen wachgerufen und zu neuen Arbeiten angeregt. So wurde die geometrische Bedeutung der kovarianten Differentiation unabhängig von Levi Civita[9]) 1917 und Schouten[10]) 1918 angegeben. Der hierdurch entstandene Begriff des geodätischen Parallelismus hat weitergewirkt in den Arbeiten von Weyl[11]) und zu manchen anderen Untersuchungen (z. B. Severi[12]), Pérès[13]), Carpanese[14]), Schouten, Struik[15])) Anlaß gegeben.

[1]) Bianchi, 1897, 3; Ricci, 1898, 8; 1898, 9; 1899, 12; 1905, 7. — [2]) Ricci-Levi Civita, 1901, 6. — [3]) Fubini, siehe Literaturverzeichnis. — [4]) Bianchi-Lukat, 1899, 2; Bianchi, 1902, 2. — [5]) Cesaro-Kowalewski, 1901, 2. — [6]) Cesaro, 1904, 1; 1904, 2; 1904, 3. — [7]) Darboux, 1898, 6. — [8]) Einstein, 1913, 2. — [9]) Levi Civita, 1917, 6. — [10]) Schouten, 1918, 10. — [11]) Weyl, z. B. 1921, 12. — [12]) Severi, 1917, 8. — [13]) Pérès, 1919, 9; 1920, 6. — [14]) Carpanese, 1919, 3. — [15]) Schouten, 1918, 11; 1921, 7; 1922, 2; Schouten-Struik, 1919, 10; 1921, 8; 1921, 9; 1922, 1, 1922, 3.

Bemerkenswert ist eine Untersuchungsreihe, die mit einer Arbeit von Hessenberg[1]) im Jahre 1917 anhebt und in Arbeiten von Weyl[2]), König[3]), Eddington[4]), Schouten[5]) und Bach[6]) weitergeführt wird. Es hat sich dabei gezeigt, daß die kovariante Differentiation in viel freierer Weise und auch ganz unabhängig vom Fundamentaltensor definiert werden kann. Physikalische Anwendungen und Ausblicke gaben Weyl[2]), Eddington[4]), Schouten[5]) und Bach[6]).

In naher Beziehung[7]) zu diesen Arbeiten stehen die von mehreren Autoren in den letzten Jahren entwickelten Untersuchungen über die sogenannte Affingeometrie und die projektive Differentialgeometrie in drei und in n Dimensionen[8]).

Wie aus der hier gegebenen Übersicht, die nur Hauptlinien anzugeben beabsichtigte, ersichtlich ist, beschränken sich viele Arbeiten auf bestimmte Unterarten der quadratischen Maßbestimmung oder bestimmte Werte von n. Aber auch die Arbeiten, die sich auf den allgemeinen Standpunkt stellen, beleuchten immer nur bestimmte Probleme und ergänzen sich keineswegs lückenlos. Viele Sätze, sogar viele Hauptsätze, sind daher bis jetzt nur für bestimmte Maßbestimmungen oder bestimmte Werte von n aufgestellt, während es doch gerade immer wichtig ist, zu wissen, ob ein Satz auch im allgemeinsten Falle oder erst bei einer gewissen Spezialisierung gilt. Die Schwierigkeit, einen Überblick über das ganze Gebiet zu gewinnen, wird überdies erhöht durch die Verschiedenheit der abkürzenden Bezeichnungen, welche die Autoren sich einzuführen genötigt sahen. Auch fehlt bekanntlich bis jetzt ein Lehrbuch über die Differentialgeometrie in der V_n.

Es war daher wünschenswert, den Gegenstand einmal vom allgemeinsten Standpunkte, d. h. für die allgemeinste quadratische Maßbestimmung und für beliebige Werte von n, einer einheitlichen Behandlung zu unterwerfen, sämtliche Sätze zunächst von diesem Standpunkte aus aufzustellen, vorhandene Lücken auszufüllen und erst dann eventuell zu spezialisieren.

Diesem Plane entspricht das vorliegende Buch. Es ist natürlich keineswegs erschöpfend, dürfte aber doch die wichtigsten Sätze der Differentialgeometrie der V_n, sofern diese *allgemeiner* Art sind, für beliebige quadratische Maßbestimmung und beliebige Werte von n in einheitlicher Behandlung enthalten. Über die verwendete Symbolik und ihre Be-

---

[1]) Hessenberg, 1917, 2. — [2]) Z. B. Weyl, 1918, 14; 1918, 15; 1921, 12. — [3]) König, 1919, 6; 1919, 12. — [4]) Eddington, 1921, 2. — [5]) Schouten, 1922, 2. — [6]) Bach, 1921, 1. — [7]) König, 1919, 6. — [8]) Man kann sich darüber orientieren in Blaschke, 1919, 1, sowie in dem demnächst erscheinenden zweiten Bande von Blaschkes Vorlesungen über Differentialgeometrie (*Springer, Berlin*), und in Fubini, 1919, 4.

ziehungen zu den Bezeichnungsweisen anderer Autoren kann folgendes gesagt werden.

Einen ersten Versuch zu einer abgekürzten Bezeichnung bei differentialgeometrischen Problemen gab Möbius 1827 in seinem „Barycentrischen Calcül“[1]). Es handelt sich dabei um eine direkte Analysis, d. h. um eine Rechnung ohne Koordinaten. Der Möbiussche Ansatz hat, wie es scheint, keinen direkten Einfluß auf spätere differentialgeometrische Arbeiten gehabt. Dagegen ist die Graßmannsche Ausdehnungslehre[2]) von mehreren Autoren auf differentialgeometrische Probleme angewandt, u. a. von Graßmann jun.[3]), Fehr[4]), und in verschiedenen Arbeiten von Burali Forti und Marcolongo[5]). Auch Cesaro[6]) und Carvallo[7]) gaben verschiedene Anwendungen. Die Hamiltonsche Quaternionenrechnung wurde ebenfalls mehrfach zur Ableitung der differentialgeometrischen Formeln angewandt, so von Hamilton[8]) selbst, von Tait[9]), von Molenbroek[10]), von allen für die V_1 und V_2 in R_3. Es handelt sich dabei also immer nur um die gewöhnliche Differentialgeometrie der R_3, nur Rath und Boggio haben auch Anwendungen auf R_n und V_n gegeben[11]). Auch die Gibbsche Vektoranalysis ist vielfach auf die gewöhnliche Differentialgeometrie angewandt, und einige solcher Anwendungen finden sich wohl in jedem neueren Lehrbuch der Vektoranalysis[12]). Sommerfeld und Runge[13]) haben das Gebiet erweitert, indem sie eine vektoranalytische Behandlung der Eigenschaften der Strahlenkongruenzen gaben. Man vergleiche dazu das Referat von Rothe[14]), sowie auch das Lehrbuch von Spielrein[15]). Auf Strahlenkongruenzen bezieht sich auch die Arbeit von Pieri[16]). Charakteristisch für alle diese Methoden ist, daß sie stets den Radiusvektor von irgendeinem festen Punkte aus benutzen und demzufolge nur für Mannigfaltigkeiten mit euklidischer Maßbestimmung zu verwenden sind. Ein anderer gemeinschaftlicher Zug ist, daß fast immer nur eine elegante Umformung schon bekannter Formeln angestrebt wird. Etwas Neues, nicht schon aus der gewöhnlichen ungekürzten Koordinatenrechnung Bekanntes, wird in diesen Untersuchungen bis auf wenige Ausnahmen nicht zutage gefördert.[17])

Von den abkürzenden Bezeichnungen, die für die allgemeine V_n verwendbar sind, ist an erster Stelle der vorzügliche Ricci-Kalkül zu nennen, der nur mit einigen kleinen, übrigens leicht zu beseitigenden, Mängeln

---

[1]) Möbius, 1827, 2. — [2]) Graßmann, 1844, 1; 1862, 1. — [3]) Graßmann, 1886, 1; 1888, 2; 1893, 1. — [4]) Fehr, 1899, 8. — [5]) z. B. Burali Forti, 1897, 4; Burali Forti-Marcolongo, 1910, 3. Siehe die Literaturliste in 1912, 3, S. 169. — [6]) Cesaro, 1894, 6; Cesaro-Kowalewski, 1901, 2. — [7]) Carvallo, 1894, 2. — [8]) U. a. Hamilton, 1866, 1. — [9]) Tait, 1867, 1. — [10]) Molenbroek, 1893, 3. — [11]) Rath 1905, 6; Boggio, 1919, 2. — [12]) Vgl. auch Genty 1904, 6. — [13]) Sommerfeld-Runge, 1911, 8. — [14]) Rothe, 1912, 9. — [15]) Spielrein, 1916, 8. — [16]) Pieri, 1912, 8; vgl. auch Demoulin; 1894, 9. — [17]) Vgl. auch Enz. Math. Wiss. III AB 11, S. 1358.

behaftet ist. Es handelt sich dabei nicht um eine direkte Analysis, sondern um eine tief eingreifende Verbesserung der Koordinatenrechnung von Christoffel. Für die Behandlung von Problemen spezieller Art, die ohnehin die Einführung eines Koordinatensystems verlangen, steht der Ricci-Kalkül wirklich einzig da; nur auf zwei Punkte muß kritisch hingewiesen werden. Erstens führt die Schreibweise für gemischte Größen zu Zweideutigkeiten, da die Stellen der kontravarianten Indizes in keiner Beziehung stehen zu den Stellen der kovarianten Indizes. So erhalten z. B. die beiden im allgemeinen ganz verschiedenen Größen $g^{\lambda\mu} B_{\mu\varrho\nu}$ und $g^{\lambda\mu} B_{\varrho\nu\mu}$ dasselbe Zeichen $B_{\varrho\nu}^{\lambda}$, was offenbar zu Verwechslungen Anlaß geben kann. F. Jung hat diesen Mangel beseitigt, indem er $B_{o,\varrho,\nu}^{\lambda,o,o}$ und $B_{\varrho,\nu,o}^{o,o,\lambda}$[1]) schreibt. Hessenberg schlägt vor $B_{o\varrho\nu}^{\lambda oo}$ und $B_{\varrho\nu o}^{oo\lambda}$[4]), Schouten[2]) verwendet die einfachere Schreibweise $B^{\lambda}_{\cdot\varrho\nu}$ und $B_{\varrho\nu}^{\cdot\cdot\lambda}$.

Zweitens ist die Andeutung der kovarianten Differentiation durch Anhängen eines Index unzweckmäßig, weil an dem Symbol $P_{\lambda\mu\nu\sigma}$ nicht zu sehen ist, ob die Größe durch kovariante Differentiation entstanden ist oder nicht. Überdies darf man, wenn die Bedeutung irgend eines Buchstabens z. B. K festgelegt ist, die Bezeichnungen K_μ, $K_{\mu\nu}$ usw. nur für die kovarianten Ableitungen von K verwenden. Fast alle Autoren verwenden aber dennoch Buchstabenmangels halber diese Bezeichnungen für ganz andere Zwecke und verursachen dadurch eine Inkonsequenz in der Bezeichnungsweise, die in keinem Kalkül vorkommen sollte. R. Bach[3]) hat vorgeschlagen, die durch Differentiation entstandenen Indizes durch einen Strich von den anderen zu trennen, er schreibt also $K_{\lambda/\mu}$ für die Ableitung von K_λ. Die gerügten Mängel werden dadurch zwar aufgehoben, der Hauptvorteil der Riccischen Schreibweise, ihre große Einfachheit, wird aber beeinträchtigt. Will man die Koordinatenschreibweise an eine direkte Analysis anschließen, so müssen die differentiierenden Indizes links angehängt werden, da in jeder direkten Analysis die differentiierenden Symbole links stehen (wie ja bis auf einzelne Ausnahmen auch in der gewöhnlichen Analysis). Hessenberg[4]) hat für die kovariante Differentiation das Symbol $\frac{\delta}{\delta x^\mu}$ eingeführt, er schreibt also z. B. $\frac{\delta}{\delta x^\mu} K_\lambda$ [4])[5]). Schouten[6]) hat vorgeschlagen, dieses komplizierte Symbol durch ∇_μ zu ersetzen und kommt dadurch zu einer Schreibweise, die nicht weniger einfach ist als die Bachsche, die aber die durch Differentiation entstandenen Indizes scharf hervorhebt und überdies unmittelbar an die direkte Analysis anschließt. Ein Vorteil dieser Bezeichnungsweise, der besonders hervorzuheben ist, besteht darin, daß *ver-*

---

[1]) Jung, 1917, 3. — [2]) Schouten, 1921, 7. — [3]) Bach, 1921, 1, — [4]) Hessenberg, 1917, 2. — [5]) Vgl. die Kritik bei Hessenberg, 1917, 2, Fußnote S. 191. — [6]) Schouten, 1922, 4.

schiedene kovariante Differentiationen auseinandergehalten werden können, indem man neben ∇_μ auch ∇'_μ, ∇''_μ, usw. verwenden kann. Dies kommt in der Differentialgeometrie sehr oft vor (man vgl. z. B. Abschn. III § 6)

Für Probleme allgemeiner Art, die nicht die Einführung irgendeines Koordinatensystems erfordern, ist der Ricci-Kalkül weniger geeignet. Durch die Verwendung von Koordinaten und die dadurch bedingten vielen Indizes wird die Rechnung unnötig schwerfällig, und es sind oft nichtkovariante Zwischenrechnungen nötig, die eigentlich für das Problem keine direkte Bedeutung haben und nur die Übersichtlichkeit beeinträchtigen.

Es ist daher von verschiedenen Seiten versucht worden, eine für Fälle dieser Art geeignete direkte Analysis zu begründen. Eine Übergangsform bildet die Symbolik von Maschke[1]). Die Bestimmungszahlen des kovarianten Fundamentaltensors werden wie in der Clebsch-Aronholdschen Invariantensymbolik in ideale Faktoren zerlegt: $g_{\lambda\mu} = f_\lambda f_\mu$. Klammern deuten verschiedene Verknüpfungen an, die mit Hilfe von Determinanten definiert werden. Eine direkte Analysis bildet Maschke nicht, es bleibt symbolisierte Koordinatenrechnung. Damit hängt zusammen, daß dem kontravarianten Fundamentaltensor keine idealen Zahlen entsprechen, was die Rechnung sehr kompliziert. Die Formeln werden schon in ganz einfachen Fällen sehr schwerfällig und enthalten stets Konstanten, die von n und von der Determinante der $g_{\lambda\mu}$ abhängen und die durch die ganze Rechnung mitgeschleppt werden müssen. Neue Resultate sind mit der Maschkeschen Symbolik nicht erreicht, Untersuchungen über die gemeinschaftlichen Elemente einer R_p und R_q in einem Punkte einer V_n ausgenommen[2]). Untersuchungen von Maschke und Bates[3]) über die Krümmung einer V_m in R_n bleiben durch die Kompliziertheit der Rechnung gegenüber den schon von Killing erreichten Resultaten zurück. Ingold[4]) hat bemerkt, daß man die n Symbole f_λ von Maschke mit n kontravarianten Vektoren identifizieren kann. Mit Hilfe dieser n Vektoren bestimmt er kontravariante alternierende Größen höheren Grades und beweist, daß für diese Größen die Regeln der Graßmannschen Ausdehnungslehre gelten. Umgekehrt können dann aus diesen Regeln die für Differentialinvarianten gültigen Sätze abgeleitet werden. Zu kovarianten alternierenden Größen und Größen höheren Grades gelangt Ingold nicht. Shaw[5]) hat die Resultate von Maschke und Ingold erweitert. Er gelangt auch zu kovarianten alternierenden Größen und zu einer kovarianten Erweiterung der Bedeutung von ∇.

---

[1]) Z. B. Maschke, 1900, 6; 1903, 7; 1903, 8. — [2]) Maschke, 1906, 2. — [3]) Maschke, 1906, 3; Bates, 1910, 1; 1910, 2; 1911, 1; Smith, 1906, 4 gab eine Behandlung der gewöhnlichen Differentialgeometrie (V_2 in R_3) in Maschkescher Symbolik. — [4]) Ingold, 1910, 7. — [5]) Shaw, 1913, 5.

Hessenberg, der schon 1899 besonders durch Einführung des kogredienten Differentials eine Behandlung der Differentialgeometrie der V_2 in R_3 in formal abgekürzter Weise gab[1]), welche die Invarianz der Formeln direkt ersichtlich macht, hat 1917[2]) eine wesentlich auf geometrischen Betrachtungen beruhende Methode zur Ersetzung des schwerfälligen Formelapparates der Theorie der quadratischen Differentialausdrücke gegeben. Er stellt sich aber nicht die Bildung einer direkten Analysis zur Aufgabe; er arbeitet zwar mit Vektoren, aber nur mit den Bestimmungszahlen der Größen höheren Grades. Die Hauptverdienste seiner Arbeit liegen denn auch in einer anderen, schon oben erwähnten, Richtung.

Bemerkenswert sind die Arbeiten von F. Jung[3]). Es ist diesem Autor nämlich gelungen, ausgehend von den schon oben besprochenen Anwendungen der Graßmannschen Ausdehnungslehre auf die Differentialgeometrie der R_n, den Übergang zur V_n zu finden. Er hat also wirklich eine direkte Analysis ausgebildet, die für die Differentialgeometrie der V_n verwendbar ist. Sein System steht ganz auf Graßmannscher Basis. Ideale Elemente treten bei ihm nicht auf.

Auch Boggio[4]) ist es gelungen, mit der Graßmannschen Symbolik, in der von Burali Forti und Marcolongo gegebenen Form, von der R_n zur V_n fortzuschreiten unter Verwendung des Begriffs des geodätischen Parallelismus.

Von einer anderen Seite her ist eine direkte Analysis für die V_n abgeleitet von Schouten. Schouten hat zunächst seit 1914 das Kleinsche Klassifizierungsprinzip zur Ableitung der zu verschiedenen Untergruppen der linearen homogenen Gruppe gehörigen direkten Analysen für 3, 4 und n Dimensionen[5]) angewandt. Sämtliche existierende Systeme gehören dieser Reihe von Systemen an oder sind Fragmente eines Gliedes der Reihe[6]). Durch Einführung des Begriffes des geodätischen Parallelismus und durch konsequente Verwendung von idealen Vektoren[7]) (d. s. Vektoren mit idealen Bestimmungszahlen) gelang es ihm sodann 1918 das System R_4^0 der orthogonalen Gruppe für vier Dimensionen auf die Differentialgeometrie der V_4 anzuwenden[8]). In mehreren differentialgeometrischen Untersuchungen wurde die Analysis auf den verschiedensten Gebieten der Differentialgeometrie der V_n erprobt[9]). Dabei gelang es, das System noch bedeutend zu vereinfachen und von jeder unnötigen Symbolik zu befreien. Die letzte und

---

1) Hessenberg, 1899, 10. — 2) Hessenberg, 1917, 2. — 3) Jung, 1917, 3; 1918, 7; 1919, 5. — 4) Boggio, 1919, 2. — 5) Schouten, 1914, 4; 1914, 5; 1917, 7; 1920, 7. — 6) Man vergleiche dazu 1918, 10, speziell S. 26. — 7) Zuerst eingeführt von Waelsch, 1906, 5. — 8) Schouten, 1918, 10. — 9) Schouten-Struik, 1919, 10; 1921, 8; 1921, 9; 1922, 3; Schouten, 1918, 11; 1921, 7.

wohl endgültige Darstellung gab Schouten in einer Untersuchung über die konforme Abbildung einer V_n auf eine R_n[1]).

Es hat sich bei diesen Untersuchungen gezeigt, daß bei allen Problemen allgemeiner Art die direkte Analysis dem Ricci-Kalkül überlegen ist. Die Rechnungen werden kürzer, nicht kovariante Zwischenrechnungen fallen gänzlich fort, und das Ganze wird viel übersichtlicher. Dennoch braucht zwischen direkter Analysis und Ricci-Kalkül kein Konkurrenzstreit zu bestehen, da jede der beiden Methoden von selbst ihr eigenes Gebiet zugewiesen bekommt und sie sich gerade sehr schön ergänzen. Überall, wo während oder nach der Rechnung Koordinaten erwünscht sind, ist selbstverständlich der Ricci-Kalkül angewiesen, überall aber, wo Fragen allgemeiner Art vorliegen, führt die direkte Analysis am besten zum Ziel. Der Übergang zwischen beiden Systemen ist ganz einfach, wie aus vielen Stellen des vorliegenden Buches hervorgehen wird. Daß gerade in diesem Buche die direkte Analysis mehr verwendet ist als der Ricci-Kalkül, liegt nur an der Art des Stoffes; es werden nämlich fast nur Probleme allgemeiner Art erörtert, nur bei den Spezialisierungen sind Koordinaten erwünscht, und tritt daher der Ricci-Kalkül auf. Der Verfasser hat den Grundsatz befolgt, daß in einer mathematischen Untersuchung jede Rechnungsmethode Mittel sein soll und niemals Ziel werden darf, und somit stets diejenige Methode anzuwenden ist, die sich dem vorliegenden Problem am besten anpaßt. An manchen Stellen sind aber zur Erleichterung der Vergleichung mit anderen Autoren die Resultate in doppelter Weise angegeben worden.

Die in dieser Arbeit dargestellten differentialgeometrischen Sätze sind zum größten Teil in gemeinsamer Arbeit von Prof. J. A. Schouten und dem Verfasser erhalten worden und schon teilweise an anderen Stellen publiziert[2]).

Der *erste Abschnitt* bringt eine kurze Darstellung der verwendeten Affinoralgebra und anschließend einige Sätze der mehrdimensionalen Geometrie, die später zur Verwendung gelangen.

Der *zweite Abschnitt* enthält eine kurze Darstellung der verwendeten direkten Analysis. An die Ableitung der Größe $\overset{4}{\mathbf{K}}$ schließen sich die allgemeinen Integrabilitätsbedingungen einer Affinordifferentialgleichung sowie einige differentialgeometrische Sätze an. Auch werden hier die Hauptkongruenzen einer V_n eingeführt.

Der *dritte Abschnitt* enthält diejenigen Eigenschaften der Differentialgeometrie der V_n, die sich ohne Verwendung von $\overset{4}{\mathbf{K}}$ formulieren lassen, und die sich daher ohne weiteres von der R_n auf die V_n übertragen lassen.

[1]) Schouten, 1921, 7. — [2]) Schouten-Struik, 1921, 9; 1922, 1.

Die Untersuchung der V_1 in V_n führt zu den verallgemeinerten Frenetschen Formeln, welche für die V_1 in V_{n-1} in V_n zu einer Reihe von Formeln Anlaß geben, die u. a. einen verallgemeinerten Meusnierschen Satz enthalten. Dann wird zur Theorie des zweiten Fundamentaltensors $\overset{2}{\mathbf{h}}$ einer V_{n-1} in V_n übergegangen und die sich daraus ergebenden Sätze über Hauptkrümmungen usw. hergeleitet. Auch werden die Haupttangentenkurven p-ter Ordnung $(p < n - 1)$ und die geodätischen Linien einer V_{n-1} in V_n untersucht. Es wird dann zur Theorie der V_m in $V_n (m < n - 1)$ fortgeschritten. Es zeigt sich, daß die zentrale Stelle, welche der zweite Fundamentaltensor in der Theorie der V_{n-1} in V_n einnimmt, hier durch einen Affinor dritten Grades, den Krümmungsaffinor $\overset{3}{\mathbf{H}}$, eingenommen wird. Das Verschwinden von $\overset{3}{\mathbf{H}}$ ist die notwendige und hinreichende Bedingung dafür, daß die V_m in V_n geodätisch ist; das Verschwinden des mittleren Krümmungsvektors $\mathbf{D}$ ist die notwendige und hinreichende Bedingung dafür, daß die V_m in V_n eine Minimalmannigfaltigkeit in V_n ist. Auch wird eine Beziehung zwischen der Klasse der V_n und dem Freiheitsgrad des mitbewegten Bezugssystems hergeleitet.

Vermittels des Krümmungsaffinors kann jetzt zur Definition des Krümmungsgebietes, der Haupttangentenrichtungen erster Ordnung, der Hauptkrümmungsrichtungen und des Umbilikalvektors einer V_m in V_n übergegangen werden, und mit Hilfe der Ableitungen von $\overset{3}{\mathbf{H}}$ zur Definition der Krümmungsgebiete und Haupttangentenkurven p-ter Ordnung $(p < m)$. Dann werden die V_1 in einer V_{m_1} in einer V_{m_2} usw. in V_n und die V_m in V_n mit lauter axialen Punkten untersucht. Der Abschnitt schließt mit einer kurzen Behandlung der V_2 in V_n und der V_3 in V_n.

Der *vierte Abschnitt* enthält die Eigenschaften, zu deren Formulierung $\overset{4}{\mathbf{K}}$ und $\nabla\overset{4}{\mathbf{K}}$ herangezogen werden müssen. Die Frage nach der Beziehung zwischen den Riemann-Christoffelschen Affinoren einer V_m in einer V_n und der V_n selbst führt zum verallgemeinerten Gaußschen Satz. Aus diesem Satz können einige Theoreme über die Summen $\sigma_{\alpha e}$ der α-faktorigen Produkte ungleichnamiger Hauptkrümmungen der V_m in bezug auf eine bestimmte Normale $\mathbf{i}_e$ der V_m und über die Mittelwerte der Größen $\sigma_{\alpha e}$ und $\sigma_{\alpha e}\sigma_{\beta e}$ $(\alpha + \beta \geqq 4)$ in bezug auf alle möglichen Normalenrichtungen hergeleitet werden. Dann folgen die Integrabilitätsbedingungen, damit eine gegebene V_m in eine gegebene V_n eingebettet werden kann; es entstehen hier die verallgemeinerten Codazzischen Formeln. Sie finden eine Anwendung für V_n in V_{n+1} mit einem zweiten Fundamentaltensor vom Range m $(m \leqq n)$, insbesondere für V_n in V_{n+1} mit lauter Nabelpunkten, für abwickelbare V_n in S_{n+1} $(m = 1)$ und für V_n, welche in S_{n+1} Biegung zulassen

$(m = 2)$. Es folgt eine Bemerkung zur Frage nach den Bedingungen für ein n-faches Orthogonalsystem in einer V_n und für ein V_m-Element zweiter Ordnung in einer R_n. Dann wird zu der Lösung von Fragen übergegangen, in welchen $\nabla \overset{4}{\mathbf{K}}$ auftritt. Dazu ist eine Herleitung der Bianchischen Identität notwendig, aus welcher sich u. a. auch der Schursche Satz ergibt. Einige Eigenschaften der konformeuklidischen V_n und der Hauptkongruenzen einer V_n folgen. Sodann wird eine Einleitung in die Theorie der V_n gegeben, welche eine kontinuierliche Gruppe von starren Bewegungen gestatten. Dafür ist die Herleitung der Killingschen Gleichung und ihrer Integrabilitätsbedingungen notwendig. Aus diesen werden einige Folgerungen gezogen. Endlich werden die Mannigfaltigkeiten mit unbestimmten Hauptkongruenzen noch einigen allgemeinen Betrachtungen unterworfen.

Eine *am Schluß* aufgenommene vergleichende Tabelle der bei verschiedenen Autoren angewandten Schreibweisen und eine Literaturliste mögen dem Leser den Vergleich mit anderen Arbeiten erleichtern. In bezug auf die Arbeiten über Differentialgeometrie mehrdimensionaler und nichteuklidischer Mannigfaltigkeiten ist möglichste Vollständigkeit angestrebt worden.

I. Die Affinoralgebra der n-dimensionalen Differentialgeometrie.

1. Die Gruppen und deren Größen.

Es seien p Reihen von n Variablen

$$v_{u1},\ v_{u2},\ \ldots,\ v_{un},\quad u = 1, \ldots, p$$

den Transformationen einer endlichen kontinuierlichen Transformationsgruppe mit den Parametern $\alpha_1, \ldots, \alpha_r$ unterworfen:

$$(1)\qquad \begin{aligned} 'v_{ui} &= f_{ui}(v_{11}, \ldots, v_{pn}, \alpha_1, \ldots, \alpha_r) \\ u &= 1, \ldots, p \\ i &= 1, \ldots, n. \end{aligned}$$

Sind dann r_w, $(w = 1, \ldots, q)$ Funktionen der v:

$$(2)\qquad r_w = \varphi_w(v_{11}, \ldots, v_{pn}),$$

$'r_w$ dieselben Funktionen der $'v$:

$$(3)\qquad 'r_w = \varphi_w('v_{11}, \ldots, 'v_{pn}),$$

und existieren Gleichungen der Form:

$$(4)\qquad 'r_w = \psi_w(r_1, \ldots, r_q, \alpha_1, \ldots, \alpha_r),$$

so daß also die $'r_w$ *nur* von den r_w und den Parametern abhängen und *nicht* etwa noch von den v oder den Derivierten der r_w nach den v, so sagt man, daß die Funktionen r_w *sich bei der Gruppe* (1) *in sich transformieren*. Der Inbegriff der Funktionen r_w heißt eine zur Gruppe (1) gehörige *Größe*[1]) und die r_w heißen die *Bestimmungszahlen*.

Die durch (4) gegebene Transformationsweise der Bestimmungszahlen heißt die *Orientierungsweise* der Größe.

Eine Größe existiert also nur bei einer ganz bestimmten Gruppe. Bei Übergang zu anderen Gruppen kann sie als Größe bestehen bleiben oder *zerstört* werden. Letzteres ist der Fall, wenn die r_w und $'r_w$ *nicht* mehr Gleichungen der Form (4) genügen.

---

[1]) Z. B. Klein, 1909, 2, S. 52.

Zwei Größen, welche *denselben* Transformationsgleichungen (4) bei der Gruppe (1) genügen, also bei der Gruppe (1) gleiche Orientierungsweise haben, heißen *gleichartig.* Sind die Bestimmungszahlen zweier gleichartiger Größen proportional, so haben die Größen *gleiche Orientierung.* Ist der Proportionalitätsfaktor 1, was von der Wahl der Einheiten abhängen kann, so sind die Größen *gleich*[1]).

Die einfachste Größe bei der Gruppe (1) ist der Inbegriff der n Bestimmungszahlen v_{ui} für eine bestimmte Wahl von u.

2. Die n-dimensionale Mannigfaltigkeit.

Die ∞^n Werte von n unabhängigen Variablen x^λ, $\lambda = a_1, a_2, \ldots, a_n$ von denen jede alle Werte von $-\infty$ bis $+\infty$ annehmen kann, den *Urvariablen,* bestimmen in ihrer Gesamtheit eine n-dimensionale Mannigfaltigkeit X_n. Sind die x^λ nicht unbeschränkt, sondern nur innerhalb gewisser Bereiche variabel, so sprechen wir von einem *Gebiete* der X_n.

Urvariablen bekommen immer griechische Indizes $\lambda, \mu, \ldots$; $\lambda, \mu, \ldots$ haben immer die Werte $a_1, a_2, \ldots, a_n$, solange nicht ausdrücklich das Gegenteil angegeben ist.

Ein bestimmtes Wertsystem:

$$x^\lambda = c^\lambda \tag{5}$$

heißt *Punkt.* Die Gleichungen:

$$x^\lambda = x^\lambda(u_1, u_2, \ldots, u_m), \tag{6}$$

wo $m < n$, bestimmen, wenn sich die x^λ nicht durch weniger als m Variablen ausdrücken lassen, *eine m-dimensionale Mannigfaltigkeit* X_m, welche in X_n *enthalten* ist. Eine X_1 heißt *Kurve,* eine X_2 *Fläche.*

Jede der Gleichungen (5) bestimmt bei veränderlichem c eine Schar von $\infty^1 X_{n-1}$, die *Parameter*-X_{n-1}. Diese n Scharen schneiden sich in n Systemen von ∞^1 Kurven, den *Parameterlinien* der Urvariablen. Durch jeden Punkt der Mannigfaltigkeit geht eine und nur eine Kurve jedes Systems. Systeme, für welche diese Eigenschaft für alle Punkte der X_n bis auf vereinzelte X_m, $m < n$, gilt, heißen *Kongruenzen.*

---

[1]) Dieses ist das von Klein in seinem Erlanger Programm 1872, 1 zuerst entwickelte Klassifizierungsprinzip, nach welchem die Art einer Größe durch die Orientierung vollständig bestimmt ist. Geometrie ist in dieser Auffassung Invariantentheorie einer ganz bestimmten Gruppe, z. B. der linearen homogenen Gruppe, der rotationalen Gruppe (Gruppe der Drehungen), der Gruppe der Kreisverwandtschaften. J. A. Schouten hat 1914, 5, zuerst das Kleinsche Transformationsprinzip auf die Berechnung der zu einer bestimmten Gruppe gehörigen Vektoralgebra angewandt. Die in diesem Abschnitt entwickelte Affinoralgebra hat Schouten zuerst für V_4 1918, 10, gegeben, dann 1921, 7, für V_n erweitert und bedeutend vereinfacht. Vgl. auch Schouten-Struik, 1921, 8.

Entlang jeder Kongruenz von Parameterlinien variiert nur *eine* der Urvariablen.

Der Inbegriff von n beliebigen Differentialen der Urvariablen $d x^\lambda$ in irgendeinem Punkt heißt *Linienelement.*

Werden n neue unabhängige Urvariablen eingeführt:

$$'x^\mu = 'x^\mu (x^{a_1}, x^{a_2}, \ldots, x^{a_n}), \tag{7}$$

so daß die Determinante: $\left| \frac{\partial 'x^\mu}{\partial x^\lambda} \right| \neq 0$ ist, so transformieren sich die $d x^\lambda$ linear homogen (affin):

$$d' x^\mu = \frac{\partial 'x^\mu}{\partial x^\lambda} d x^\lambda \text{ [1]}. \tag{8}$$

Diese lineare homogene (affine) Gruppe der Transformationen der $d x^\lambda$ legen wir unseren Betrachtungen zugrunde.

3. Skalare, ko- und kontravariante Vektoren.

In einem bestimmten Punkte P der X_n betrachten wir zunächst folgende zu der Gruppe (8) gehörige Größen.

Erstens gibt es einfache Zahlenwerte, die invariant sind bei den Transformationen (7) der Urvariablen. Solche Zahlenwerte heißen *Skalare* und werden mit nicht fetten Buchstaben bezeichnet, z. B. p.

Zweitens unterscheidet man Systeme von n Zahlenwerten v^λ, die sich transformieren wie die $d x^\lambda$, also nach (8). Ein solches Wertsystem heißt ein *kontravarianter Vektor* und wird mit einem einzigen fetten Buchstaben mit Komma rechts oben, **v**', bezeichnet. Die v^λ sind die Bestimmungszahlen des Vektors. Ein Beispiel eines kontravarianten Vektors ist das Linienelement d**x**' mit den Bestimmungszahlen $d x^\lambda$ [2]).

Drittens kommen Systeme von n Zahlenwerten w_λ vor, die sich bei den Transformationen (7) der Urvariablen in der folgenden Weise transformieren:

$$'w_\mu = \frac{\partial x^\lambda}{\partial' x^\mu} w_\lambda, \tag{9}$$

d. h. *kontragredient* zu den $d x^\lambda$. Ein solches Wertsystem heißt ein *kovarianter Vektor* und wird durch einen einzigen fetten Buchstaben

---

[1]) Nach dem Vorschlag Einsteins unterdrücken wir Summenzeichen, die sich auf die zu den Urvariablen gehörigen Bestimmungszahlen beziehen, und befolgen daher die Vorschrift: Tritt ein *griechischer* Index in irgendeinem Term zweimal auf, so ist stets über ihn zu summieren, wenn nicht ausdrücklich das Gegenteil angegeben ist. Siehe Einstein, 1916, 6, S. 20. — [2]) Es liegt kein sachlicher Grund vor, das Linienelement gerade als kontravariant zu bezeichnen. Die kontravariante Bezeichnung des Linienelementes ist in die Ricci-Rechnung willkürlich eingeführt, vgl. Ricci 1887, 5.

ohne Komma, $\mathbf{w}$, bezeichnet. Die w_λ sind die Bestimmungszahlen des Vektors.

Die kontra- und kovarianten Vektoren haben u. a. folgende Eigenschaften[1]):

1. Addiert man die Bestimmungszahlen zweier oder mehrerer kontra- bzw. kovarianter Vektoren, so sind auch die Summen die Bestimmungszahlen eines kontra- bzw. kovarianten Vektors. Diese Verknüpfungsweise heißt *Addition* der Vektoren, z. B. $\mathbf{v}'_1 + \mathbf{v}'_2$, $\mathbf{w}_1 + \mathbf{w}_2 + \mathbf{w}_3$.

2. Multipliziert man die Bestimmungszahlen eines kontra- bzw. kovarianten Vektors mit einem Skalar, so entsteht wieder ein kontra- bzw. kovarianter Vektor. Durch diese Verknüpfungsweise wird ein Vektor mit einem Skalar *multipliziert*, z. B. gibt $\mathbf{v}'$ multipliziert mit p, $p\mathbf{v}'$.

3. Es gibt n linear unabhängige kontra- bzw. kovariante Vektoren, $n+1$ derselben sind aber immer linear abhängig.

Sind $\mathbf{v}'_1, \ldots, \mathbf{v}'_n$ linear unabhängig, so sind infolgedessen durch die Gleichungen:

$$\mathbf{v}'_i = v_i^\lambda \mathbf{e}'_\lambda, \qquad i = 1, 2, \ldots, n \tag{10}$$

n Vektoren $\mathbf{e}'_\lambda$, die zu x^λ gehörigen *kontravarianten Maßvektoren*, eindeutig definiert. Die n Vektoren $\mathbf{e}'_\lambda$ transformieren sich offenbar kontragredient zu den dx^λ. In derselben Weise werden die zu x^λ gehörigen *kovarianten Maßvektoren* $\mathbf{e}_\nu$ bestimmt:

$$\mathbf{w}_i = w_{i\nu} \mathbf{e}_\nu, \qquad i = 1, 2, \ldots, n \tag{11}$$

die sich wie die dx^λ transformieren.

Das Linienelement bekommt die Form:

$$d\mathbf{x}' = dx^\lambda \mathbf{e}'_\lambda. \tag{12}$$

Der Vektor $\mathbf{e}'_\lambda$ hat also dieselbe Orientierung wie das Linienelement mit den Bestimmungszahlen $dx^\mu = 0, \mu \neq \lambda$.

Ist einmal die Wahl der Urvariablen, welche ganz beliebig ist, getroffen, so sind durch (10) in jedem Punkt die $\mathbf{e}'_\lambda$ eindeutig festgelegt. Durch die $\mathbf{e}'_\lambda$ sind aber die $\mathbf{e}_\nu$ nur bis auf einen Zahlenfaktor festgelegt. Führt man nämlich statt der $\mathbf{e}_\nu$ die n Vektoren $'\mathbf{e}_\nu$ als Maßvektoren ein:

$$'\mathbf{e}_\nu = \tau\, \mathbf{e}_\nu, \tag{13}$$

so transformieren sich diese ebenfalls wie die dx^λ. Auf andere Weise ist es aber nicht mehr möglich, neue kovariante Maßvektoren einzuführen, wenn die x^λ einmal gewählt sind[2]).

---

[1]) Vgl. König, 1920, 3; — Weyl, 1921, 12, S. 15 und flg. — [2]) Eine Methode, durch welche es möglich ist, die kovarianten Maßvektoren aus den kontravarianten abzuleiten, gibt Schouten, 1921, 7, S. 61.

4. Kontra- und kovariante Affinoren.

An *vierter* Stelle können in einem bestimmten Punkte P der X_n Systeme von n^p Zahlenwerten $v^{\lambda_1 \dots \lambda_p}$, $\lambda_1, \dots, \lambda_p = a_1, a_2, \dots, a_n$ vorkommen, die bei den Transformationen (7) der Urvariablen dieselbe Orientierung haben wie die n^p Produkte der Bestimmungszahlen von p *verschiedenen* kontravarianten Vektoren $\mathfrak{v}_1', \dots, \mathfrak{v}_p'$:

$$(14) \qquad 'v^{\mu_1 \dots \mu_p} = \frac{\partial' x^{\mu_1}}{\partial x^{\lambda_1}} \cdots \frac{\partial' x^{\mu_p}}{\partial x^{\lambda_p}} v^{\lambda_1 \dots \lambda_p}, \quad \left.\begin{matrix} \lambda_1, \dots, \lambda_p \\ \mu_1, \dots, \mu_p \end{matrix}\right\} = a_1, a_2, \dots, a_n.$$

Ein solches Wertsystem heißt ein *kontravarianter Affinor p-ten Grades* $\overset{p}{\mathfrak{v}}'$, mit den Bestimmungszahlen $v^{\lambda_1 \dots \lambda_p}$. Ein kontravarianter Vektor ist ein kontravarianter Affinor ersten Grades. Lassen sich die Vektoren $\mathfrak{v}_1', \dots, \mathfrak{v}_p'$ so wählen, daß

$$(15) \qquad v^{\lambda_1 \dots \lambda_p} = \underset{1}{v}^{\lambda_1} \underset{2}{v}^{\lambda_2} \cdots \underset{p}{v}^{\lambda_p}$$

ist, so heißt $\overset{p}{\mathfrak{v}}'$ *das allgemeine Produkt* von $\mathfrak{v}_1', \mathfrak{v}_2', \dots, \mathfrak{v}_p'$ in dieser Reihenfolge, und wird geschrieben:

$$(16) \qquad \overset{p}{\mathfrak{v}}' = \mathfrak{v}_1' \circ \mathfrak{v}_2' \circ \dots \circ \mathfrak{v}_p' = \mathfrak{v}_1' \mathfrak{v}_2' \dots \mathfrak{v}_p'.$$ [1])

Der Name *Produkt* ist statthaft, weil für diese Verknüpfung das distributive Gesetz in bezug auf die Addition gilt, z. B.:

$$(17) \qquad \mathfrak{v}_1'(\mathfrak{v}_2' + \mathfrak{v}_3') = \mathfrak{v}_1' \mathfrak{v}_2' + \mathfrak{v}_1' \mathfrak{v}_3'.$$

Die beiden ersten der auf S. 16 angegebenen Eigenschaften der Vektoren kommen auch den kontravarianten Affinoren zu. Es gibt aber n^p linear unabhängige kontravariante Affinoren p-ten Grades, während $n^p + 1$ derselben stets linear abhängig sind. Jeder kontravariante Affinor p-ten Grades $\overset{p}{\mathfrak{v}}'$ läßt sich infolgedessen schreiben:

$$(18) \qquad \overset{p}{\mathfrak{v}}' = v^{\lambda_1 \dots \lambda_p} \mathfrak{e}_{\lambda_1}' \mathfrak{e}_{\lambda_2}' \dots \mathfrak{e}_{\lambda_p}'.$$

Ein allgemeines Produkt von p Vektoren ist bestimmt durch np Zahlenwerte, ein allgemeiner Affinor p-ten Grades durch n^p Zahlenwerte. Da schon für $n = 3$, $p = 2$ $n^p > np$ ist, so läßt sich im allgemeinen ein Affinor p-ten Grades *nicht* als das allgemeine Produkt von p Vektoren schreiben, wohl aber als eine Summe solcher Produkte.

Einer in der Clebsch-Aronholdschen Invariantensymbolik üblichen Methode folgend, kann man nun (15) auffassen als die Definitionsgleichung der Produkte der *idealen* Bestimmungszahlen von p *idealen* Vektoren $\mathfrak{v}_1' \dots \mathfrak{v}_p'$.

---

[1]) Das allgemeine Produkt stimmt somit mit der äußeren Multiplikation Einsteins der $\underset{p}{v}^{\lambda}, \dots, \underset{1}{v}^{\lambda}$ überein. Vgl. Einstein, 1916, 6, S. 23.

Gehören zwei ideale Faktoren zur selben Größe, so heißen sie zu einander *idealeigen*, sonst *idealfremd*. Die Verknüpfungen der idealen Zahlen mit gewöhnlichen oder idealfremden Zahlen] verhalten sich wie die Verknüpfungen gewöhnlicher Zahlen untereinander. Während der Rechnung braucht man also die Idealität oder Realität nur da zu beachten, wo Verknüpfungen idealeigener Zahlen auftreten. Weiter hat man, um die reale Bedeutung der Resultate der Rechnung zu erlangen, auf (15) oder (16) zurückzugreifen.

Kommt ein idealer Faktor $\mathfrak{v}$ in seiner Definitionsgleichung p-mal vor, so heißt er *p-faltig*, z. B. ist $\mathfrak{v}_1^{\cdot}$ in (16) einfaltig[1]). Irgendein Produkt kann offenbar nur dann reale Bedeutung haben, wenn es $\mathfrak{v}$ gerade mp-mal enthält, wo m eine ganze Zahl ist. Ist $m > 1$, so ist es, wie in der Clebsch-Aronholdschen Invariantensymbolik, zur Vermeidung von Mehrdeutigkeiten nötig, m *gleichberechtigte* Symbole $\mathfrak{v}$, $'\mathfrak{v}, \ldots, {}^{(m-1)}\mathfrak{v}$ einzuführen, die während der Rechnung auseinanderzuhalten sind, und sich gegenseitig idealfremd verhalten. Nach Berücksichtigung der gleichberechtigten Symbole läßt sich mit den idealen Bestimmungszahlen und den idealen Vektoren ebenso rechnen wie mit gewöhnlichen Zahlen und Vektoren.

Fünftens können in P Systeme von n^p Zahlenwerten $v_{\lambda_1 \ldots \lambda_p}$, $\lambda_1, \ldots, \lambda_p = a_1, a_2, \ldots, a_n$ vorkommen, die bei den Transformationen (7) der Urvariablen dieselbe Orientierungsweise haben wie die n^p Produkte der Bestimmungszahlen von p *verschiedenen* kovarianten Vektoren:

$$(19) \qquad 'v_{\mu_1 \ldots \mu_p} = \frac{\partial x^{\lambda_1}}{\partial' x^{\mu_1}} \cdots \frac{\partial x^{\lambda_p}}{\partial' x^{\mu_p}} v_{\lambda_1 \ldots \lambda_p}, \qquad \left.\begin{matrix} \lambda_1, \ldots, \lambda_p \\ \mu_1, \ldots, \mu_p \end{matrix}\right\} = a_1, a_2, \ldots, a_n.$$

Ein solches System heißt *kovarianter Affinor p-ten Grades* $\overset{p}{\mathfrak{v}}$. Alles für kontravariante Affinoren Gesagte gilt m. m. auch für kovariante. Insbesondere läßt sich jeder kovariante Affinor $\overset{p}{\mathfrak{v}}$ schreiben:

$$(20) \qquad \overset{p}{\mathfrak{v}} = v_{\lambda_1 \ldots \lambda_p} \, \mathfrak{e}_{\lambda_1} \ldots \mathfrak{e}_{\lambda_p}.$$

Sechstens unterscheidet man endlich in P Systeme von n^p Zahlenwerten, welche dieselbe Orientierungsweise haben wie die n^p Produkte der Bestimmungszahlen von p *verschiedeuen* Vektoren, von denen einige kovariant, andere kontravariant sind. Ein solches System heißt *gemischter Affinor p-ten Grades*[2]) und läßt sich als allgemeines Produkt von p idealen ko- und

[1]) Mehrfaltige ideale Vektoren treten z. B. in (35) auf. — [2]) Die kontravarianten, kovarianten und gemischten Affinoren heißen bei Ricci, bzw. Einstein kontra-, kogrediente und gemischte Systeme bzw. Tensoren. F. Jung verwendet den Namen Affinor, weil mit jedem Affinor zweiten Grades mit nicht verschwindender Determinante eine affine Transformation korrespondiert (vgl. S. 32). Es existiert aber noch ein viel

kontravarianten Vektoren schreiben. Eine derartige Größe erhält rechts einen aus . und , zusammengestellten Index, der die Art und die Stelle der idealen Vektoren angibt, z. B.:

(21) $$\overset{4}{\mathbf{v}}^{\cdot,,\cdot} = \mathbf{v}_1 \mathbf{v}_2' \mathbf{v}_3' \mathbf{v}_4 .$$

Die Bestimmungszahlen von $\overset{4}{\mathbf{v}}^{\cdot,,\cdot}$ transformieren sich in folgender Weise:

(22) $$v_{\mu_1 \cdot \ \cdot \mu_4}^{\cdot \mu_2 \mu_3 \cdot} = \frac{\partial x^{\lambda_1}}{\partial' x^{\mu_1}} \frac{\partial' x^{\mu_2}}{\partial x^{\lambda_2}} \frac{\partial' x^{\mu_3}}{\partial x^{\lambda_3}} \frac{\partial x^{\lambda_4}}{\partial' x^{\mu_4}} v_{\lambda_1 \cdot \ \cdot \lambda_4}^{\cdot \lambda_2 \lambda_3 \cdot} .$$

Aus diesem Beispiel ist auch die Schreibweise der Bestimmungszahlen ersichtlich. Alles für kontravariante Affinoren Gesagte gilt weiter auch m. m. für gemischte Affinoren. Insbesondere läßt sich $\overset{4}{\mathbf{v}}^{\cdot,,\cdot}$ schreiben:

(23) $$\overset{4}{\mathbf{v}}^{\cdot,,\cdot} = v_{\lambda_1 \cdot \ \cdot \lambda_4}^{\cdot \lambda_2 \lambda_3 \cdot} \mathbf{e}_{\lambda_1} \mathbf{e}'_{\lambda_2} \mathbf{e}'_{\lambda_3} \mathbf{e}_{\lambda_4} .$$

Die gemischten Affinoren

(24) $$\overset{2}{\mathbf{A}}^{\cdot,} = \mathbf{e}_\lambda \mathbf{e}'_\lambda, \quad \overset{2}{\mathbf{A}}^{,\cdot} = \mathbf{e}'_\lambda \mathbf{e}_\lambda$$

heißen die *Einheitsaffinoren.* Sie sind unabhängig von der Wahl der x^λ, aber abhängig von der Wahl der $\mathbf{e}_\nu$. Ihre Bestimmungszahlen genügen den Gleichungen:

(25) $$A_\mu^\nu = \begin{cases} 1 & \nu = \mu \text{) nicht summieren)} \ ^{1)} \\ 0 & \nu \neq \mu . \end{cases}$$

5. Symmetrische und alternierende Affinoren.

Werden die idealen Vektoren eines Affinors in irgendeiner Reihenfolge allgemein miteinander multipliziert, so entsteht ein *Isomer* des Affinors, und zwar ein *gerades* oder *ungerades* Isomer, je nachdem die Permutation gerade oder ungerade ist.

So sind z. B. die geraden Isomere von $\overset{3}{\mathbf{v}} = \mathbf{v}_1 \mathbf{v}_2 \mathbf{v}_3$:

$$\mathbf{v}_1 \mathbf{v}_2 \mathbf{v}_3, \quad \mathbf{v}_2 \mathbf{v}_3 \mathbf{v}_1, \quad \mathbf{v}_3 \mathbf{v}_1 \mathbf{v}_2,$$

und die ungeraden Isomere:

$$\mathbf{v}_1 \mathbf{v}_3 \mathbf{v}_2, \quad \mathbf{v}_2 \mathbf{v}_1 \mathbf{v}_3, \quad \mathbf{v}_3 \mathbf{v}_2 \mathbf{v}_1 .$$

Die $p!$ Isomere eines Affinors p-ten Grades können mit denselben idealen Vektoren geschrieben werden; sie haben dieselben Bestimmungszahlen, nur in einer anderen Reihenfolge.

---

wichtigerer Grund gerade diesen Namen zu verwenden. Sind doch die Affinoren verschiedenen Grades gerade die einfachsten zur Gruppe der *affinen* Transformationen gehörigen geometrischen Größen. Der aus der Elastizitätstheorie stammende Name Tensor ist seinem Ursprunge gemäß nur für symmetrische Größen zu verwenden. Vgl. Ricci-Levi Civita, 1901, 6; Einstein, 1916, 6; Jung, 1917, 3, S. 1440; Spielrein, 1916, 8, S. 250. — [1]) Einstein schreibt δ_μ^ν statt A_μ^ν, 1916, 6, S. 26, Schouten schrieb früher $\overset{2}{\mathbf{g}}^{\cdot,}$ statt $\overset{2}{\mathbf{A}}^{\cdot,}$, 1921, 7, S. 63.

Ein Affinor p-ten Grades, welcher ungeändert bleibt, wenn man zwei beliebige ideale Vektoren vertauscht, heißt ein *symmetrischer Affinor p-ten Grades* oder *Tensor p-ten Grades*[1]) und wird geschrieben ${}^{p}\mathbf{v}'$ bzw. ${}^{p}\mathbf{w}$. Er ist allen seinen $p!$ Isomeren gleich.

Ein Affinor p-ten Grades, welcher das Vorzeichen wechselt, wenn zwei beliebige ideale Vektoren vertauscht werden, heißt ein *alternierender Affinor p-ten Grades* oder *p-Vektor*[2]) (Vektor, Bivektor, Trivektor usw.) und wird geschrieben ${}_{p}\mathbf{v}'$, bzw. ${}_{p}\mathbf{w}$. Die $\frac{1}{2}p!$ geraden Isomere einer alternierenden Größe sind gleich und unterscheiden sich von den $\frac{1}{2}p!$ ungeraden Isomeren nur durch das Vorzeichen.

So gelten z. B. für die Bestimmungszahlen eines Tensors zweiten Grades die Gleichungen:

$$(26) \qquad v^{\mu\nu} = v^{\nu\mu}, \qquad w_{\mu\nu} = w_{\nu\mu}$$

und für die eines Bivektors:

$$(27) \qquad v^{\mu\nu} = - v^{\nu\mu}, \qquad w_{\mu\nu} = - w_{\nu\mu}.$$

Die Summe sämtlicher Isomere von $\mathbf{v}'_1, \mathbf{v}'_2, \ldots, \mathbf{v}'_p$, bzw. $\mathbf{w}_1, \mathbf{w}_2, \ldots, \mathbf{w}_p$, dividiert durch $p!$, ist ein Tensor. Diese Verknüpfung, welche gegenüber der Addition dem distributiven Gesetze genügt, heißt das *symmetrische Produkt* von $\mathbf{v}'_1, \mathbf{v}'_2, \ldots, \mathbf{v}'_p$, bzw. $\mathbf{w}_1, \mathbf{w}_2, \ldots, \mathbf{w}_p$:

$$(28) \qquad \mathbf{v}'_1 \smile \mathbf{v}'_2 \smile \ldots \smile \mathbf{v}'_p = \mathbf{v}'_1 \overset{\smile}{\mathbf{v}'_2} \ldots \mathbf{v}'_p,$$

bzw.

$$(29) \qquad \mathbf{w}_1 \smile \mathbf{w}_2 \smile \ldots \smile \mathbf{w}_p = \mathbf{w}_1 \overset{\smile}{\mathbf{w}_2} \ldots \mathbf{w}_p.$$

Das Produkt hat $\binom{n-1+p}{p}$ Bestimmungszahlen. Dasselbe gilt für jede symmetrische Größe p-ten Grades.

Die Differenz der Summe sämtlicher gerader Isomere und der Summe sämtlicher ungerader Isomere, dividiert durch $p!$, ist ein p-Vektor. Diese Größe, welche ebenfalls eine distributive Verknüpfung ist, heißt *das alternierende Produkt* von $\mathbf{v}'_1, \mathbf{v}'_2, \ldots, \mathbf{v}'_p$, bzw. $\mathbf{w}_1, \mathbf{w}_2, \ldots, \mathbf{w}_p$:

$$(30) \qquad \mathbf{v}'_1 \frown \mathbf{v}'_2 \frown \ldots \frown \mathbf{v}'_p = \mathbf{v}'_1 \overset{\frown}{\mathbf{v}'_2} \ldots \mathbf{v}'_p,$$

bzw.

$$(31) \qquad \mathbf{w}_1 \frown \mathbf{w}_2 \frown \ldots \frown \mathbf{w}_p = \mathbf{w}_1 \overset{\frown}{\mathbf{w}_2} \ldots \mathbf{w}_p\,{}^{3}).$$

Das Produkt hat $\binom{n}{p}$ Bestimmungszahlen und dasselbe gilt für jede alter-

---

[1]) Bei Einstein heißt diese Größe symmetrischer Tensor. Siehe Einstein, 1916, 6, S. 32. — [2]) Bei Einstein heißt diese Größe antisymmetrischer Tensor. Siehe Einstein, 1916, 6, S. 32. — [3]) Das symmetrische oder alternierende Produkt von p nicht gleichartigen Vektoren braucht nicht definiert zu werden, weil es keinen Zweck hat, der Summe von Affinoren mit verschiedener Orientierung einen Sinn beizulegen.

nierende Größe p-ten Grades. Die Bestimmungszahlen der Größe $\mathbf{w}_1 \frown \ldots \mathbf{w}_p$ sind die $\binom{n}{p}$ p-reihigen Determinanten der Matrix:

$$\left\| \begin{matrix} w_{1a_1} & w_{1a_2} \ldots & w_{1a_q} \ldots & w_{1a_n} \\ w_{2a_1} & w_{2a_2} \ldots & w_{2a_q} \ldots & w_{2a_n} \\ \vdots & & \vdots & \vdots \\ w_{pa_1} & w_{pa_2} \ldots & w_{pa_q} \ldots & w_{pa_n} \end{matrix} \right\|$$

So ist z. B. das symmetrische Produkt von $\mathbf{u}, \mathbf{v}, \mathbf{w}$:

$$\mathbf{u}\smile\mathbf{v}\smile\mathbf{w} = \frac{1}{6}(\mathbf{uvw} + \mathbf{uwv} + \mathbf{vwu} + \mathbf{vuw} + \mathbf{wuv} + \mathbf{wvu}). \tag{32}$$

Für die Bestimmungszahlen dieses symmetrischen Produktes schreiben wir:

$$u_{(\varkappa} v_\lambda w_{\mu)} = \frac{1}{6}(u_\varkappa v_\lambda w_\mu + u_\varkappa v_\mu w_\lambda + u_\mu v_\varkappa w_\lambda + u_\lambda v_\varkappa w_\mu + u_\lambda v_\mu w_\varkappa + u_\mu v_\lambda w_\varkappa). \tag{32a}$$

Das alternierende Produkt von $\mathbf{u}, \mathbf{v}, \mathbf{w}$ ist:

$$\mathbf{u}\frown\mathbf{v}\frown\mathbf{w} = \frac{1}{6}(\mathbf{uvw} - \mathbf{uwv} + \mathbf{vwu} - \mathbf{vuw} + \mathbf{wuv} - \mathbf{wvu}). \tag{33}$$

Für die Bestimmungszahlen dieses alternierenden Produktes schreiben wir:

$$u_{[\varkappa} v_\lambda w_{\mu]} = \frac{1}{6}(u_\varkappa v_\lambda w_\mu - u_\varkappa v_\mu w_\lambda + u_\mu v_\varkappa w_\lambda - u_\lambda v_\varkappa w_\mu + u_\lambda v_\mu w_\varkappa - u_\mu v_\lambda w_\varkappa)^{1)}. \tag{33a}$$

Für ein symmetrisches Produkt gilt das *kommutative Gesetz,* weil es sich nicht ändert, wenn man die Reihenfolge seiner Faktoren ändert. Für ein alternierendes Produkt gilt *das anti-kommutative Gesetz,* weil es sein Vorzeichen ändert, wenn man zwei Faktoren vertauscht, z. B.:

$$\begin{cases} \mathbf{v} \smile \mathbf{w} = \mathbf{w} \smile \mathbf{v} \\ \mathbf{v} \frown \mathbf{w} = -\mathbf{w} \frown \mathbf{v} \end{cases} \tag{34}$$

Ein Tensor p-ten Grades kann als Potenz *eines einzigen* idealen Vektors geschrieben werden, welcher dann p-faltig ist:

$$^p\mathbf{v}' = \mathbf{v}'^p, \qquad ^p\mathbf{w} = \mathbf{w}^p, \tag{35}$$

oder in Bestimmungszahlen:

$$\begin{cases} v^{\lambda_1 \lambda_2 \ldots \lambda_p} = v^{\lambda_1} v^{\lambda_2} \ldots v^{\lambda_p} \\ w_{\lambda_1 \lambda_2 \ldots \lambda_p} = w_{\lambda_1} w_{\lambda_2} \ldots w_{\lambda_p} \,^{2)}. \end{cases} \tag{35a}$$

---

[1]) Diese Bezeichnung der Bestimmungszahlen des symmetrischen und des alternierenden Produktes durch umklammerte Indizes entspricht einem von Schouten, 1922, 4 erweiterten Vorschlag Bachs, 1921, 1, S. 113, — [2]) Dasselbe geschieht, wenn in der Clebsch-Aronholdschen Symbolik eine Form p-ten Grades als ideale Potenz einer linearen Form geschrieben wird, z. B. $\sum_{jk} a_{jk} x_j x_k = (\sum_j a_j x_j)^2$. Vgl. auch die Weitzenböckschen Komplexsymbole, Weitzenböck, 1908, 7.

Für symmetrische und alternierende Affinoren gilt der Satz, daß sie im allgemeinen nicht als symmetrisches, bzw. alternierendes Produkt einiger realer Vektoren geschrieben werden können, wohl aber als eine Summe derartiger Produkte. Ein p-Vektor, welcher als alternierendes Produkt von p realen Vektoren geschrieben werden kann, heißt *einfacher p-Vektor*. Ein Vektor, welcher linear aus diesen p realen Vektoren zusammengesetzt ist, heißt *in* $_p\mathbf{v}$ *enthalten*. Ein allgemeiner p-Vektor heißt auch *zusammengesetzter p-Vektor*.

Ein alternierendes Produkt ist dann und nur dann von Null verschieden, wenn seine Faktoren alle linear unabhängig sind. Da $n+1$ kontra-, bzw. kovariante Vektoren nach S. 16 immer linear abhängig sind, wird jedes alternierende Produkt für $p > n$ Null. Ein n-Vektor hat nur eine Bestimmungszahl.

p linear unabhängige Linienelemente $d_1\mathbf{x}', d_2\mathbf{x}', \ldots, d_p\mathbf{x}'$ bestimmen in P ein p-dimensionales Element und durch ihre Reihenfolge ist dazu ein Sinn gegeben (für $p=1$: Richtungssinn, für $p=2$: Drehsinn, für $p=3$: Schraubsinn, für $p>3$: Hyperschraubsinn). Der Sinn wechselt wie das Vorzeichen von $d_1\mathbf{x}' \frown \ldots d_p\mathbf{x}'$ bei Vertauschung der Vektoren.

Jedem infinitesimalen mit einen Sinn versehenen p-dimensionalen Element ist also in eindeutiger Weise ein einfacher p-Vektor zugeordnet.

Seine Bestimmungszahlen sind die $\binom{n}{p}$ p-reihigen Determinanten der Matrix

$$\left\| \begin{matrix} d_1 x^{a_1} d_1 x^{a_2} \ldots d_1 x^{a_p} \ldots d_1 x^{a_n} \\ d_2 x^{a_1} d_2 x^{a_2} \ldots d_2 x^{a_p} \ldots d_2 x^{a_n} \\ \vdots \qquad \vdots \qquad \vdots \\ d_p x^{a_1} d_p x^{a_2} \ldots d_p x^{a_p} \ldots d_p x^{a_n} \end{matrix} \right\|$$

Ein p-dimensionales infinitesimales Gebiet in P wird mit R_p bezeichnet und auch *p-Richtung* genannt.

6. Die Überschiebungen.

Die Verknüpfung $v^\lambda w_\lambda$ der Bestimmungszahlen zweier Vektoren $\mathbf{v}'$ und $\mathbf{w}$ bleibt bei den Transformationen (7) der Urvariablen invariant:

$$'v^{\lambda'} w_\lambda = v^\mu w_\mu. \tag{36}$$

Wir nennen diese Verknüpfung *die erste Überschiebung* der Vektoren $\mathbf{v}'$ und $\mathbf{w}$. Sie genügt dem distributiven Gesetze und ist also ein Produkt. Als Multiplikationszeichen führen wir das Zeichen $\overset{1}{\cdot}$ ein:

$$\mathbf{v}' \overset{1}{\cdot} \mathbf{w} = \mathbf{w} \overset{1}{\cdot} \mathbf{v}' = v^\lambda w_\lambda\text{[1]}. \tag{37}$$

[1]) Es kann gezeigt werden, daß alle Simultankovarianten von Größen mit Hilfe der Multiplikationen $\circ$ und $\overset{1}{\cdot}$ aus den idealen Faktoren dieser Größen gebildet werden können. Dieser Satz, dem die idealen Vektoren ihre Bedeutung verdanken, entspricht dem ersten Fundamentalsatze der Invariantensymbolik.

Allgemein definieren wir als i-*te* (*gegenläufige*) *skalare Überschiebung*, kurz *Überschiebung* $\overset{i}{\cdot}$ zweier Größen $\overset{p}{\mathbf{v}}{}'$ und $\overset{q}{\mathbf{w}}$:

$$(38)\qquad \begin{aligned}\overset{p}{\mathbf{v}}{}' \overset{i}{\cdot} \overset{q}{\mathbf{w}} &= \mathbf{v}_1' \dots \mathbf{v}_p' \overset{i}{\cdot} \mathbf{w}_1 \dots \mathbf{w}_q \\ &= (\mathbf{v}_p' \overset{1}{\cdot} \mathbf{w}_1)(\mathbf{v}_{p-1}' \overset{1}{\cdot} \mathbf{w}_2) \dots (\mathbf{v}_{p-i+1}' \overset{1}{\cdot} \mathbf{w}_i)\, \mathbf{v}_1' \dots \mathbf{v}_{p-i}' \mathbf{w}_{i+1} \dots \mathbf{w}_q\end{aligned}$$

oder in Komponenten:

$$(38\,\mathrm{a})\quad \overset{p}{\mathbf{v}}{}' \overset{i}{\cdot} \overset{q}{\mathbf{w}} = v^{\lambda_1 \dots \lambda_{p-i} \lambda_{p-i+1} \dots \lambda_p}\, w_{\lambda_p \dots \lambda_{p-i+1} \mu_1 \dots \mu_{q-i}}\, \mathbf{e}'_{\lambda_1} \dots \mathbf{e}'_{\lambda_{p-i}}\, \mathbf{e}_{\mu_1} \dots \mathbf{e}_{\mu_{q-i}}.$$

Diese Größe ist ein gemischter Affinor $p + q - 2i$-ten Grades. Auch diese Überschiebung hat die distributive Eigenschaft und ist somit ein Produkt[1]).

Die p-te Überschiebung von $\overset{p}{\mathbf{v}}{}'$ und $\overset{p}{\mathbf{w}}$ ist ein Skalar:

$$(39)\qquad \overset{p}{\mathbf{v}}{}' \overset{p}{\cdot} \overset{p}{\mathbf{w}} = (\mathbf{v}_p' \overset{1}{\cdot} \mathbf{w}_1)(\mathbf{v}_{p-1}' \overset{1}{\cdot} \mathbf{w}_2) \dots (\mathbf{v}_1' \overset{1}{\cdot} \mathbf{w}_p) = v^{\lambda_1 \dots \lambda_p} w_{\lambda_p \dots \lambda_1}.$$

In derselben Weise können Überschiebungen gemischter Affinoren gebildet werden, z. B.

$$(40)\quad \overset{3}{\mathbf{v}}{}^{\cdot\cdot\prime} \overset{2}{\cdot} \overset{4}{\mathbf{w}}{}^{\cdot\prime\cdot\prime} = \mathbf{v}_1 \mathbf{v}_2 \mathbf{v}_3' \overset{2}{\cdot} \mathbf{w}_1 \mathbf{w}_2' \mathbf{w}_3 \mathbf{w}_4' = (\mathbf{v}_3' \overset{1}{\cdot} \mathbf{w}_1)(\mathbf{v}_2 \overset{1}{\cdot} \mathbf{w}_2')\, \mathbf{v}_1 \mathbf{w}_3 \mathbf{w}_4'.$$

Insbesondere führen die Einheitsaffinoren andere Affinoren bei einmaliger Überschiebung in sich selbst über:

$$(41)\qquad \begin{cases} \overset{2}{\mathbf{A}}{}^{\prime\cdot} \overset{1}{\cdot} \overset{p}{\mathbf{v}}{}' = \overset{p}{\mathbf{v}}{}'; & \overset{2}{\mathbf{A}}{}^{\cdot\prime} \overset{1}{\cdot} \overset{q}{\mathbf{w}} = \overset{q}{\mathbf{w}}; \\ \overset{p}{\mathbf{v}}{}' = \overset{p}{\mathbf{v}}{}' \overset{1}{\cdot} \overset{2}{\mathbf{A}}{}^{\cdot\prime}; & \overset{q}{\mathbf{w}} = \overset{q}{\mathbf{w}} \overset{1}{\cdot} \overset{2}{\mathbf{A}}{}^{\prime\cdot}, \end{cases}$$

Für die Überschiebungen gelten u. a. folgende Regeln:

$$(42)\qquad \left(\overset{p}{\mathbf{u}}{}' \overset{i}{\cdot} \overset{q}{\mathbf{v}}\right) \overset{k}{\cdot} \overset{r}{\mathbf{w}}{}' = \overset{p}{\mathbf{u}}{}' \overset{i}{\cdot} \left(\overset{q}{\mathbf{v}} \overset{k}{\cdot} \overset{r}{\mathbf{w}}{}'\right) = \overset{p}{\mathbf{u}}{}' \overset{i}{\cdot} \overset{q}{\mathbf{v}} \overset{k}{\cdot} \overset{r}{\mathbf{w}}{}',$$

für $q \geqq i + k$, $p \geqq i$, $r \geqq k$ und

$$(43)\qquad \overset{p}{\mathbf{u}} \overset{i}{\cdot} \left(\overset{q}{\mathbf{v}} \overset{q}{\cdot} \overset{r}{\mathbf{w}}{}'\right) = \overset{p}{\mathbf{u}} \overset{q}{\mathbf{v}} \overset{i+q}{\cdot} \overset{r}{\mathbf{w}}{}',$$

für $r > i + q$, $p \geqq i$.

---

[1]) Diese Überschiebung stimmt für $p < q$, $i = p$ bzw. $i < p$ bis auf die Zusammenfügung der Indizes mit der inneren, bzw. gemischten, Multiplikation Einsteins überein. Die Einsteinsche Multiplikation korrespondiert mit der *gleichläufigen* skalaren Überschiebung, definiert durch die Gleichung:

$$\overset{p}{\mathbf{v}}{}' \underset{i}{\cdot} \overset{q}{\mathbf{w}} = (\mathbf{v}_1' \overset{1}{\cdot} \mathbf{w}_1)(\mathbf{v}_2' \overset{1}{\cdot} \mathbf{w}_2) \dots (\mathbf{v}_i' \overset{1}{\cdot} \mathbf{w}_i)\, \mathbf{v}_{i+1}' \dots \mathbf{v}_p' \mathbf{w}_{i+1} \dots \mathbf{w}_q.$$

Vgl. Einstein, 1916, 6, S. 24. Sie wird z. B. in Schouten, 1919, 11 verwendet. Auch Überschiebungen nach anderen Faktoren als den i ersten und i letzten treten auf z. B. S. 66.

Für die Einheitsvektoren gilt mit Rücksicht auf (37):

$$\mathbf{e}'_\mu \overset{1}{\cdot} \mathbf{e}_\nu = \begin{cases} 1 & \mu = \nu \quad \text{(nicht summieren)} \\ 0 & \mu \neq \nu . \end{cases} \tag{44}$$

Die Größe

$$_p\mathbf{v} \overset{r}{\lrcorner} \overset{q}{\mathbf{w}} = ({}_p\mathbf{v}\,\mathbf{w}_1 \frown \ldots \mathbf{w}_r)\,\mathbf{w}_{r+1} \ldots \mathbf{w}_q \qquad (r \leqq q) \tag{45}$$

nennen wir die *r-te vektorische Überschiebung* des p-Vektors $_p\mathbf{v}$ mit dem Affinor $\overset{q}{\mathbf{w}}$. Besondere Bedeutung für die vorliegende Untersuchung hat die *doppelte vektorische Überschiebung* zweier Affinoren zweiten Grades:

$$\overset{2}{\mathbf{v}} \mathrel{\widehat{\widehat{}}} \overset{2}{\mathbf{w}} = (\mathbf{v}_1 \frown \mathbf{w}_1)(\mathbf{v}_2 \frown \mathbf{w}_2)\,[1], \tag{46}$$

mit der $\varkappa\lambda\mu\nu$-Bestimmungszahl:

$$\overset{2}{\mathbf{v}} \mathrel{\widehat{\widehat{}}} \overset{2}{\mathbf{w}} \overset{4}{\cdot} \mathbf{e}'_\nu \mathbf{e}'_\mu \mathbf{e}'_\lambda \mathbf{e}'_\varkappa = v_{\varkappa\lambda} \mathrel{\widehat{\widehat{}}} w_{\mu\nu} = \frac{1}{4}(v_{\varkappa\mu} w_{\lambda\nu} - v_{\lambda\mu} w_{\varkappa\nu} + v_{\lambda\nu} w_{\varkappa\mu} - v_{\varkappa\nu} w_{\lambda\mu}). \tag{47}$$

Die Größe $(\mathbf{a} \frown \mathbf{b})(\mathbf{a} \frown \mathbf{b})$ ist nach (46) die doppelte vektorische Überschiebung von ${}^2\mathbf{g} = \mathbf{aa} = \mathbf{bb}$ mit sich selbst:

$$^2\mathbf{g} \mathrel{\widehat{\widehat{}}} {}^2\mathbf{g} = (\mathbf{a} \frown \mathbf{b})(\mathbf{a} \frown \mathbf{b}) = \mathbf{a}^{2\frown}\mathbf{a}^{2\frown}. \tag{48}$$

Ebenso läßt sich, wenn

$$^2\mathbf{h} = {}'\mathbf{h}\,{}'\mathbf{h} = {}''\mathbf{h}\,{}''\mathbf{h} = \ldots = {}^{(p)}\mathbf{h}\,{}^{(p)}\mathbf{h} = \ldots \tag{49}$$

ist,

$$(\widehat{{}'\mathbf{h}\,{}''\mathbf{h} \ldots {}^{(p)}\mathbf{h}})(\widehat{{}'\mathbf{h}\,{}''\mathbf{h} \ldots {}^{(p)}\mathbf{h}}) = \mathbf{h}^{p\frown}\mathbf{h}^{p\frown}. \tag{50}$$

schreiben. Auch für kontravariante Affinoren gelten Formeln wie (46) und (50).

Die $\varkappa\lambda\mu\nu$-Bestimmungszahl von ${}^2\mathbf{g} \mathrel{\widehat{\widehat{}}} {}^2\mathbf{g}$ ist nach (47):

$$({}^2\mathbf{g} \mathrel{\widehat{\widehat{}}} {}^2\mathbf{g})_{\varkappa\lambda\mu\nu} = g_{\varkappa\lambda} \mathrel{\widehat{\widehat{}}} g_{\mu\nu} = \frac{1}{2}(g_{\varkappa\mu} g_{\lambda\nu} - g_{\lambda\mu} g_{\varkappa\nu}). \tag{48a}$$

Die $\lambda_1, \ldots, \lambda_p \mu_1, \ldots, \mu_p$-Bestimmungszahl von $\mathbf{h}^{p\frown}\mathbf{h}^{p\frown}$ ist:

$$(\mathbf{h}^{p\frown}\mathbf{h}^{p\frown})_{\lambda_1 \ldots \lambda_p \mu_1 \ldots \mu_p} = \frac{1}{p!} \begin{vmatrix} h_{\lambda_1\mu_1} & \ldots & h_{\lambda_p\mu_1} \\ h_{\lambda_1\mu_2} & \ldots & h_{\lambda_p\mu_2} \\ \vdots & & \vdots \\ h_{\lambda_1\mu_p} & \ldots & h_{\lambda_p\mu_p} \end{vmatrix}. \tag{50a}$$

Ein Affinor $\overset{p}{\mathbf{v}}$ ist offenbar Null, wenn für jede Wahl eines Vektors $\mathbf{w}'$ gilt:

$$\mathbf{w}' \overset{1}{\cdot} \overset{p}{\mathbf{v}} = 0. \tag{51}$$

Denn man braucht für $\mathbf{w}'$ nur $\mathbf{e}'_\lambda$ einzusetzen, um zu beweisen, daß jede

[1] Die doppelte vektorische Überschiebung ist identisch mit der „double cross multiplication“ von Gibbs, siehe Gibbs-Wilson, 1913, 3, S. 308.

Bestimmungszahl von $\overset{p}{\mathrm{v}}$ verschwindet. Dieser Satz läßt sich verallgemeinern. Ein in den ersten $q\,(q \leqq p)$ idealen Faktoren symmetrischer Affinor $\overset{p}{\mathrm{v}}$ ist Null, wenn für jede Wahl eines Vektors w' gilt:

$$\overset{q}{\mathrm{w}'} \overset{q}{\cdot} \overset{p}{\mathrm{v}} = 0. \tag{52}$$

Der Beweis verläuft in derselben Weise. Dieselben Sätze gelten m. m. für kontravariante Affinoren.

7. Der Fundamentaltensor.

In einem und demselben Punkt P sind bis jetzt der Größe nach vergleichbar *erstens* Skalare und *zweitens* Vektoren gleicher Orientierung. Gleichartige Vektoren verschiedener Orientierung sind bisher der Länge nach unvergleichbar, und auch der von zwei Linienelementen eingeschlossene Winkel kann noch nicht gemessen werden.

Wir wählen nun einen positiv definiten, aber sonst beliebigen kontravarianten Tensor zweiten Grades mit nicht verschwindender Determinante:

$$^2\mathrm{g}' = g^{\lambda\mu}\, \mathrm{e}'_\lambda\, \mathrm{e}'_\mu, \qquad |g^{\lambda\mu}| = g^{-1} \neq 0, \tag{53}$$

und nennen diesen *den kontravarianten Fundamentaltensor*. Sind $g_{\lambda\mu}$ die Minoren von $g^{\lambda\mu}$ in g^{-1}, dividiert durch g^{-1}, so transformieren die $g_{\lambda\mu}$ sich bekanntlich kontragredient zu den $g^{\lambda\mu}$. Gleichzeitig mit $^2\mathrm{g}'$ ist also auch, sofern die e_ν gewählt sind, der kovariante Tensor zweiten Grades:

$$^2\mathrm{g} = g_{\lambda\mu}\, \mathrm{e}_\lambda\, \mathrm{e}_\mu, \tag{54}$$

der kovariante Fundamentaltensor, festgelegt, welcher ebenfalls positiv definit und von nicht verschwindender Determinante ist.

$^2\mathrm{g}'$ ist unabhängig von der Wahl der e'_λ und der e_ν, $^2\mathrm{g}$ nur von der Wahl der e'_λ.

Die $g^{\lambda\mu}$ entstehen in analoger Weise aus den $g_{\lambda\mu}$, wie die $g_{\lambda\mu}$ aus den $g^{\lambda\mu}$, und es bestehen mit Rücksicht auf (24) und (44) die Gleichungen:

$$^2\mathrm{g}' \overset{1}{\cdot} {}^2\mathrm{g} = \overset{2}{\mathrm{A}}{}^{\cdot\,\prime}; \qquad {}^2\mathrm{g} \overset{1}{\cdot} {}^2\mathrm{g}' = \overset{2}{\mathrm{A}}{}^{\prime\,\cdot}. \tag{55}$$

$$^2\mathrm{g}' \overset{2}{\cdot} {}^2\mathrm{g} = {}^2\mathrm{g} \overset{2}{\cdot} {}^2\mathrm{g}' = n. \tag{56}$$

Die Gleichung (41) ergibt infolge (55):

$$^2\mathrm{g}' \overset{1}{\cdot} {}^2\mathrm{g} \overset{1}{\cdot} \overset{p}{\mathrm{v}'} = \overset{p}{\mathrm{v}'}; \qquad {}^2\mathrm{g} \overset{1}{\cdot} {}^2\mathrm{g}' \overset{1}{\cdot} \overset{q}{\mathrm{w}} = \overset{q}{\mathrm{w}}. \tag{57}$$

Als *skalares Produkt* zweier kontra- bzw. kovarianter Vektoren definieren wir die offenbar distributiven Verknüpfungen:

$$\left\{\begin{aligned} \mathrm{v}' \cdot \mathrm{w}' &= \mathrm{v}' \overset{1}{\cdot} {}^2\mathrm{g} \overset{1}{\cdot} \mathrm{w}' = {}^2\mathrm{g} \overset{2}{\cdot} \mathrm{v}'\mathrm{w}' = {}^2\mathrm{g}' \overset{2}{\cdot} \mathrm{w}'\mathrm{v}' = g_{\lambda\mu}\, v^\lambda w^\mu \\ \mathrm{v} \cdot \mathrm{w} &= \mathrm{v} \overset{1}{\cdot} {}^2\mathrm{g}' \overset{1}{\cdot} \mathrm{w} = {}^2\mathrm{g}' \overset{2}{\cdot} \mathrm{v}\mathrm{w} = {}^2\mathrm{g} \overset{2}{\cdot} \mathrm{w}\mathrm{v} = g^{\lambda\mu}\, v_\lambda w_\mu. \end{aligned}\right. \tag{58}$$

Aus diesen Gleichungen folgt:

$$(59)\qquad \begin{cases} \mathbf{e}_\lambda^{\cdot} \cdot \mathbf{e}_\mu^{\cdot} = g_{\lambda\mu} \\ \mathbf{e}_\lambda \cdot \mathbf{e}_\mu = g^{\lambda\mu}. \end{cases}$$

Als *Betrag* (*Modul*) eines kontra- bzw. kovarianten Vektors definieren wir:

$$(60)\qquad (\mathbf{v}')_m = v' = \sqrt{\mathbf{v}' \cdot \mathbf{v}'}, \qquad (\mathbf{v})_m = v = \sqrt{\mathbf{v} \cdot \mathbf{v}}.$$

Ein Vektor mit dem Betrag 1 ist ein *Einheitsvektor.* Die fetten Buchstaben **i** und **j** werden im folgenden nur für Einheitsvektoren verwendet.

Damit ist in der X_n eine quadratische Maßbestimmung festgelegt:

$$(61)\qquad ds^2 = d\mathbf{x}' \cdot d\mathbf{x}' = {}^2\mathbf{g} \stackrel{2}{\cdot} d\mathbf{x}' d\mathbf{x}' = g_{\lambda\mu}\, dx^\lambda\, dx^\mu.$$

Das skalare Produkt zweier kontravarianter Vektoren und also auch die Maßbestimmung ist unabhängig von der Wahl der $\mathbf{e}_\nu$.

Im folgenden wird unter V_n immer eine n-dimensionale Mannigfaltigkeit mit quadratischer Maßbestimmung verstanden.

Der Winkel θ zweier kontravarianter Vektoren $\mathbf{v}'$ und $\mathbf{w}'$ ist gegeben durch[1])

$$(62)\qquad \cos\theta = \frac{\mathbf{v}' \cdot \mathbf{w}'}{v'\, w'}.$$

θ ist dadurch zwischen 0 und π in eindeutiger Weise bestimmt, weil ${}^2\mathbf{g}$ definit angenommen ist[2]).

Zwei Vektoren $\mathbf{v}'$ und $\mathbf{w}'$ sind somit zueinander senkrecht, wenn:

$$(63)\qquad \mathbf{v}' \cdot \mathbf{w}' = 0.$$

Wählt man in P n beliebige zueinander senkrechte kontravariante Einheitsvektoren $\mathbf{i}_j^{\cdot}$, $j = 1, 2, \ldots, n$, was auf $\infty^{\frac{n(n-1)}{2}}$ verschiedene Weisen geschehen kann, so ist nach (58), (60) und (63):

$$(64)\qquad {}^2\mathbf{g}' = \sum_j \mathbf{i}_j^{\cdot}\, \mathbf{i}_j^{\cdot}\ {}^{3)}.$$

Zueinander senkrechte Einheitsvektoren bekommen immer lateinische Indizes. Die Indizes i, j, k, l haben immer die Werte $1, 2, \ldots, n$[4]),[5]).

---

[1]) Beltrami, 1868, 1, S. 14. — [2]) Es ist immer $\mathbf{v}' \cdot \mathbf{w}' < v' w'$, da bei einem definiten Tensor ${}^2\mathbf{g}: (g_{\lambda\mu} v^\lambda w^\mu)^2 \leqq (g_{\lambda\mu} v^\lambda v^\mu)(g_{\lambda\mu} w^\lambda w^\mu)$. Vgl. Bianchi, 1899, 2, S. 565. — [3]) ${}^2\mathbf{g}'$ ist nicht gleich $-\sum_j \mathbf{i}_j^{\cdot} \mathbf{i}_j^{\cdot}$, weil ${}^2\mathbf{g}'$ positiv definit angenommen ist. Durch die Annahme eines indefiniten Fundamentaltensors, wie in der Relativitätstheorie, wird die weitere Rechnung keineswegs beeinträchtigt, man kann leicht die entstehenden Änderungen anbringen. — [4]) Ricci macht diesen Unterschied zwischen den Indizes der kontra- und kovarianten Bestimmungszahlen einerseits und der orthogonalen Bestimmungszahlen andererseits nicht. — [5]) Bei lateinischen Indizes werden die Summenzeichen *immer* geschrieben, weil diese Indizes oft über mehr als zweimal in einem Term auftreten, z. B. $\sum_i h_{ii} \mathbf{i}_i \mathbf{i}_i$, und man oft auch die Summierung nicht wünscht, z. B. beim Anschreiben der Bestimmungszahl h_{ii}.

Sind die $\mathbf{i}_j'$ gewählt, so gibt es, sofern die $\mathbf{e}_\nu$ festliegen, ein und nur ein System kovarianter Einheitsvektoren $\mathbf{i}_j$, so daß

$$(65)\qquad {}^2\mathbf{g} = \sum_j \mathbf{i}_j \mathbf{i}_j$$

und gleichzeitig:

$$(66)\qquad \mathbf{i}_j \overset{1}{\cdot} \mathbf{i}_k' = \begin{cases} 1 & j = k \\ 0 & j \neq k \end{cases}$$

ist.

Bei Drehungen und Spiegelungen des Systems $\mathbf{i}_j'$ transformieren sich die $\mathbf{i}_j'$ orthogonal und die $\mathbf{i}_j$ zu den $\mathbf{i}_j'$ kontragredient. Da aber der Unterschied zwischen kontragredient und kogredient bei der orthogonalen Gruppe verschwindet, transformieren sich die $\mathbf{i}_j$ und $\mathbf{i}_j'$ in derselben Weise.

8. Identifizierung von kontra- und kovarianten Größen.

Wir wollen jetzt zeigen, daß der Unterschied zwischen kontravarianten und kovarianten Größen wegfällt, sobald die $\mathbf{e}_\nu$ und der Fundamentaltensor *fest gegeben* sind.

Der Fundamentaltensor ermöglicht es, jedem kontravarianten Vektor $\mathbf{v}'$ einen bestimmten kovarianten Vektor $\mathbf{v}$ in ein-eindeutiger Weise zuzuordnen. Sei nämlich:

$$(67)\qquad \mathbf{v} = {}^2\mathbf{g} \overset{1}{\cdot} \mathbf{v}',$$

so ist nach (57):

$$(68)\qquad \mathbf{v}' = {}^2\mathbf{g}' \overset{1}{\cdot} {}^2\mathbf{g} \overset{1}{\cdot} \mathbf{v}' = {}^2\mathbf{g}' \overset{1}{\cdot} \mathbf{v},$$

und die Zuordnung von $\mathbf{v}$ und $\mathbf{v}'$ ist also eine reziproke.

Ist

$$(69)\qquad \mathbf{v}' = \sum v^j \mathbf{i}_j',$$

so ist nach (66):

$$(70)\qquad \mathbf{v} = {}^2\mathbf{g} \overset{1}{\cdot} \mathbf{v}' = \sum \mathbf{i}_j \mathbf{i}_j \overset{1}{\cdot} \mathbf{v}' = \sum v^j \mathbf{i}_j$$

und die zu $\mathbf{i}_j'$ bzw. $\mathbf{i}_j$ gehörigen Bestimmungszahlen zweier korrespondierender Vektoren sind gleich. Da aber $\mathbf{i}$ und $\mathbf{i}'$ sich in derselben Weise transformieren und eine Größe nach dem Kleinschen Prinzip (s. S. 14) durch die Transformation ihrer Bestimmungszahlen vollständig charakterisiert ist, so hat es keinen Zweck, zwischen $\mathbf{v}'$ und $\mathbf{v}$ und ebensowenig zwischen kontra- und kovarianten Größen höheren Grades zu unterscheiden. Sind also ein bestimmter Fundamentaltensor und die $\mathbf{e}_\nu$ fest gegeben, so setzen wir:

$$(71)\qquad \mathbf{i}_j = \mathbf{i}_j'$$

und damit:

$$(72)\qquad \mathbf{v} = \mathbf{v}', \qquad {}^2\mathbf{g} = {}^2\mathbf{g}'.$$

Dann ist nach (55):

$$\text{(73)} \qquad {}^2\mathfrak{g} = {}^2\mathfrak{g}' = \overset{2}{\mathfrak{A}}{}^{\text{'}\cdot} = \overset{2}{\mathfrak{A}}{}^{\cdot\text{'}}.$$

Ein Vektor $\mathfrak{v}$ hat dann drei Arten Bestimmungszahlen: kontravariante, kovariante und orthogonale[1]):

$$\text{(74)} \qquad \mathfrak{v} = v^\lambda \mathfrak{e}'_\lambda = v_\lambda \mathfrak{e}_\lambda = \sum v_j \mathfrak{i}_j.$$

Affinoren höheren Grades haben dazu noch gemischte Bestimmungszahlen, z. B.:

$$\text{(75)} \qquad {}^2\mathfrak{g} = \mathfrak{g}^{\lambda\mu} \mathfrak{e}'_\lambda \mathfrak{e}'_\mu = g_{\lambda\mu} \mathfrak{e}_\lambda \mathfrak{e}_\mu = \mathfrak{e}_\lambda \mathfrak{e}'_\lambda = \mathfrak{e}'_\lambda \mathfrak{e}_\lambda = \sum \mathfrak{i}_j \mathfrak{i}_j.$$

Die verschiedenen Bestimmungszahlen eines Affinors p-ten Grades werden erhalten durch p-fache Überschiebung mit Produkten von Maßvektoren. So ist z. B.:

$$\text{(76)} \qquad \begin{cases} \mathfrak{e}'_\nu \mathfrak{e}'_\mu \mathfrak{e}'_\lambda \overset{3}{\cdot} \overset{3}{\mathfrak{v}} = v_{\lambda\mu\nu} \\ \mathfrak{e}_\nu \mathfrak{e}_\mu \mathfrak{e}_\lambda \overset{3}{\cdot} \overset{3}{\mathfrak{v}} = v^{\lambda\mu\nu} \\ \mathfrak{i}_l \ \mathfrak{i}_k \ \mathfrak{i}_j \overset{3}{\cdot} \overset{3}{\mathfrak{v}} = v_{jkl} \\ \mathfrak{e}_\nu \mathfrak{e}'_\mu \mathfrak{e}_\lambda \overset{3}{\cdot} \overset{3}{\mathfrak{v}} = v^{\lambda\cdot\nu}_{\cdot\mu}. \end{cases}$$

Die Identifizierung von kontra- und kovarianten Größen ist nur erlaubt, wenn der Fundamentaltensor während der Untersuchung nicht geändert wird. Beim Übergang zu einem anderen Fundamentaltensor stellt sich *während* des Übergangs sofort wieder der Unterschied zwischen kontra- und kovarianten Größen ein. Man hat dann für jede vorkommende Größe zu entscheiden, ob sie während des Überganges als kontravariant oder als kovariant betrachtet werden soll. Bei der neuen Maßbestimmung entsteht dann wieder eine bestimmte, ein-eindeutige Korrespondenz, aber eine neue, welche durch den neuen Fundamentaltensor bestimmt ist. Ein solcher Fall liegt u. a. bei einigen Variationsproblemen vor (S. 98)[2]).

Läßt sich ein p-Vektor schreiben:

$$\text{(77)} \qquad {}_p\mathfrak{v} = {}_p v\, \mathfrak{i}_1 \mathfrak{i}_2 \overset{\frown}{\ldots} \mathfrak{i}_p,$$

so heißt ${}_p v$ der *Betrag* (*Modul*) von ${}_p\mathfrak{v}$ und wird auch $({}_p\mathfrak{v})_m$ geschrieben. Es gilt die Gleichung:

$$\text{(78)} \qquad {}_p v^2 = (-1)^{\frac{p(p-1)}{2}} p!\, {}_p\mathfrak{v} \overset{p}{\cdot} {}_p\mathfrak{v},$$

---

[1]) Auch Ricci verwendet orthogonale Bestimmungszahlen, z. B. Ricci-Levi Civita, 1901, 6. Vgl. auch Cisotti, 1918, 4. — [2]) Vgl. auch Schouten, 1918, 10, S. 90; 1921, 7 und Schouten-Struik, 1921, 8, wo der Fundamentaltensor durch eine konforme Transformation geändert wird.

weil:

(79) $$\mathfrak{i}_1 \mathfrak{i}_2 \ldots \mathfrak{i}_p \overset{p}{\cdot} \mathfrak{i}_1 \mathfrak{i}_2 \ldots \mathfrak{i}_p = (-1)^{\frac{p(p-1)}{2}} \frac{1}{p!}$$

Nach der Identifizierung der kontra- und kovarianten Größen wird die erste Überschiebung $\overset{1}{\cdot}$ mit dem skalaren Produkt identisch[1]) und es wird:

(80) $$^2\mathfrak{g} \overset{2}{\cdot} \mathfrak{v}\mathfrak{w} = \mathfrak{v} \cdot \mathfrak{w}\,^{2)}.$$

9. Die idealen Faktoren des Fundamentaltensors. Gleichberechtigte ideale Faktoren.

Sei $^2\mathfrak{g}'$ als Potenz der gleichberechtigten idealen Faktoren $\mathfrak{a}', \mathfrak{b}'$ geschrieben:

(81) $$^2\mathfrak{g}' = \mathfrak{a}'\mathfrak{a}' = \mathfrak{b}'\mathfrak{b}' = \ldots,$$

so gilt für die Bestimmungszahlen dieser Vektoren:

(81a) $$g^{\lambda\mu} = a^\lambda a^\mu = b^\lambda b^\mu = \ldots .$$

Sei

(82) $$^2\mathfrak{g} \overset{1}{\cdot} \mathfrak{a}' = \mathfrak{a}, \qquad ^2\mathfrak{g} \overset{1}{\cdot} \mathfrak{b}' = \mathfrak{b},$$

dann ist:

(83) $$^2\mathfrak{g}' \overset{1}{\cdot} \mathfrak{a} = \mathfrak{a}', \qquad ^2\mathfrak{g}' \overset{1}{\cdot} \mathfrak{b} = \mathfrak{b}',$$

und nach (55) folgt:

(84) $$\overset{2}{\mathfrak{A}}{}'^{\cdot\cdot} = \mathfrak{a}'\mathfrak{a} = \mathfrak{b}'\mathfrak{b} = \ldots, \qquad \overset{2}{\mathfrak{A}}{}^{\cdot\cdot'} = \mathfrak{a}\mathfrak{a}' = \mathfrak{b}\mathfrak{b}' = \ldots .$$

Für die Bestimmungszahlen dieser Affinoren gilt nach (25):

(84a) $$A_\mu^\lambda = a^\lambda a_\mu = b^\lambda b_\mu = \ldots = \begin{cases} 1 & \lambda = \mu \quad \text{(nicht summieren).} \\ 0 & \lambda \neq \mu. \end{cases}$$

Nach (41) und (84) ist dann:

(85) $$^2\mathfrak{g} = {}^2\mathfrak{g} \overset{1}{\cdot} \overset{2}{\mathfrak{A}}{}'^{\cdot\cdot} = {}^2\mathfrak{g} \overset{1}{\cdot} \mathfrak{a}'\mathfrak{a} = \mathfrak{a}\mathfrak{a} = \mathfrak{b}\mathfrak{b} = \ldots .$$

Für die Bestimmungszahlen dieses Tensors gilt:

(85a) $$g_{\lambda\mu} = a_\lambda a_\mu = b_\lambda b_\mu = \ldots .$$

Es gilt für einen beliebigen Vektor:

(86) $$\boxed{\begin{aligned} \mathfrak{v}' &= (\mathfrak{v}' \overset{1}{\cdot} \mathfrak{a})\,\mathfrak{a}' \\ \mathfrak{v} &= (\mathfrak{v} \overset{1}{\cdot} \mathfrak{a}')\,\mathfrak{a}. \end{aligned}}$$

---

[1]) Für die Beziehung der hier verwendeten Vektoralgebra zu den Systemen R_n^0 vgl. man Schouten, 1918, 10, S. 11 und flg. — [2]) Es ist also immer $\mathfrak{i}_j \cdot \mathfrak{i}_j = +1$. Vgl. dazu Schouten, 1921, 7, S. 66—67.

Ein Beispiel für die Notwendigkeit der Einführung gleichberechtigter idealer Vektoren ergibt sich, wenn wir in (85) für ${}^2\mathbf{g}$ und $\overset{2}{\mathring{\mathbf{A}}}{}^{\cdot\cdot}$ ohne weiteres ihre idealen Faktoren nach (85) und (84) einsetzen würden:

$$(\alpha) \qquad {}^2\mathbf{g} = {}^2\mathbf{g} \overset{1}{.} \overset{2}{\mathring{\mathbf{A}}}{}^{\cdot\cdot} = \mathbf{a}\,\mathbf{a} \overset{1}{.} \mathbf{a}'\,\mathbf{a} = (\mathbf{a} \overset{1}{.} \mathbf{a}')\,\mathbf{a}\,\mathbf{a}.$$

Nach (85) würde daraus die falsche Formel folgen:

$$\mathbf{a} \overset{1}{.} \mathbf{a}' = 1,$$

während sich in Wirklichkeit nach (84)

$$(87) \qquad \mathbf{a}' \overset{1}{.} \mathbf{a} = \mathbf{a} \overset{1}{.} \mathbf{a}' = n$$

ergibt.

Da aber $\mathbf{a}'$ und $\mathbf{a}$ beide zweifaltig sind, und $\mathbf{a}$ in (α) rechts viermal vorkommt, dreimal selbst und einmal implizit in $\mathbf{a}'$ nach (83), muß man nach S. 18 neben $\mathbf{a}$ auch $\mathbf{b}$ einführen. Dann wird mit Hilfe von (86):

$$(88) \qquad {}^2\mathbf{g} \overset{1}{.} \overset{2}{\mathring{\mathbf{A}}}{}^{\cdot\cdot} = \mathbf{a}\,\mathbf{a} \overset{1}{.} \mathbf{b}'\,\mathbf{b} = (\mathbf{a} \overset{1}{.} \mathbf{b}')\,\mathbf{a}\,\mathbf{b} = \mathbf{a}\,\mathbf{a} = {}^2\mathbf{g}.$$

Damit ist alle Zweideutigkeit aufgehoben.

Die Formel (86) ermöglicht es, einen idealen oder realen Faktor eines allgemeinen, symmetrischen oder alternierenden Produktes an jede beliebige Stelle zu bringen, was insbesondere bei Differentiationen nützlich ist. So läßt sich z. B. der i-te Faktor immer nach links schaffen:

$$(89) \qquad \begin{cases} \mathbf{v}_1 \ldots \mathbf{v}_{i-1}\,\mathbf{v}_i\,\mathbf{v}_{i+1} \ldots \mathbf{v}_p = (\mathbf{a}' \overset{1}{.} \mathbf{v}_i)\,\mathbf{v}_1 \ldots \mathbf{v}_{i-1}\,\mathbf{a}\,\mathbf{v}_{i+1} \ldots \mathbf{v}_p \\ \mathbf{v}_1 \ldots \mathbf{v}_{i-1}\,\breve{\mathbf{v}}_i\,\mathbf{v}_{i+1} \ldots \mathbf{v}_p = (\mathbf{a}' \overset{1}{.} \mathbf{v}_i)\,\mathbf{v}_1 \ldots \mathbf{v}_{i-1}\,\breve{\mathbf{a}}\,\mathbf{v}_{i+1} \ldots \mathbf{v}_p \\ \mathbf{v}'_1 \ldots \mathbf{v}'_{i-1}\,\widehat{\mathbf{v}'_i}\,\mathbf{v}'_{i+1} \ldots \mathbf{v}'_p = (\mathbf{a} \overset{1}{.} \mathbf{v}'_i)\,\mathbf{v}'_1 \ldots \mathbf{v}'_{i-1}\,\widehat{\mathbf{a}'}\,\mathbf{v}'_{i+1} \ldots \mathbf{v}'_p. \end{cases}$$

Bei Identifizierung von ko- und kontravarianten Größen wird:

$$(90) \qquad \begin{cases} \mathbf{a}' = \mathbf{a}, \quad \mathbf{b}' = \mathbf{b} \\ a_i\,a_j = b_i\,b_j = \ldots = \begin{cases} 1 & i = j \\ 0 & i \neq j \end{cases} \end{cases}$$

und die Formeln vereinfachen sich dementsprechend, z. B.:

$$(91) \qquad \boxed{\mathbf{v} = (\mathbf{v}\,.\,\mathbf{a})\,\mathbf{a}.}$$

Ein zweites Beispiel für die Notwendigkeit der Einführung idealer Vektoren ergibt sich z.B. bei einem Tensor zweiten Grades[1]), der als Potenz der gleichberechtigten Vektoren $\mathbf{p}$, $\mathbf{q}$, ... geschrieben ist:

$$(92) \qquad {}^2\mathbf{p} = \mathbf{p}^2 = \mathbf{q}^2 = \ldots.$$

[1]) Ein drittes Beispiel bei Schouten, 1918, 10, S. 17.

Für die orthogonalen Bestimmungszahlen gilt

(92a) $$p_{ik} = p_i p_k = q_i q_k .$$

Würde man nun nach Identifizierung von kovarianten und kontravarianten Größen in falscher Weise schreiben:

(β) $${}^2\mathbf{p} \overset{2}{.} {}^2\mathbf{p} = \mathbf{p}^2 \overset{2}{.} \mathbf{p}^2 = (\mathbf{p} . \mathbf{p})(\mathbf{p} . \mathbf{p}) = \sum_{i,j} p_i p_i p_j p_j ,$$

so wäre einerseits

$$p_i p_i p_j p_j = (p_i p_i)(p_j p_j) = p_{ii} p_{jj},$$

andererseits:

$$p_i p_i p_j p_j = (p_i p_j)(p_i p_j) = p_{ij} p_{ij},$$

und es ergäbe sich damit eine Zweideutigkeit. In (β) ist aber der zweifaltige ideale Faktor $\mathbf{p}$ viermal vertreten, es muß daher neben $\mathbf{p}$ der gleichberechtigte Faktor $\mathbf{q}$ in die Rechnung eingeführt werden:

(93) $$\begin{aligned} {}^2\mathbf{p} \overset{2}{.} {}^2\mathbf{p} = \mathbf{p}^2 \overset{2}{.} \mathbf{q}^2 = (\mathbf{p} . \mathbf{q})(\mathbf{p} . \mathbf{q}) &= \sum_{i,j} p_i q_i p_j q_j \\ &= \sum_{i,j} (p_i p_j)(q_i q_j) = \sum_{i,j} p_{ij}^2 , \end{aligned}$$

womit wieder jede Zweideutigkeit aufgehoben ist.

Wir können jetzt den Begriff Skalar (S. 15) verallgemeinern, indem wir jede Größe, welche sich nur aus den idealen Faktoren von ${}^2\mathbf{g}'$ und ${}^2\mathbf{g}$ zusammensetzen läßt, *Skalar* nennen. Die Bestimmungszahlen eines Skalars lassen sich dann rational aus den $g^{\lambda\mu}$ zusammensetzen. So sind ${}^2\mathbf{g}'$, ${}^2\mathbf{g}$, $\overset{2}{\mathbf{A}}{}^{\cdot\cdot}$ Skalare zweiten Grades, ${}^2\mathbf{g}\,{}^2\mathbf{g}'$, $\mathbf{abab}$, $(\mathbf{a} \frown \mathbf{b})(\mathbf{a} \frown \mathbf{b})$ Skalare vierten Grades.

Liegt eine V_m in einer V_n und ist der Fundamentaltensor der V_m in einem Punkte P:

(94) $${}^2\mathbf{g}' = \mathbf{a}'\mathbf{a}' = \mathbf{b}'\mathbf{b}' = \ldots ,$$

so geht bei Identifizierung von kontra- und kovarianten Größen ein Vektor $\mathbf{v}$ in P durch die Operation ${}^2\mathbf{g}' \overset{1}{.}$ in seine V_m-Komponente $\mathbf{v}'$ über:

(95) $$\mathbf{v}' = {}^2\mathbf{g}' \overset{1}{.} \mathbf{v} .$$

In derselben Weise geht ein Affinor $\overset{2}{\mathbf{v}}$ durch die Operation $\mathbf{a}'\mathbf{b}'\mathbf{b}'\mathbf{a}' \overset{2}{.}$ in seine V_m-Komponente $\overset{2}{\mathbf{v}}{}'$ über:

(96) $$\overset{2}{\mathbf{v}}{}' = \mathbf{a}'\mathbf{b}'\mathbf{b}'\mathbf{a}' \overset{2}{.} \overset{2}{\mathbf{v}} .$$

Ist allgemein:

(97) $${}^2\mathbf{g}' = \mathbf{a}_1'\mathbf{a}_1' = \mathbf{a}_2'\mathbf{a}_2' = \ldots = \mathbf{a}_p'\mathbf{a}_p' ,$$

(98) $$\mathbf{a}_1'\mathbf{a}_2' \ldots \mathbf{a}_p'\mathbf{a}_p' \ldots \mathbf{a}_2'\mathbf{a}_1' = \overset{2p}{\mathbf{g}}{}' ,$$

so ist $\overset{2p}{\mathbf{g}}{}' \overset{p}{.} \overset{p}{\mathbf{v}}$ die V_m-Komponente von $\overset{p}{\mathbf{v}}$.

10. Lineare Transformationen[1]).

Ein Tensor zweiten Grades ${}^2\mathbf{h}$[2]) erzeugt bei der Überschiebung mit einem Vektor $\mathbf{v}$ eine lineare Transformation

$$'\mathbf{v} = {}^2\mathbf{h} \overset{1}{\cdot} \mathbf{v} \tag{99}$$

mit symmetrischer Determinante D und somit eine lineare homogene (affine) Transformation der Punkte der R_n[3]).

Die Elemente der Determinante D sind die orthogonalen Bestimmungszahlen von ${}^2\mathbf{h}$:

$$D = \begin{vmatrix} h_{11} & h_{12} & \dots & h_{1n} \\ h_{12} & h_{22} & \dots & h_{2n} \\ \vdots & \vdots & & \vdots \\ h_{1n} & h_{2n} & \dots & h_{nn} \end{vmatrix} \tag{100}$$

Ein m-Vektor ${}_m\mathbf{i} = \mathbf{i}_1 \frown \dots \frown \mathbf{i}_m$ geht bei dieser Transformation nach (50) über in:

$$\begin{aligned} {}_m'\mathbf{i} = {}'\mathbf{i}_1 \frown \dots \frown {}'\mathbf{i}_m &= ({}'\mathbf{h}\,{}''\mathbf{h} \frown \dots \frown {}^{(m)}\mathbf{h})({}'\mathbf{h}\cdot\mathbf{i}_1)\dots({}^{(m)}\mathbf{h}\cdot\mathbf{i}_m) \\ &= ({}'\mathbf{h}\,{}''\mathbf{h} \frown \dots \frown {}^{(m)}\mathbf{h})({}^{(m)}\mathbf{h}\dots{}''\mathbf{h}\,{}'\mathbf{h}) \overset{m}{\cdot} \mathbf{i}_1\mathbf{i}_2\dots\mathbf{i}_m \\ &= ({}'\mathbf{h}\,{}''\mathbf{h} \frown \dots \frown {}^{(m)}\mathbf{h})({}^{(m)}\mathbf{h} \frown \dots \frown {}''\mathbf{h}\,{}'\mathbf{h}) \overset{m}{\cdot} {}_m\mathbf{i} \\ &= (-1)^{\frac{m(m-1)}{2}}\, \mathbf{h}^{m\frown}\mathbf{h}^{m\frown} \overset{m}{\cdot} {}_m\mathbf{i}\,. \end{aligned} \tag{101}$$

Die $\binom{n}{m}$ Elemente der Determinante dieser Transformation sind, wie aus (50a) folgt, bis auf einen Zahlenfaktor gleich den m-reihigen Unterdeterminanten der Determinante (100)[4]).

Ist $\mathbf{h}^{(m+1)\frown}\mathbf{h}^{(m+1)\frown}$ Null, so werden alle Unterdeterminanten mit mehr als m Reihen Null und es ist also

$$\mathbf{h}^{q\frown}\mathbf{h}^{q\frown} = 0, \qquad n \geqq q \geqq m. \tag{102}$$

Ist gleichzeitig $\mathbf{h}^{m\frown}\mathbf{h}^{m\frown} \neq 0$, so sagen wir, daß ${}^2\mathbf{h}$ vom m-ten *Range* ist. Die zu ${}^2\mathbf{h}$ gehörige q-Vektortransformation ist in diesem Falle dann und nur dann vollständig entartet, wenn $q > m$.

---

[1]) Man kann ähnliche Betrachtungen für die nicht-symmetrische Größe zweiten Grades anstellen, die zu einer allgemeinen linearen homogenen Transformation in Beziehung steht. — [2]) In den folgenden Paragraphen 10 und 11 sind kontra- und kovariante Größen identifiziert. — [3]) Man muß also einen genauen Unterschied machen zwischen einer Größe und den durch dieselbe erzeugten Operationen. (Vgl. z. B. Schouten, 1914, 5, S. 119 flg.) Die Operation ${}^2\mathbf{h}\overset{1}{\cdot}$ korrespondiert mit der „self-conjugate dyadic" von Gibbs, vgl. Gibbs-Wilson, 1913, 3, S. 295, vgl. auch Spielrein, 1916, 8, S. 258, und Weatherburn, 1921, 11. — [4]) Die Transformation $-\mathbf{h}^{2\frown}\mathbf{h}^{2\frown}\overset{2}{\cdot}$ korrespondiert für $n = 3$ mit dem „Koaffinor" von Spielrein, 1916, 8, S. 241 und 252, und mit dem Operator R von Burali Forti und Marcolongo, 1912, 3, S. 38. Man vergleiche dazu auch Schouten, 1914, 5, S. 142.

Wird eine Richtung $\mathbf{i}$ durch die Transformation ${}^2\mathbf{h}\,!$ in sich selbst übergeführt, so ist

(103) $${}^2\mathbf{h}\,!\,\mathbf{i} = h\,\mathbf{i},$$

wo h ein näher zu bestimmender Koeffizient ist. In Koordinaten lautet, die Gleichung:

(104) $$h_\lambda^{\cdot\mu}\, i_\mu = h\, i_\lambda.$$

Dies sind n lineare homogene Gleichungen in i_λ, die dann und nur dann eine Lösung gestatten, wenn

(105) $$\begin{vmatrix} h_{a_1}^{a_1} - h & h_{a_1}^{a_2} & \cdots & h_{a_1}^{a_n} \\ h_{a_2}^{a_1} & h_{a_2}^{a_2} - h & \cdots & h_{a_2}^{a_n} \\ \vdots & \vdots & & \vdots \\ h_{a_n}^{a_1} & h_{a_n}^{a_2} & \cdots & h_{a_n}^{a_n} - h \end{vmatrix} = 0.$$

Bekanntlich hat diese Gleichung n-ten Grades in h n reelle Wurzeln von denen m nicht Null sind und zu m gegenseitig senkrechten bestimmten oder teilweise unbestimmten Richtungen gehören. ${}^2\mathbf{h}$ läßt sich also immer schreiben:

(106) $${}^2\mathbf{h} = \sum_a h_{aa}\,\mathbf{i}_a\,\mathbf{i}_a, \qquad a = 1, \ldots, m,$$

wo die $\mathbf{i}_a$ reelle Einheitsvektoren und die h_{aa} die m erwähnten reellen Wurzeln sind.

Wenn alle Bestimmungszahlen h_{aa} ungleich sind, sind die Richtungen der $\mathbf{i}_a$ eindeutig bestimmt. Sie heißen die *Hauptrichtungen* von ${}^2\mathbf{h}$. Als Hauptrichtungen senkrecht zu den $\mathbf{i}_a$ kann man jedes beliebige System von $n - m$ gegenseitig senkrechten Richtungen wählen. Diese Richtungen bestimmen das *Nullgebiet* des Tensors. Ist $h_{11} = \ldots = h_{qq}$, so liegen die $\mathbf{i}_x$, $x = 1, \ldots, q$ in einer bestimmten R_q senkrecht zu den anderen Hauptrichtungen; ihre Richtung ist aber übrigens unbestimmt. Die R_q heißt ein *Hauptgebiet* des Tensors. Zusammenfassend kann also gesagt werden, daß jeder quadratische Tensor μ reelle Hauptgebiete $R_{q_1}, \ldots, R_{q_\mu}$, $q_1 + \ldots + q_\mu = m$ hat, von welchen ein jedes zu einer bestimmten Gruppe von unter sich gleichen Bestimmungszahlen gehört, und daß in einem Hauptgebiet R_{q_λ} q_λ beliebige zueinander senkrechte Richtungen als Hauptrichtungen gewählt werden können.

Die Größe $\mathbf{h}^{p\frown}\mathbf{h}^{p\frown}$ heißt ein *p-Vektortensor*. Jedem Tensor vom Range m sind also in eindeutiger Weise ein Bivektortensor, ein Trivektortensor usw. bis zu einem m-Vektortensor zugeordnet. Umgekehrt bestimmt jede der $m - 1$ ersten Größen der Reihe die anderen in eindeutiger Weise. Nur der m-Vektortensor ist für alle Vektortensoren, die in der R_p von

$\mathbf{i}_1, \ldots, \mathbf{i}_m$ liegen, bis auf einen Zahlenfaktor derselbe. Insbesondere ist also ein Vektortensor dann und nur dann durch den zugehörigen Bivektortensor eindeutig bestimmt, wenn sein Rang größer ist als 2.

Eine Richtung $\mathbf{i}$, für welche:

(107) $$\mathbf{i}\,\mathbf{i} \overset{2}{\cdot}\, {}^2\mathbf{h} = 0$$

ist, heißt eine *Nullrichtung* des Tensors. Die Nullrichtungen eines Tensors vom Range n bilden den Mantel eines quadratischen $(n-1)$-dimensionalen Kegels. Ist der Rang $m < n$, so ist der Kegel ausgeartet und enthält das Nullgebiet.

Der Skalar

(108) $$\frac{1}{n}(\mathbf{h}\cdot\mathbf{h})\,{}^2\mathbf{g} = \frac{1}{n}\sum_a h_{aa}\,{}^2\mathbf{g},$$

mit den Bestimmungszahlen $\frac{1}{n}\sum_a h_{aa}\, g_{\lambda\mu}$, heißt der *Skalarteil* von ${}^2\mathbf{h}$. Er ist mit seinem eigenen Skalarteil identisch.

11. Die Winkel einer V_p und einer V_q in P.

Liegen in einer V_n eine V_p und eine V_q, $q \geqq p$, die sich in P schneiden, und sind ihre Fundamentaltensoren ${}^2\mathbf{g}'$ und ${}^2\mathbf{g}''$, so kann man in P in V_p p beliebige zueinander senkrechte Vektoren $\mathbf{i}_u$, $u = 1, \ldots, p$ legen und in V_q q solche Vektoren $\mathbf{i}_x$, $x = 1, \ldots, q$. Sodann ist der Vektor $\mathbf{i}_u \overset{1}{\cdot}\, {}^2\mathbf{g}''$ die Projektion von $\mathbf{i}_u$ auf V_q. Ist also φ_u der Winkel zwischen $\mathbf{i}_u$ und V_q, so ist

(109) $$\cos^2\varphi_u = \mathbf{i}_u\mathbf{i}_u \overset{2}{\cdot}\, {}^2\mathbf{g}''.$$

Die Summe der Quadrate der p Kosinus ist daher unabhängig von der Wahl der $\mathbf{i}_u$ und gegeben durch:

(110) $$\Omega_{pq} = {}^2\mathbf{g}' \overset{2}{\cdot}\, {}^2\mathbf{g}''.$$

Dieser Ausdruck ist in ${}^2\mathbf{g}'$ und ${}^2\mathbf{g}''$ symmetrisch und also auch gleich der Summe der Quadrate der Kosinus der Winkel von q beliebigen zueinander senkrechten Richtungen in V_q mit V_p. Ω_{pq} ist höchstens gleich p. In diesem Falle berühren die V_p und V_q sich in P. Ist $\Omega_{pq} = 0$, so sind sie vollständig senkrecht.

Da $\cos\varphi_u$ auch geschrieben werden kann [vgl. (97)]:

(111) $$\cos\varphi_u = \mathbf{i}_u\mathbf{i}_u \overset{2}{\cdot} \overset{4}{(\mathbf{g}' \overset{2}{\cdot}\, {}^2\mathbf{g}'')},$$

so ist $\overset{4}{\mathbf{g}'} \overset{2}{\cdot}\, {}^2\mathbf{g}''$ ein in V_p gelegener Tensor, dessen Hauptrichtungen mit den extremen Werten von φ_u korrespondieren. In derselben Weise liegt in V_o ein Tensor $\overset{4}{\mathbf{g}''} \overset{2}{\cdot}\, {}^2\mathbf{g}'$. Ist $q > p$, so enthält die V_q in P jedenfalls eine $(q-p)$-Richtung senkrecht zu V_p. Der Tensor $\overset{4}{\mathbf{g}''} \overset{1}{\cdot}\, {}^2\mathbf{g}'$ hat also höchstens den Rang p.

Haben V_p und V_q eine V_r gemein, so kann man r der Richtungen in V_p und V_q in P gemeinschaftlich und in dieser V_r wählen. Daraus geht hervor, daß in diesem Falle $\Omega_{pq} \geqq r$ ist. Sind die Mannigfaltigkeiten außerdem $\frac{p-r}{p}$-senkrecht[1]), so ist $\Omega_{pq} = r$. $\overset{4}{\mathbf{g}}{}' \overset{2}{\cdot} {}^2\mathbf{g}''$ und $\overset{4}{\mathbf{g}}{}'' \overset{2}{\cdot} {}^2\mathbf{g}'$ sind dann vom Range r. Umgekehrt, ist einer dieser Tensoren vom Range $r \leqq p$, so sind die Mannigfaltigkeiten in P $\frac{p-r}{p}$-senkrecht und auch der andere Tensor ist vom Range r.

Ist ${}_p\mathbf{i}$ ein Einheits-p-Vektor in V_p und ${}_q\mathbf{i}$ ein Einheits-q-Vektor in V_q, so berechnet sich leicht:

$$(112)\qquad {}^2\mathbf{g}' = (-1)^{\frac{p(p-1)}{2}}\, 2 \cdot p!\; {}_p\mathbf{i} \overset{p-1}{\cdot} {}_p\mathbf{i}.$$

Sind also ${}_p\mathbf{i}$ und ${}_r\mathbf{i}$ gegeben, so kann man mit Hilfe dieser Formeln ${}^2\mathbf{g}'$ und ${}^2\mathbf{g}''$ berechnen. Man kann aber die gegenseitige Stellung von V_p und V_q auch mit Hilfe von zwei in V_p bzw. V_q gelegenen Größen ${}_p\mathbf{v}$ und ${}_q\mathbf{w}$ ermitteln ohne ${}^2\mathbf{g}'$ und ${}^2\mathbf{g}''$ zu verwenden. Im allgemeinen enthält V_q eine $(q-p)$-Richtung senkrecht zu V_p. Diese Richtung ist die des $(q-p)$-Vektors:

$${}_p\mathbf{v} \overset{p}{\cdot} {}_q\mathbf{w}.$$

Damit V_p und V_q in P $\frac{s}{p}$-senkrecht sind, ist notwendig und hinreichend, daß

$$(113)\qquad {}_p\mathbf{v} \overset{u}{\cdot} {}_q\mathbf{w} \begin{cases} = 0 & p \geqq u > p - s\,^{2)} \\ \neq 0 & u = p - s. \end{cases}$$

Die Größe links in (113) ist für $u = p - s$ ein Produkt eines s-Vektors in V_p mit einem $(q-p+s)$-Vektor in V_q, die gerade die senkrechten Richtungen enthalten. Ist ${}_{n-p}\mathbf{v}$ senkrecht zu ${}_p\mathbf{v}$ und ${}_{n-q}\mathbf{w}$ senkrecht zu ${}_q\mathbf{w}$, so ist (113) äquivalent mit

$$(114)\qquad {}_{n-p}\mathbf{v} \overset{n-p-q+u}{\cdot} {}_{n-q}\mathbf{w} \begin{cases} = 0 & \text{für } p \geqq u > p - s \\ \neq 0 & \;,, \quad u = p - s \end{cases}$$

und es ist damit eine andere Form der Bedingungen (113) gefunden.

---

[1]) Zwei Mannigfaltigkeiten V_p und V_q, $q > p$ heißen in P $\frac{s}{p}$-senkrecht, wenn V_p gerade eine s-Richtung senkrecht zu V_q enthält, und somit V_q gerade eine $(q-p+s)$-Richtung senkrecht zu V_p. Vgl. z. B. P. H. Schoute, 1902, 13, S. 49. — [2]) Maschke hat 1906, 2 mit Hilfe seiner Symbolik eine Form dieser Bedingungen angegeben, die komplizierter, aber dem Wesen nach gleichbedeutend mit (114) ist.

II. Die Affinoranalysis der n-dimensionalen Differentialgeometrie[1]).

1. Ortsfunktionen.

Bisher sind nur Größen in *einem* Punkt der V_n gegeben und verglichen worden. Wir betrachten jetzt Größen, die nicht nur in einem Punkte der V_n gegeben sind, sondern in den Punkten einer V_m $(m < n)$, eines Gebietes der V_n, oder der ganzen V_n.

Wir beschränken uns auf solche Gebiete, wo die in Betracht kommenden Funktionen durch die Taylorsche Reihe darstellbar sind. Mit V_m oder V_n werden immer nur Gebiete dieser Art gemeint.

Wenn ds^2 auf die Form gebracht werden kann:

$$(1) \qquad ds^2 = (dx^{a_1})^2 + (dx^{a_2})^2 + \ldots + (dx^{a_n})^2,$$

so nennen wir die V_n *euklidisch* und bezeichnen sie durch R_n. Weil eine V_n in der Nähe eines Punktes bis auf Größen höherer Ordnung als eine euklidische Mannigfaltigkeit aufgefaßt werden kann, bezeichnen wir ein infinitesimales Gebiet von n Dimensionen in einem Punkt ebenfalls durch R_n, und ein infinitesimales Gebiet von m Dimensionen in einem Punkt durch R_m $(m < n)$[2]).

Die ersten Differentialquotienten nach den Urvariabeln eines in einer V_m oder der V_n gegebenen Skalarfeldes:

$$(2) \qquad p = p\,(x^{a_1}, x^{a_2}, \ldots, x^{a_n})$$

transformieren sich bei der Transformation der Urvariablen in der folgenden Weise:

$$(3) \qquad \frac{\partial p}{\partial' x^{\mu}} = \frac{\partial p}{\partial x^{\lambda}} \frac{\partial x^{\lambda}}{\partial' x^{\mu}},$$

und somit kontragredient zu den dx^{λ}. Schreibt man:

$$(4) \qquad \nabla = \mathfrak{e}_{\lambda} \frac{\partial}{\partial x^{\lambda}},$$

---

[1]) Die in diesem Abschnitt entwickelte Affinoranalysis hat Schouten zuerst 1918, 10 für die V_4 angegeben, seitdem auf V_n erweitert und bedeutend vereinfacht 1921, 7. Vgl. auch Schouten-Struik 1921, 8. — [2]) Vgl. S. 22.

so ist der räumliche Differentialquotient:

$$\nabla p = \mathfrak{e}_\lambda \frac{\partial p}{\partial x^\lambda} \tag{5}$$

in jedem Punkt des Gebietes ein kovarianter Vektor, der *Gradient* des Skalarfeldes p, während

$$dp = d\mathfrak{x}' \overset{1}{:} \nabla p. \tag{6}$$

Als Spezialfall folgt aus (5) die wichtige Formel:

$$\boxed{\nabla x^\lambda = \mathfrak{e}_\lambda .} \tag{7}$$

Weil $\frac{d\mathfrak{x}'}{ds} = \mathfrak{i}'$ ein Einheitsvektor ist, so kann man

$$\frac{dp}{ds} = \frac{d\mathfrak{x}'}{ds} \overset{1}{:} \nabla p \tag{8}$$

nach Identifizierung der kontra- und kovarianten Größen schreiben:

$$\boxed{\frac{dp}{ds} = \mathfrak{i} \overset{1}{:} \nabla p.} \tag{9}$$

Die Mannigfaltigkeiten, für welche p konstant ist, heißen die *äquiskalaren* Mannigfaltigkeiten von p. Sie sind in jedem Punkt senkrecht zum Gradienten von p. Das Quadrat des Betrages von ∇p ist der bekannte *erste Differentialparameter* der Funktion p:

$$\Delta_1 p = \nabla p \cdot \nabla p. \tag{10}$$

Das skalare Produkt der Gradienten zweier Skalarfelder p und q:

$$\nabla(p, q) = \nabla p \cdot \nabla q \tag{11}$$

ist der *gemischte Differentialparameter* von p und q[1]).

Bei Anwendung auf ein Produkt von Skalaren gilt für ∇:

$$\nabla(p_1 p_2 \cdots p_r) = (\nabla p_1) p_2 \cdots p_r + (\nabla p_2) p_1 p_3 \cdots p_r + \cdots + (\nabla p_r) p_1 \cdots p_{r-1}.\,^{2)} \tag{12}$$

Es sei jetzt ein Vektor $\mathfrak{v}$ als eine in allen Punkten einer $V_m (m < n)$ oder der ganzen V_n bestimmte Ortsfunktion gegeben. Dann läßt sich, wenn die Mannigfaltigkeit *euklidisch* ist, in derselben Weise wie bei einem Skalarfeld definieren:

$$\nabla \mathfrak{v} = \mathfrak{e}_\lambda \frac{\partial \mathfrak{v}}{\partial x^\lambda}, \tag{13}$$

$$d\mathfrak{v} = d\mathfrak{x}' \overset{1}{:} \nabla \mathfrak{v} = dx^\lambda \frac{\partial \mathfrak{v}}{\partial x^\lambda}. \tag{14}$$

---

[1]) Vgl. Bianchi, 1899, 2, S. 41, Darboux, 1894, 8, S. 193 flg. Die Namen rühren von Beltrami her, 1865, 1, vgl. auch 1869, 1. — [2]) Die differentiierende Wirkung von ∇ erstreckt sich in jedem Term stets bis zur erstfolgenden *schließenden* Klammer, deren zugehörige öffnende Klammer vor ∇ steht.

Diese Definition beruht darauf, daß die Werte von $\mathbf{v}$ in zwei benachbarten Punkten P und Q vergleichbar sind, indem z. B. der Wert von P durch parallele Verschiebung nach Q gebracht wird. In einer beliebig gegebenen V_n ist ein solcher Vergleich aber ausgeschlossen, da der gewöhnliche Begriff „parallel“ schon in den nicht-euklidischen Räumen konstanter Riemannscher Krümmung (S. 66) seine Bedeutung verliert. Die Ausdrücke $\frac{\partial \mathbf{v}}{\partial x^\lambda}$, $\nabla \mathbf{v}$ und $d\mathbf{v}$ haben also zunächst noch gar keine Bedeutung, es existiert in der V_n noch keine *Übertragung*.

2. Die allgemeine lineare Übertragung.

Im folgenden werden, wenn die x^λ gewählt sind, die kovarianten Maßvektoren als eindeutig gegeben vorausgesetzt. Man kann nun statt der parallelen Übertragung der euklidischen Mannigfaltigkeiten in jedem Punkte für jede Größe in jeder Richtung eine ganz beliebige von der Wahl der Urvariabeln unabhängige Übertragung definieren, und diese einer Differentiation zugrunde legen. Eine derartige Übertragung braucht auch nicht notwendig von der Maßbestimmung der V_n abhängig zu sein. Prinzipiell ist man in der Wahl dieser Übertragung, welche wir *quasiparallel* nennen, vollkommen frei. Die in dieser allgemeinen Weise für Vektoren und Affinoren definierten Differentiale und Differentialoperatoren würden aber im allgemeinen den bekannten Eigenschaften der Differentiale und Differentialoperatoren bei Skalaren nicht genügen. So wäre das Differential einer Summe im allgemeinen nicht gleich der Summe der Differentiale der einzelnen Terme und das Differential einer Größe brauchte selbst nicht einmal eine gleichartige Größe zu sein.

Für beliebige Größen Φ und Ψ und für die allgemeine Multiplikation legen wir die Gesetze der Differentiation durch folgende Bedingungen fest:

I. Eine Größe und ihre Differentialquotienten nach den Urvariablen sind gleichartige Größen[1]),

II. $d\Phi = \frac{\partial \Phi}{\partial x^\lambda} dx^\lambda$,

III. $d(\Phi + \Psi) = d\Phi + d\Psi$,

IV. $d(\Phi\Psi) = (d\Phi)\Psi + \Phi d\Psi$.

Eine Übertragung, welche diesen Bedingungen genügt, heiße *lineare Übertragung*.

---

[1]) König, 1919, 12, S. 216. König formuliert I ausdrücklich, setzt II, III, IV stillschweigend bei seiner Rechnung voraus.

Unter diesen Voraussetzungen lassen sich die Differentiale aller Größen aus der Differentiation der kontra- und kovarianten Maßvektoren ableiten. Aus Bedingung I folgt, daß für die allgemeinste lineare Übertragung gilt:

$$(15)\qquad \begin{cases} \dfrac{\partial \mathbf{e}'_\lambda}{\partial x^\mu} = \Gamma^\nu_{\lambda\mu}\,\mathbf{e}'_\nu, \\[2ex] \dfrac{\partial \mathbf{e}_\nu}{\partial x^\mu} = \Gamma'^{\nu}_{\lambda\mu}\,\mathbf{e}_\lambda, \end{cases}$$

wo $\Gamma^\nu_{\lambda\mu}$ und $\Gamma'^{\nu}_{\lambda\mu}$ $2n^3$ Parameter sind, deren Wahl für eine bestimmte Wahl der x^λ aber vorläufig noch frei ist. Die Transformation der Γ ist dann durch (15) vollkommen festgelegt. Sie transformieren sich aber *nicht* wie die Bestimmungszahlen eines Affinors[1]). Weiter folgt aus (15) und Bedingung II:

$$(16)\qquad \begin{cases} d\,\mathbf{e}'_\lambda = \Gamma^\nu_{\lambda\mu}\,dx^\mu\,\mathbf{e}'_\nu \\ d\,\mathbf{e}_\nu = \Gamma'^{\nu}_{\lambda\mu}\,dx^\mu\,\mathbf{e}_\lambda. \end{cases}$$

Wenn man allgemein

$$(17)\qquad d\Phi = d\mathbf{x}' \,\overset{1}{.}\, \nabla\Phi$$

setzt, so folgt:

$$(18)\qquad \begin{cases} \nabla\,\mathbf{e}'_\lambda = \Gamma^\nu_{\lambda\mu}\,\mathbf{e}_\mu\,\mathbf{e}'_\nu \\ \nabla\,\mathbf{e}_\nu = \Gamma'^{\nu}_{\lambda\mu}\,\mathbf{e}_\mu\,\mathbf{e}_\lambda. \end{cases}$$

Aus Bedingung III folgt dann für Vektoren:

$$(19)\qquad \begin{cases} d\,\mathbf{v}' = d\,(v^\lambda \mathbf{e}'_\lambda) = \left(\dfrac{\partial v^\nu}{\partial x^\mu} + v^\lambda\,\Gamma^\nu_{\lambda\mu}\right)\mathbf{e}'_\nu\,dx^\mu \\[2ex] d\,\mathbf{v} = d\,(v_\nu \mathbf{e}_\nu) = \left(\dfrac{\partial v_\lambda}{\partial x^\mu} + v_\nu\,\Gamma'^{\nu}_{\lambda\mu}\right)\mathbf{e}_\lambda\,dx^\mu, \end{cases}$$

[1]) Bei der Transformation Abschn. I (7) der Urvariablen lauten die Transformationsgleichungen der $\mathbf{e}'_\lambda$ und $\mathbf{e}_\nu$:

$$'\mathbf{e}'_\omega = \frac{\partial x^\lambda}{\partial' x^\omega}\,\mathbf{e}'_\lambda \qquad '\mathbf{e}_\mu = \frac{\partial' x^\pi}{\partial x^\mu}\,\mathbf{e}_\pi$$

$$\mathbf{e}'_\mu = \frac{\partial' x^\mu}{\partial x^\pi}\,'\mathbf{e}'_\pi \qquad \mathbf{e}_\omega = \frac{\partial x^\omega}{\partial' x^\lambda}\,'\mathbf{e}_\lambda,$$

während sich die Γ in der folgenden Weise transformieren:

$$'\Gamma^{\varkappa}_{\omega\pi} = \frac{\partial \dfrac{\partial x^\nu}{\partial' x^\omega}}{\partial x^\mu}\,\frac{\partial x^\mu}{\partial' x^\pi}\,\frac{\partial' x^\varkappa}{\partial x^\nu} + \frac{\partial x^\lambda}{\partial' x^\omega}\,\frac{\partial x^\mu}{\partial' x^\pi}\,\frac{\partial' x^\varkappa}{\partial x^\nu}\,\Gamma^\nu_{\lambda\mu}$$

$$'\Gamma'^{\varkappa}_{\omega\pi} = -\frac{\partial \dfrac{\partial x^\nu}{\partial' x^\omega}}{\partial x^\mu}\,\frac{\partial x^\mu}{\partial' x^\pi}\,\frac{\partial' x^\varkappa}{\partial x^\nu} + \frac{\partial x^\lambda}{\partial' x^\omega}\,\frac{\partial x^\mu}{\partial' x^\pi}\,\frac{\partial' x^\varkappa}{\partial x^\nu}\,\Gamma'^{\nu}_{\lambda\mu}.$$

Siehe Schouten, 1922, 2.

oder in Koordinaten, wenn δv^ν bzw. δv_λ die Bestimmungszahlen von $d\mathbf{v}'$ bzw. $d\mathbf{v}$ sind:

(19a)
$$\begin{cases} \delta v^\nu = d v^\nu + v^\lambda \Gamma_{\lambda\mu}^{\nu} d x^\mu \\ \delta v_\lambda = d v_\lambda + v_\nu \Gamma_{\lambda\mu}^{\prime\nu} d x^\mu , \end{cases}$$

und

(20)
$$\begin{cases} \nabla \mathbf{v}' = \left(\dfrac{\partial v^\nu}{\partial x^\mu} + v^\lambda \Gamma_{\lambda\mu}^{\nu}\right) \mathbf{e}_\mu \mathbf{e}_\nu' \\ \nabla \mathbf{v} = \left(\dfrac{\partial v_\lambda}{\partial x^\mu} + v_\nu \Gamma_{\lambda\mu}^{\prime\nu}\right) \mathbf{e}_\mu \mathbf{e}_\lambda , \end{cases}$$

oder in Koordinaten:

(20a)
$$\begin{cases} \nabla_\mu v^\nu = \dfrac{\partial v^\nu}{\partial x^\mu} + v^\lambda \Gamma_{\lambda\mu}^{\nu} \\ \nabla_\mu v_\lambda = \dfrac{\partial v_\lambda}{\partial x^\mu} + v_\nu \Gamma_{\lambda\mu}^{\prime\nu} . \end{cases}$$

Das Differential eines Affinors ist nach IV ebenfalls bestimmt, z. B.:

(21)
$$d\,\mathbf{v}_1 \mathbf{v}_2' \mathbf{v}_3 = (d\,\mathbf{v}_1)\mathbf{v}_2' \mathbf{v}_3 + \mathbf{v}_1 (d\,\mathbf{v}_2')\mathbf{v}_3 + \mathbf{v}_1 \mathbf{v}_2' d\,\mathbf{v}_3 .$$

3. Die geodätische Übertragung.

Wir legen der Übertragung jetzt die folgenden Bedingungen auf[1]):

A) $$d\overset{2}{\mathbf{A}}{}^{\cdot\,\cdot\,\prime} = 0,$$

B) $$d_1 d_2 \mathbf{x}' = d_2 d_1 \mathbf{x}'$$

für jede beliebige Wahl der Differentiale d_1 und d_2, und

C) $$d^2 \mathbf{g}' = 0 .$$

Die Bedingung A) gibt eine Beziehung zwischen den Differentialen der kontravarianten und der kovarianten Größen. Zugleich mit A) gilt auch die Gleichung:

A_1) $$d\overset{2}{\mathbf{A}}{}^{\prime\,\cdot\,\cdot} = 0 .$$

Die Bedingung B) gibt, wenn A) mit erfüllt ist, wie eine nähere Rechnung zeigt:

(22) $$\nabla \frown \nabla p = 0,$$

wenn p ein beliebiges Skalarfeld ist. Der Ausdruck $\nabla \frown \nabla$ ist nicht notwendig *identisch* Null, weil der Operatorkern ∇ neben *algebraischen* auch noch *analytische* Eigenschaften hat. Die Gleichung (22) besagt, daß der

---

[1]) Schouten, 1922, 2, hat eine systematische Darstellung aller möglichen linearen Übertragungen gegeben. Hier soll nur die Stellung der geodätischen Differentiation innerhalb der Gesamtheit der linearen Übertragungen angedeutet werden. Für das Weitere vgl. die Schoutensche Arbeit, wo auch die Rechnungen ausführlich angegeben sind.

Operator $\nabla\nabla$, auf einen Skalar angewandt, symmetrisch ist. Infolge der Bedingung C) wird die Übertragung, welche bisher von der Maßbestimmung unabhängig war, von derselben abhängig. Die Bedingungen A) und C) ergeben nach einiger Rechnung die Gleichung (das Lemma von Ricci)[1]):

$$d^2 \mathfrak{g} = 0. \tag{22}$$

Die Bedingungen A), B), C) geben für die $2n^3$ Parameter Γ gerade $2n^3$ lineare Gleichungen, welche die Γ an die $g_{\mu\nu}$ knüpfen. Es entstehen die Gleichungen:

$$\Gamma^{\nu}_{\lambda\mu} = \Gamma^{\nu}_{\mu\lambda} = \frac{1}{2} g^{\tau\nu} \begin{bmatrix} \mu\,\lambda \\ \tau \end{bmatrix} = \begin{Bmatrix} \mu\,\lambda \\ \nu \end{Bmatrix} = \begin{Bmatrix} \lambda\,\mu \\ \nu \end{Bmatrix}, \tag{24}$$

$$\Gamma'^{\nu}_{\lambda\mu} = \Gamma'^{\nu}_{\mu\lambda} = -\Gamma^{\nu}_{\lambda\mu} = -\begin{Bmatrix} \mu\,\lambda \\ \nu \end{Bmatrix} = -\begin{Bmatrix} \lambda\,\mu \\ \nu \end{Bmatrix}, \tag{25}$$

wo

$$\begin{bmatrix} \mu\,\lambda \\ \tau \end{bmatrix} = \begin{bmatrix} \lambda\,\mu \\ \tau \end{bmatrix} = \frac{1}{2}\left(\frac{\partial g^{\mu\tau}}{\partial x^{\lambda}} + \frac{\partial g^{\lambda\tau}}{\partial x^{\mu}} - \frac{\partial g^{\mu\lambda}}{\partial x^{\tau}}\right) \tag{26}$$

das Christoffelsche Drei-Indizes-Symbol erster Art und $\begin{Bmatrix} \mu\lambda \\ \tau \end{Bmatrix}$ das Symbol zweiter Art ist.

Die Ausdrücke (19) und (20) gehen dann über in:

$$\left\{\begin{aligned} d\mathbf{v}' &= \left[\frac{\partial v^{\nu}}{\partial x^{\mu}} + v^{\lambda} \begin{Bmatrix} \lambda\,\mu \\ \nu \end{Bmatrix}\right] dx^{\mu}\, \mathbf{e}'_{\nu} \\ d\mathbf{v} &= \left[\frac{\partial v_{\lambda}}{\partial x^{\mu}} - v_{\nu} \begin{Bmatrix} \lambda\,\mu \\ \nu \end{Bmatrix}\right] dx^{\mu}\, \mathbf{e}_{\lambda}, \end{aligned}\right. \tag{27}$$

in Koordinaten:

$$\left\{\begin{aligned} \delta v^{\nu} &= dv^{\nu} + v^{\lambda} \begin{Bmatrix} \lambda\,\mu \\ \nu \end{Bmatrix} dx^{\mu} \\ \delta v_{\lambda} &= dv_{\lambda} - v_{\nu} \begin{Bmatrix} \lambda\,\mu \\ \nu \end{Bmatrix} dx^{\mu} \end{aligned}\right. \tag{27a}$$

und

$$\left\{\begin{aligned} \nabla\mathbf{v}' &= \left[\frac{\partial v^{\nu}}{\partial x^{\mu}} + v^{\lambda} \begin{Bmatrix} \lambda\,\mu \\ \nu \end{Bmatrix}\right] \mathbf{e}_{\mu}\, \mathbf{e}'_{\nu} \\ \nabla\mathbf{v} &= \left[\frac{\partial v_{\lambda}}{\partial x^{\mu}} - v_{\nu} \begin{Bmatrix} \lambda\,\mu \\ \nu \end{Bmatrix}\right] \mathbf{e}_{\mu}\, \mathbf{e}_{\lambda}, \end{aligned}\right. \tag{28}$$

in Koordinaten:

$$\left\{\begin{aligned} \nabla_{\mu} v^{\nu} &= \frac{\partial v^{\nu}}{\partial x^{\mu}} + v^{\lambda} \begin{Bmatrix} \lambda\,\mu \\ \nu \end{Bmatrix} \\ \nabla_{\mu} v_{\lambda} &= \frac{\partial v_{\lambda}}{\partial x^{\mu}} - v_{\nu} \begin{Bmatrix} \lambda\,\mu \\ \nu \end{Bmatrix} \end{aligned}\right. \tag{28a}$$

---

[1]) Vgl. Levi-Civita, 1917, 6, S. 196.

Die Bestimmungszahlen von $\nabla \mathbf{v}'$ bzw. $\nabla \mathbf{v}$ sind die „abgeleiteten Systeme" von Ricci[1]) der Systeme v^ν bzw. v_ν, die gewählte Übertragung ist die *der gewöhnlichen Differentialgeometrie.* Wir werden weiter nur diese Übertragung berücksichtigen. Daneben gibt es allgemeinere Übertragungen, welche ebenfalls einer Differentialgeometrie zugrunde gelegt werden können. Der hier abgeleiteten Übertragung wollen wir aus näher zu erläuternden Gründen den Namen *geodätische Übertragung* geben. Die Differentiation (28) heißt die *geodätische Differentiation.*

Die Rechnung kann nun in folgender Weise erleichtert werden. Die $\frac{n^2(n+1)}{2}$ Gleichungen:

$$\frac{\partial g_{\lambda\nu}}{\partial x^\mu} = a_{\lambda\mu}\, a_\nu + a_\lambda\, a_{\nu\mu} = g_{\nu\varkappa}\, a^\varkappa\, a_{\lambda\mu} + g_{\lambda\varkappa}\, a^\varkappa\, a_{\nu\mu}, \tag{29}$$

wo $a_{\lambda\mu}$ für $\frac{\partial a_\lambda}{\partial x^\mu}$ gesetzt ist, bestimmen die n^3 Ausdrücke $a^\nu a_{\lambda\mu}$ noch nicht. Diese Ausdrücke haben also noch keine reale Bedeutung und erlangen diese erst, wenn $\frac{n^2(n-1)}{2}$ weitere lineare Gleichungen hinzugefügt werden. Wählt man als diese die $\frac{n^2(n-1)}{2}$ linearen Gleichungen:

$$a^\nu\, a_{\mu\lambda} = a^\nu\, a_{\lambda\mu}, \tag{30}$$

so folgt nach einiger Rechnung:

$$\begin{Bmatrix}\lambda\,\mu\\ \nu\end{Bmatrix} = a^\nu\, a_{\lambda\mu} = a^\nu\, a_{\mu\lambda}. \tag{31}$$

Aus (24) folgt noch:

$$a_\nu\, a_{\mu\lambda} = a_\nu\, a_{\lambda\mu} \tag{32}$$

und:

$$\begin{bmatrix}\lambda\,\mu\\ \nu\end{bmatrix} = a_\nu\, a_{\mu\lambda} = a_\nu\, a_{\lambda\mu} \tag{33}$$

Es ist zu beachten, daß durch diese willkürliche Festsetzung (30) der Übertragung keine neue Bedingung auferlegt wird[2]).

Da nach Abschn. I (84a): $a^\nu a^\mu \begin{cases} = 1\ (\mu = \nu)\ \text{(nicht summieren)} \\ = 0\ (\mu \neq \nu) \end{cases}$ ist, so bekommen durch die formelle Differentiation:

$$a^\nu_\lambda\, a_\mu + a^\nu\, a_{\mu\lambda} = 0, \tag{34}$$

[1]) Vgl. z. B. Ricci-Levi Civita, 1901, 6, S. 138, Einstein, 1916, 6, S. 32 flg., spricht von „Erweiterung". — [2]) Infolge (30) und (32) verhalten sich die $a_{\lambda\mu}$ wie die zweiten Differentialquotienten nach den Urvariablen eines idealen Skalars, etwa a': $a_{\mu\lambda} = a_{\lambda\mu} = \frac{\partial^2 a'}{\partial x^\lambda \partial x^\mu} = \frac{\partial^2 a'}{\partial x^\mu \partial x^\lambda}$. Diese Bemerkung ist der Maschkesche Ausgangspunkt. Vgl. Maschke, 1903, 7, S. 448, Schouten, 1918, 10, S. 42.

wo a_λ^{ν} für $\frac{\partial a^{\nu}}{\partial x^{\lambda}}$ gesetzt ist, auch die Symbole

$$a_\lambda^{\nu}\, a_\mu = -\, a^{\nu}\, a_{\mu\lambda} = -\, a^{\nu}\, a_{\lambda\mu} \tag{35}$$

eine reale Bedeutung. Die Ausdrücke $\mathbf{a}\, d\, \mathbf{a}'$ und $(d\,\mathbf{a})\,\mathbf{a}'$ haben nach (27) und A) folgende reale Bedeutung:

$$\tag{36} \left\{ \begin{aligned} \mathbf{a}\, d\, \mathbf{a}' &= \left(a_\lambda\, a_\mu^{\nu}\, \mathbf{e}_\lambda\, \mathbf{e}'_\nu + a_\lambda\, a^{\varkappa} \left\{ {\varkappa\mu \atop \nu} \right\} \mathbf{e}_\lambda\, \mathbf{e}'_\nu \right) dx^{\mu} \\ &= \left(a_\lambda\, a_\mu^{\nu} + a^{\nu}\, a_{\lambda\mu}\right) \mathbf{e}_\lambda\, \mathbf{e}'_\nu\, dx^{\mu} = 0 \\ (d\,\mathbf{a})\,\mathbf{a}' &= d\, \overset{2}{\mathbf{A}}{}^{\cdot\,\prime} - \mathbf{a}\, d\, \mathbf{a}' = 0\,. \end{aligned} \right.$$

Daher ist, weil das Verschwinden eines Affinors das Verschwinden seiner Isomere mit sich bringt, auch:

$$\mathbf{a}'\, d\, \mathbf{a} = (d\, \mathbf{a}')\, \mathbf{a} = 0\,. \tag{37}$$

Diese Formeln gestatten, mit Rücksicht auf Abschn. I (86) den geodätischen Differentialen eine für die Rechnung besonders geeignete Form zu geben:

$$\tag{38} \left\{ \begin{aligned} d\mathbf{v}' = d\{(\mathbf{v}' \overset{1}{\cdot} \mathbf{a})\,\mathbf{a}'\} &= d\,(\mathbf{v}' \overset{1}{\cdot} \mathbf{a})\,\mathbf{a}' + \mathbf{v}' \overset{1}{\cdot} \mathbf{d}\,\mathbf{a}\,\mathbf{a}' \\ &= d\,(\mathbf{v}' \overset{1}{\cdot} \mathbf{a})\,\mathbf{a}' \\ d\mathbf{v} = d\{(\mathbf{v} \overset{1}{\cdot} \mathbf{a}')\,\mathbf{a}\} &= d\,(\mathbf{v} \overset{1}{\cdot} \mathbf{a}')\,\mathbf{a} + \mathbf{v} \overset{1}{\cdot} \mathbf{d}\,\mathbf{a}'\,\mathbf{a} \\ &= d\,(\mathbf{v} \overset{1}{\cdot} \mathbf{a}')\,\mathbf{a}\,, \end{aligned} \right.$$

in Koordinaten:

$$\tag{38a} \left\{ \begin{aligned} \delta\, v^{\nu} &= d\,(v^{\lambda}\, a_\lambda)\, a^{\nu} \\ \delta\, v_\lambda &= d\,(v_\nu\, a^{\nu})\, a_\lambda \end{aligned} \right.$$

und demzufolge:

$$\tag{39} \boxed{ \begin{aligned} \nabla\, \mathbf{v}' &= \{\nabla(\mathbf{v}' \overset{1}{\cdot} \mathbf{a})\}\, \mathbf{a}' \\ \nabla\, \mathbf{v} &= \{\nabla(\mathbf{v} \overset{1}{\cdot} \mathbf{a}')\}\, \mathbf{a}\,, \end{aligned} }$$

in Koordinaten:

$$\tag{39a} \left\{ \begin{aligned} \nabla_\mu\, v^{\nu} &= \nabla_\mu\, (v^{\lambda}\, a_\lambda)\, a^{\nu} \\ \nabla_\mu\, v_\lambda &= \nabla_\mu\, (v_\nu\, a^{\nu})\, a_\lambda\,. \end{aligned} \right.$$

Man kann mit Rücksicht auf (31) durch eine leichte Rechnung von (38a) auf (27a) und von (39a) auf (28a) übergehen. Z. B.:

$$\delta\, v^{\nu} = d\,(v^{\lambda}\, a_\lambda)\, a^{\nu} = d\, v^{\lambda}\, a_\lambda\, a^{\nu} + v^{\lambda}\, d\, a_\lambda\, a^{\nu} = d\, v^{\nu} + v^{\lambda} \left\{ {\lambda\mu \atop \nu} \right\} dx^{\mu} \tag{38b}$$

Nach Identifizierung von kontra- und kovarianten Größen wird aus den Formeln (38) und (39):

$$\tag{40} \boxed{ \begin{aligned} d\,\mathbf{v} &= d\,(\mathbf{v}\,.\,\mathbf{a})\,\mathbf{a} \\ \nabla\mathbf{v} &= \{\nabla(\mathbf{v}\,.\,\mathbf{a})\}\,\mathbf{a}\,, \end{aligned} }$$

in Koordinaten (38a) und (39a) sowie in orthogonalen Bestimmungszahlen:

$$(40\,\mathrm{a})\qquad \begin{cases} \delta v_j = \sum\limits_l d(v_l a_l)\, a_j \\ \nabla_k v_j = \sum\limits_l \{\nabla_k (v_l a_l)\}\, a_j . \end{cases}$$ [1]

4. Die geodätische Linie und das geodätisch mitbewegte Koordinatensystem.

Zwei Punkte P_1 und P_2 der V_n seien durch eine durch die n Gleichungen $x^\mu = x^\mu(s)$ bestimmte Kurve k verbunden. Man kann eine unendliche Zahl Kurven k' zwischen P_1 und P_2 durch Variation der ersten Kurve bekommen. Die Kurven, welche unter allen diesen Kurven eine extreme Länge haben, sind die *geodätischen Linien.* Wir werden nur relativ extreme Werte betrachten, d. h. wir werden die Länge einer Kurve nur vergleichen mit der Länge der Kurven k' in einem Gebiet G, wo ein und nur ein Extremwert möglich ist.

In jedem Punkt der Kurve k sei eine Verrückung $\delta \mathbf{x}'$ gegeben, welche ganz in G liegt, und derartig gewählt ist, daß k in k' übergeht. Die dadurch entstandenen Variationen seien mit δ bezeichnet. Wenn k eine geodätische Linie ist, ist:

$$(41)\qquad \delta \int_{P_1}^{P_2} ds = 0 .$$

Wenn man die Regeln der Variationsrechnung auf dieses Variationsproblem anwendet[2], so folgt unter den dafür notwendigen Voraussetzungen[3]:

$$(42)\qquad \delta\, ds = \delta (d\mathbf{x}' . d\mathbf{x}')^{\frac{1}{2}} = \frac{1}{2} (d\mathbf{x}' . d\mathbf{x}')^{-\frac{1}{2}}\, 2\delta\, d\mathbf{x}' \,\dot{:}\, d\mathbf{x}' = \frac{d\mathbf{x}'}{ds} \,\dot{:}\, \delta\, d\mathbf{x}' .$$

Nach § 3B) ist aber

$$(43)\qquad \delta\, d\mathbf{x}' = d\,\delta \mathbf{x}' ,$$

also:

$$(44)\qquad 0 = \delta \int_{P_1}^{P_2} ds = \int_{P_1}^{P_2} \frac{d\mathbf{x}'}{ds} . d\,\delta \mathbf{x}' = \frac{d\mathbf{x}'}{ds} . \delta \mathbf{x}' \Big|_{P_1}^{P_2} - \int_{P_1}^{P_2} \delta \mathbf{x}' . d \frac{d\mathbf{x}'}{ds} .$$

Da P_1 und P_2 festgehalten werden, ist der erste Term des letzten Gliedes Null. Der zweite Term kann für alle Variationen $\delta \mathbf{x}'$ nur verschwinden, wenn:

$$(45)\qquad d \frac{d\mathbf{x}'}{ds} = 0 .$$

---

[1]) Mit Hilfe der Gleichung (104) würde man auch diese Formeln noch etwas umformen können. — [2]) Vgl. Hessenberg 1902, 9. — [3]) Vgl. z. B. Goursat 1915, 2, S. 515 flg.

Diese Gleichung ist also die Gleichung der geodätischen Linie. Bringt man in jedem Punkt einer solchen Kurve in der Richtung der Tangente den Einheitsvektor $\mathbf{i}$ an, so genügt dieser der Gleichung:

$$d\,\mathbf{i} = 0 \tag{46}$$

oder

$$\boxed{\mathbf{i} \overset{1}{\cdot} \nabla \mathbf{i} = 0.} \tag{47}$$

Eine von einem Punkt P der V_n ausgehende geodätische Linie ist vollständig bestimmt, wenn die Richtung $\mathbf{i}$, in der sie von P ausgeht, gegeben ist.

Die geodätische Übertragung hat nach (46) die wichtige Eigenschaft, daß das Differential des berührenden Einheitsvektors einer geodätischen Linie, in der Richtung der geodätischen Linie genommen, verschwindet. Allgemeiner kann man sagen, daß bei einer geodätischen Linie und nur bei einer solchen das geodätische Differential des berührenden Vektors in der Richtung der Kurve liegt, die geodätische Linie ist somit bei der geodätischen Übertragung auch die „*geradeste*" Linie[1]). Die Bewegung eines Vektors, welcher sich derart entlang einer Kurve bewegt, daß sein geodätisches Differential immer Null ist, wird *geodätisch parallel*, oder kurz *geodätisch* genannt.

Wird ein Vektor $\mathbf{v}$, welcher eine geodätische Linie in einem Punkt berührt, der geodätischen Linie entlang geodätisch verschoben, so bleibt er nach (46) eine Tangente der Kurve, und der Winkel φ, den ein längs der Kurve geodätisch bewegter Vektor $\mathbf{w}$ im Anfang mit $\mathbf{v}$ bildete, bleibt erhalten.

Der geodätischen Differentiation kann nun eine einfache geometrische Deutung gegeben werden. Hat man in einem Punkt P ein System von n zueinander senkrechten Einheitsvektoren $\mathbf{i}_j$, $j = 1, 2, \ldots, n$ und wird dieses n-Bein längs einer durch P gehenden nicht in sich selbst zurücklaufenden Kurve geodätisch bewegt, so wird dadurch in jedem Punkt der Kurve in eindeutiger Weise wieder ein derartiges n-Bein festgelegt, da die Länge und der Winkel zweier Vektoren $\mathbf{i}_j$ und $\mathbf{i}_k$ bei dieser Übertragung unverändert bleiben. Die Richtungen der n Vektoren des n-Beins zeichnen daher n Streifen aus, welche nur abhängig sind von den Anfangsrichtungen der Vektoren des n-Beins in P. Ein derartig bewegtes System nennen wir ein *geodätisch mitbewegtes Koordinatensystem*[2]).

---

[1]) Gerade diese Stichwörter verwendet Hessenberg, 1917, 2, S. 205 flg., der zuerst eine Differentialgeometrie angegeben hat, wo dies nicht mehr zutrifft. Dadurch kann er die gewöhnliche Differentialgeometrie in oben genannter Weise charakterisieren. Solche Differentialgeometrien entstehen, sobald einige der in § 3 gegebenen Bedingungen geändert werden. Siehe Schouten, 1922, 2. — [2]) Der Begriff einer derartigen Verschiebung ist von Levi-Civita, 1917, 6, und unabhängig von ihm von Schouten,

Es sei jetzt vermittels eines Vektorfeldes $\mathbf{v}$ in allen Punkten der Kurve ein Vektor $\mathbf{v}$ gegeben. Der Vektor $\mathbf{v}$ möge in P die Bestimmungszahlen v_j nach den $\mathbf{i}_j$ haben:

$$\mathbf{v} = \sum_j v_j \mathbf{i}_j. \tag{48}$$

Dann ist bei einer Verschiebung entlang der Kurve:

$$d\mathbf{v} = \sum_j d v_j \mathbf{i}_j + \sum_j v_j d\mathbf{i}_j = \sum_j d v_j \mathbf{i}_j. \tag{49}$$

Die Bestimmungszahlen von $d\mathbf{v}$ verhalten sich somit im geodätisch mitbewegten Koordinatensystem wie die Bestimmungszahlen eines gewöhnlichen Differentials eines Vektors des euklidischen Raumes bei festem rechtwinkligen Koordinatensystem. Wir haben also den Satz:

Das geodätische Differential einer Größe ist das gewöhnliche Differential in bezug auf ein Koordinatensystem, das in der Richtung des Differenzierens geodätisch mitbewegt wird[1]).

In einer R_n hat das geodätische Differential die Bedeutung des gewöhnlichen Differentials, und ein geodätisch bewegtes Koordinatensystem bleibt zu sich selbst parallel im gewöhnlichen Sinne.

Daraus ergibt sich eine Methode auch für eine V_n die Bewegung des geodätisch mitbewegten Koordinatensystems zu verdeutlichen. Es ist immer möglich, die V_n in eine R_{n+k} von genügend hoher Dimensionenzahl einzubetten[2]). Im allgemeinen läßt sich dann zu jeder Kurve k eine auf eine R_n abwickelbare n-dimensionale Mannigfaltigkeit M_n konstruieren, welche die V_n entlang k berührt. Es ist nun dasselbe, ob das Koordinatensystem in V_n oder in M_n entlang der Kurve geodätisch bewegt wird, weil der Fundamentaltensor beider Mannigfaltigkeiten in allen Punkten der Kurve derselbe ist. Da aber M_n euklidisch ist, so ist die geodätische Bewegung des Koordinatensystems in M_n eine parallele.

1918, 10, definiert worden. Levi-Civita nennt die geodätische Verschiebung eines Vektors eine *parallele.* Man vergleiche für die Beziehungen der beiden Definitionen 1918, 10, S. 46, Fußnote a). Für die Levi-Civitasche Ableitung des Begriffes der Parallelverschiebung ist es notwendig, die V_n in einer $R_m, m > n$ mit genügend hoher Dimensionenzahl einzubetten. Schouten hat eine Ableitung gegeben, bei welcher dies nicht nötig ist, eine solche findet sich auch bei Severi, 1917, 8. In der letzten Zeit wurde diese geodätische Übertragung in mehreren Arbeiten näher betrachtet, z. B. Fokker, 1918, 6; Schouten, 1918, 11; Carpanese, 1919, 3; Pérès, 1919, 9; 1920, 6; Weyl, z. B. 1921, 12, S. 112 u. flg. — [1]) Schouten, 1918, 10, S. 46. — [2]) Eine einfache, schon durch Schläfli, 1871, 4, gegebene, wenn auch nicht ganz strenge Rechnung zeigt, daß $k \leq \frac{1}{2} n(n-1)$. Vgl. dazu Stäckel, 1894, 13, auch Mlodziewski 1889, 3. Siehe weiter Abschn. III, § 10.

Die geodätische Bewegung des Koordinatensystems längs einer *geschlossenen* Kurve wird S. 62 näher betrachtet werden.

Das geodätisch mitbewegte Bezugssystem kann in leicht verständlicher Weise an einigen Modellen deutlich gemacht werden. Man nehme (Fig. 1) eine Kugelfläche und darauf einen kleinen Kreis. Das geodätisch mitbewegte System in einem euklidischen Raume bewegt sich

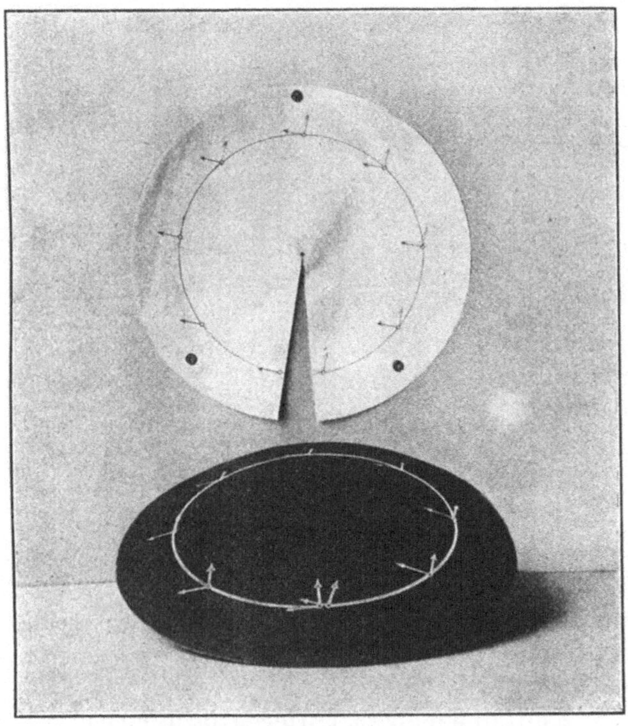

Fig. 1. Geodätisch bewegtes Bezugssystem auf einer Kugel.

nach oben Gesagtem zu sich selbst parallel im gewöhnlichen Sinne. Wird also der Mantel des Rotationskegels, der die Kugel längs des kleinen Kreises berührt, auf die Ebene abgewickelt, so geht die geodätische Bewegung in eine Parallelbewegung über. Nach Zurückbiegung des abgewickelten Kegelmantels zeigt sich, daß das geodätisch mitbewegte Bezugssystem sich bei der Rückkehr in den Anfangspunkt um einen Winkel gedreht hat. Die Drehung beim vollständigen Durchlaufen der Kurve ist gleich:

$$\alpha = 2\pi - \varepsilon, \qquad \varepsilon = \frac{O}{r^2}, \tag{50}$$

wo O den Flächeninhalt der umschlossenen Kugelkappe und r den Radius der Kugel darstellt[1]). Nimmt man einen größten Kreis der Kugel, so ist $\alpha = 0$, weil ein größter Kreis eine geodätische Linie ist.

Auch auf einer Pseudosphäre und auf einem hyperbolischen Paraboloid kann man die geodätische Bewegung eines Bezugssystems leicht darstellen (Fig. 2)[2]).

Fig. 2. Geodätisch bewegtes Bezugssystem auf einem hyperbolischen Paraboloid und auf einer Pseudosphäre.

5. Einige wichtige Differentiationsregeln.

Für die Anwendung des Operatorkernes ∇ auf einen Affinor, z. B. auf $\mathbf{v}_1 \mathbf{v}_2^{;} \mathbf{v}_3$, gilt nach Abschn. I (89) die folgende Regel (vgl. (40)):

$$(51)\quad \nabla \mathbf{v}_1 \mathbf{v}_2^{;} \mathbf{v}_3 = (\nabla \mathbf{v}_1) \mathbf{v}_2^{;} \mathbf{v}_3 + \{\nabla (\mathbf{a} \overset{1}{\cdot} \mathbf{v}_2^{;})\} \mathbf{v}_1 \mathbf{a}' \mathbf{v}_3 + \{\nabla (\mathbf{a}' \overset{1}{\cdot} \mathbf{v}_3)\} \mathbf{v}_1 \mathbf{v}_2^{;} \mathbf{a}.$$

Auch kann man die Differentiation in folgender Weise ausführen:

$$(52)\quad \nabla \mathbf{v}_1 \mathbf{v}_2^{;} \mathbf{v}_3 = (\nabla \mathbf{v}_1) \overset{1}{\cdot} \mathbf{a}' \mathbf{a} \mathbf{v}_2^{;} \mathbf{v}_3 + (\nabla \mathbf{v}_2^{;}) \overset{1}{\cdot} \mathbf{a} \mathbf{v}_1 \mathbf{a}' \mathbf{v}_3 + (\nabla \mathbf{v}_3) \overset{1}{\cdot} \mathbf{a}' \mathbf{v}_1 \mathbf{v}_2^{;} \mathbf{a}$$

[1]) Diese Formel (50) wird u. a. erhalten aus der Erweiterung des Bonnetschen Satzes für ein geodätisch mitbewegtes Bezugssystem, siehe Schouten, 1918, 10, S. 69. — [2]) Diese Modelle sind zuerst von Prof. J. A. Schouten hergestellt worden und befinden sich in der Modellsammlung der Technischen Hochschule Delft. Die Abbildungen sind der Arbeit von Schouten 1918, 10, S. 48 u. 70 entnommen und sind auch (Fig. 1 teilweise) von v. Laue in sein Buch über die Relativitätstheorie aufgenommen worden, v. Laue, 1921, 6, S. 110 u. 111.

und, weil nach Abschn. I (86):

$$(53) \qquad \nabla \overset{p}{\mathbf{v}} = \mathbf{a}(\mathbf{a}' \overset{1}{.} \nabla) \overset{p}{\mathbf{v}},$$

auch:

$$(54) \quad \nabla \mathbf{v}_1 \mathbf{v}_2' \mathbf{v}_3 = \mathbf{a}(\mathbf{a}' \overset{1}{.} \nabla \mathbf{v}_1) \mathbf{v}_2' \mathbf{v}_3 + \mathbf{a} \mathbf{v}_1 (\mathbf{a}' \overset{1}{.} \nabla \mathbf{v}_2') \mathbf{v}_3 + \mathbf{a} \mathbf{v}_1 \mathbf{v}_2' \mathbf{a}' \overset{1}{.} \nabla \mathbf{v}_3.$$

Das gleiche gilt für die Anwendung auf ein Produkt mit gleichen Faktoren:

$$(55) \quad \begin{aligned} \nabla \mathbf{v}\mathbf{v}\mathbf{v} = \nabla \mathbf{v}^3 &= (\nabla \mathbf{v}) \mathbf{v}\mathbf{v} + \{\nabla (\mathbf{a}' \overset{1}{.} \mathbf{v})\} \mathbf{v}\mathbf{a}\mathbf{v} + \{\nabla (\mathbf{a}' \overset{1}{.} \mathbf{v})\} \mathbf{v}\mathbf{v}\mathbf{a} \\ &= \{\nabla (\mathbf{a}' \overset{1}{.} \mathbf{v})\} (\mathbf{a}\mathbf{v}\mathbf{v} + \mathbf{v}\mathbf{a}\mathbf{v} + \mathbf{v}\mathbf{v}\mathbf{a}), \end{aligned}$$

oder:

$$(56) \qquad \nabla \mathbf{v}^3 = (\nabla \mathbf{v}) \overset{1}{.} (\mathbf{a}' \mathbf{a}\mathbf{v}\mathbf{v} + \mathbf{a}' \mathbf{v}\mathbf{a}\mathbf{v} + \mathbf{a}' \mathbf{v}\mathbf{v}\mathbf{a}),$$

oder:

$$(57) \qquad \nabla \mathbf{v}^3 = \mathbf{a}(\mathbf{a}' \overset{1}{.} \nabla \mathbf{v}) \mathbf{v}\mathbf{v} + \mathbf{a}\mathbf{v}(\mathbf{a}' \overset{1}{.} \nabla \mathbf{v}) \mathbf{v} + \mathbf{a}\mathbf{v}\mathbf{v}\mathbf{a}' \overset{1}{.} \nabla \mathbf{v}.$$

Auch für symmetrische und alternierende Produkte gilt Ähnliches, z. B.

$$(58) \quad \begin{aligned} \nabla (\mathbf{v}_1 \breve{\mathbf{v}}_2 \mathbf{v}_3) &= \{\nabla (\mathbf{a}' \overset{1}{.} \mathbf{v}_1)\} (\mathbf{a} \mathbf{v}_2 \breve{\mathbf{v}}_3) + \{\nabla (\mathbf{a}' \overset{1}{.} \mathbf{v}_2)\} (\mathbf{v}_1 \mathbf{a} \breve{\mathbf{v}}_3) \\ &\quad + \{\nabla (\mathbf{a}' \overset{1}{.} \mathbf{v}_3)\} (\mathbf{v}_1 \breve{\mathbf{v}}_2 \mathbf{a}). \end{aligned}$$

$$(59) \quad \begin{aligned} \nabla (\mathbf{v}_1' \widehat{\mathbf{v}}_2' \mathbf{v}_3') &= \{\nabla (\mathbf{a} \overset{1}{.} \mathbf{v}_1')\} (\mathbf{a}' \widehat{\mathbf{v}}_2' \mathbf{v}_3') + \{\nabla (\mathbf{a} \overset{1}{.} \mathbf{v}_2')\} (\mathbf{v}_1' \widehat{\mathbf{a}}' \mathbf{v}_3') \\ &\quad + \{\nabla (\mathbf{a} \overset{1}{.} \mathbf{v}_3')\} (\mathbf{v}_1' \widehat{\mathbf{v}}_2' \mathbf{a}'). \end{aligned}$$

Auch hier ist eine Entwicklung in der durch (52), (54), (55) und (56) gegebenen Weise möglich.

Ein Operationssymbol der Form $\mathbf{v}' \overset{1}{.} \nabla$ kann, weil es ein Skalar ist, nach jeder beliebigen Stelle gerückt werden, z. B.:

$$(60) \qquad (\mathbf{v}' \overset{1}{.} \nabla) \mathbf{u}' \mathbf{w} = \mathbf{v}' \overset{1}{.} (\nabla \mathbf{u}') \mathbf{w} + \mathbf{u}' \mathbf{v}' \overset{1}{.} \nabla \mathbf{w}.$$

Auch für symmetrische und alternierende Produkte gilt dieses, z. B.

$$(61) \qquad \begin{aligned} (\mathbf{v}' \overset{1}{.} \nabla)(\mathbf{u} \smile \mathbf{w}) &= (\mathbf{v}' \overset{1}{.} \nabla \mathbf{u}) \smile \mathbf{w} + \mathbf{u} \smile (\mathbf{v}' \overset{1}{.} \nabla \mathbf{w}) \\ &= (\mathbf{v}' \overset{1}{.} \nabla \mathbf{u}) \smile \mathbf{w} + (\mathbf{v}' \overset{1}{.} \nabla \mathbf{w}) \smile \mathbf{u}. \end{aligned}$$

$$(62) \qquad \begin{aligned} (\mathbf{v}' \overset{1}{.} \nabla)(\mathbf{u} \frown \mathbf{w}) &= (\mathbf{v}' \overset{1}{.} \nabla \mathbf{u}) \frown \mathbf{w} + \mathbf{u} \frown (\mathbf{v}' \overset{1}{.} \nabla \mathbf{w}) \\ &= (\mathbf{v}' \overset{1}{.} \nabla \mathbf{u}) \frown \mathbf{w} - (\mathbf{v}' \overset{1}{.} \nabla \mathbf{w}) \frown \mathbf{u}. \end{aligned}$$

Die Anwendung des Operatorkernes ∇ auf die Überschiebungen geschieht nach folgender Gleichung:

$$(63) \qquad \nabla (\mathbf{v} \overset{1}{.} \mathbf{w}') = (\nabla \mathbf{v}) \overset{1}{.} \mathbf{w}' + (\nabla \mathbf{w}') \overset{1}{.} \mathbf{v}.$$

Die Differentiation von Überschiebungen von Größen höheren Grades kann durch mehrfache Anwendung der Formeln (51) und (63) erzielt werden.

Die *Rotation* (*der Wirbel*) eines Vektorfeldes $\mathbf{v}$ ist, wenn ihre Bestimmungszahlen ausgeschrieben werden, nach (28):

(64) $$\nabla \frown \mathbf{v} = \left(\frac{\partial v_\mu}{\partial x^\lambda} - \frac{\partial v_\lambda}{\partial x^\mu}\right) \mathbf{e}_\lambda \frown \mathbf{e}_\mu,$$

in Koordinaten:

(64a) $$\nabla_{[\lambda} v_{\mu]} = \frac{1}{2}\left(\frac{\partial v_\mu}{\partial x^\lambda} - \frac{\partial v_\lambda}{\partial x^\mu}\right).$$

Sie ist somit vom Fundamentaltensor unabhängig. Daraus geht hervor, daß die bei einer euklidischen Maßbestimmung bekannte Formel

(65) $$\nabla \widehat{\nabla} \mathbf{v} = 0,$$

in Koordinaten:

(65a) $$\nabla_{[\lambda} \nabla_\mu v_{\nu]} = 0$$

oder:

(65b) $$\frac{\partial^2 v_\nu}{\partial x^\lambda \partial x^\mu} = \frac{\partial^2 v_\nu}{\partial x^\mu \partial x^\lambda},$$

auch in V_n gültig ist.

Die *Divergenz* eines kontravarianten Vektorfeldes $\mathbf{v}'$ ist nach (28):

(66) $$\nabla \,!\, \mathbf{v}' = \frac{\partial v^\mu}{\partial x^\mu} + v^\lambda a^\mu a_{\mu\lambda}.$$

Da, nach der Regel für die Differentiation einer Determinante[1]):

(67) $$g \frac{\partial (g^{-1})}{\partial x^\lambda} = g_{\mu\nu} \frac{\partial g^{\mu\nu}}{\partial x^\lambda},$$

so ist

(68) $$-\frac{1}{\sqrt{g}} \frac{\partial \sqrt{g}}{\partial x^\lambda} = \frac{g}{2} \frac{\partial g^{-1}}{\partial x^\lambda} = \frac{1}{2} g_{\mu\nu} (a^\mu_\lambda a^\nu + a^\mu a^\nu_\lambda)$$
$$= \frac{1}{2}(a_\mu a^\mu_\lambda + a_\nu a^\nu_\lambda) = - a_{\mu\lambda} a^\mu,$$

und somit:

(69) $$\nabla \,!\, \mathbf{v}' = \frac{\partial v^\lambda}{\partial x^\lambda} + \frac{1}{\sqrt{g}} \frac{\partial \sqrt{g}}{\partial x^\lambda} v^\lambda = \frac{1}{\sqrt{g}} \frac{\partial}{\partial x^\lambda} (\sqrt{g}\, v^\lambda),$$

wo g nach Abschn. I (53) die Determinante der $g_{\mu\nu}$ ist.

Mithin ist der *zweite Differentialparameter*[2]) eines Skalarfeldes p:

(70) $$\nabla . \nabla p = \frac{1}{\sqrt{g}} \frac{\partial}{\partial x^\mu} \left\{ g^{\mu\nu} \sqrt{g} \frac{\partial p}{\partial x^\nu} \right\}.$$

Die *Divergenz* eines Affinors $\overset{p}{\mathbf{v}}{}' = \mathbf{v}'_1 \ldots \mathbf{v}'_p$ ist:

(71) $$\nabla \,!\, \overset{p}{\mathbf{v}}{}' = \sum_i (\nabla \,!\, \mathbf{v}'_i)\, \mathbf{a} \mathbf{v}'_1 \ldots \mathbf{v}'_{i-1} \mathbf{a}' \mathbf{v}'_{i+1} \ldots \mathbf{v}'_p \,{}^{3}).$$

---

[1]) Vgl. z. B. Bianchi, 1899, 2, S. 44. — [2]) Vgl. z. B. Bianchi, 1899, 2, S. 47; Darboux, 1894, 8, S. 200. Der Name rührt von Beltrami her, 1865, 1. Vgl. z. B. auch Beljankin, 1900, 2. — [3]) Sommerfeld, 1910, 12; Levi-Civita, 1917, 5, S. 385; Lang, 1920, 3; v. Laue, 1921, 6, S. 85 flg.

6. Parallele V_{n-1}.

Die Parameterlinien x^{a_1} mögen geodätische Linien sein und x^{a_1} ihre Bogenlänge, gerechnet von dem entsprechenden Schnittpunkte mit einer bestimmten Parameter-V_{n-1}, z. B. mit $x^{a_1} = 0$. Dann ist:

(71) $$g_{a_1 a_1} = \mathfrak{e}'_{a_1} \cdot \mathfrak{e}'_{a_1} = 1,$$

und die ∞^1 $V_{n-1}: x^{a_1} =$ Konst. sind die Örter der Endpunkte gleicher Bogen, die auf den geodätischen x^{a_1}-Linien von $x^{a_1} = 0$ aus abgetragen werden. Dann ist $\mathfrak{e}'_{a_1}$ ein Einheitsvektor und genügt der Gleichung:

(72) $$\mathfrak{e}'_{a_1} \overset{1}{\cdot} \nabla \mathfrak{e}'_{a_1} = 0,$$

oder

(73) $$a_{a_1 a_1} a^\lambda = a_{a_1 a_1} a_\lambda = 0.$$

Aus (71) folgt nach (32):

(74) $$a_{a_1 \lambda} a_{a_1} = a_{\lambda a_1} a_{a_1} = 0.$$

Somit ist

(75) $$\frac{\partial g_{a_1 \lambda}}{\partial x^{a_1}} = a_{a_1 a_1} a_\lambda + a_{\lambda a_1} a_{a_1} = 0$$

und die $g_{a_1 \lambda}$ sind also unabhängig von x^{a_1}.

Wir nehmen jetzt an, daß die Parameterlinien x^{a_1} zu $x^{a_1} = 0$ orthogonal sind. Dann gilt für $x^{a_1} = 0$:

(76) $$\mathfrak{e}'_{a_1} . \mathfrak{e}'_\lambda = g_{a_1 \lambda} = 0.$$

Da die $g_{a_1 \lambda}$ nach (75) nicht von x^{a_1} abhängen, sind sie überall Null:

(77) $$g_{a_1 \lambda} = 0,$$

und die Parameterlinien sind also orthogonal zu allen ∞^1 V_{n-1} $x^{a_1} =$ Konstante:

Werden durch jeden Punkt einer V_{n-1} die zu ihr normalen geodätischen Linien gezogen und auf diesen von der V_{n-1} aus gleiche Bogen abgetragen, so ist der Ort der Endpunkte wieder eine zu den geodätischen Linien normale V_{n-1} [1]).

Derartige Kongruenzen, welche zu einer Familie von ∞^1 V_{n-1} normal sind, heißen *V_{n-1}-normal.* Allgemeiner reden wir von *V_k-normal,* wenn eine Kongruenz zu einem System von ∞^{n-k} V_k normal ist. Die V_{n-1}, welche zu einer geodätischen Kongruenz d. i. eine Kongruenz von geodätischen Linien, normal sind, heißen *geodätisch parallel,* kurz *parallel.*

In ähnlicher Weise folgt die Umkehrung des vorigen Satzes:

Zwei beliebige V_{n-1}, die normal zu einer geodätischen Kongruenz sind, schneiden aus dieser Kongruenz Kurvenstücke gleicher Bogenlänge aus.

---

1) Beltrami, 1869, 1, vgl. auch Darboux, 1889, 2, S. 509; Bianchi, 1899, 2, S. 570;

Dieser Satz läßt sich auch so aussprechen:

Bilden die Parameterlinien einer Urvariablen eine geodätische und V_{n-1}-normale Kongruenz, und fallen die Parameter-V_{n-1} mit den zu dieser Kongruenz normalen V_{n-1} zusammen, so bleiben die Parameter-V_{n-1} erhalten, wenn man diese Urvariable durch die entlang der Parameterlinie von einer bestimmten Parameter-V_{n-1} aus gemessene Bogenlänge ersetzt[1]).

Wenn die Bedingungen dieses Satzes erfüllt sind, hat ds^2 die Form:

$$ds^2 = (dx^{a_1})^2 + g_{\sigma\tau} dx^\sigma dx^\tau; \qquad \sigma, \tau = a_2, \ldots, a_n. \tag{78}$$

Wenn auch die $g_{\sigma\tau}$ nicht von x^{a_1} abhängen, ist:

$$\begin{cases} 0 = \dfrac{\partial g_{\sigma\tau}}{\partial x^{a_1}} = \mathfrak{a}_{\sigma a_1} \mathfrak{a}_\tau + \mathfrak{a}_{\tau a_1} \mathfrak{a}_\sigma = \mathfrak{a}_{a_1 \sigma} \mathfrak{a}_\tau + \mathfrak{a}_{a_1 \tau} \mathfrak{a}_\sigma = - \mathfrak{a}_{a_1} \mathfrak{a}_{\sigma\tau} - \mathfrak{a}_{a_1} \mathfrak{a}_{\tau\sigma} \\ = -2 \mathfrak{a}_{a_1} \mathfrak{a}_{\sigma\tau} = 2 \mathfrak{a}_{a_1 \sigma} \mathfrak{a}_\tau = \mathbf{e}'_\iota \mathbf{e}'_\sigma \overset{2}{.} \nabla \mathbf{e}_{a_1}, \end{cases} \tag{79}$$

oder unter Mitberücksichtigung von (72), da $\mathbf{e}_{a_1} = \mathbf{e}'_{a_1}$:

$$\nabla \mathbf{e}_{a_1} = 0. \tag{80}$$

Der Einheitsvektor in der Richtung der Tangente der geodätischen Linie $x^{a_1} =$ Konst. geht also in diesem besonderen Falle bei geodätischer Verschiebung immer wieder in eine solche Richtung über. Dieses ist u. a. wichtig für die Frage, in welchen euklidischen Raum höherer Dimensionszahl eine gegebene V_n eingebettet werden kann[2]).

7. V_q-normale und V_q-bildende Felder.

In einer V_n sei das p-Vektorfeld der einfachen p-Vektoren

$$_p\mathbf{v} = \mathbf{v}_1 \widehat{\mathbf{v}_2 \ldots} \mathbf{v}_p \tag{81}$$

gegeben. In jedem Punkt P der V_n ist dadurch ein zu $_p\mathbf{v}$ vollkommen senkrechter einfacher $(n-p)$-Vektor $_{n-p}\mathbf{w}$ bestimmt:

$$_{n-p}\mathbf{w} = \mathbf{w}_1 \widehat{\mathbf{w}_2 \ldots} \mathbf{w}_{n-p}. \tag{82}$$

Wenn das Feld $_{n-p}\mathbf{w}$ V_q-normal ist, so liegt $_p\mathbf{v}$ für $q \geqq p$ in der V_q. Im Falle, daß $_{n-p}\mathbf{w}$ nicht auch V_{q+1}-normal ist, heißt das Feld $_p\mathbf{v}$ V_q-*bildend*. Sodann gestatten die p linear unabhängigen Gleichungen:

$$\mathbf{v}_u . \nabla f = 0, \qquad u = 1, 2, \ldots, p \tag{83}$$

$n - q$ unabhängige Lösungen f_x, $x = 1, 2, \ldots, n - q$. Umgekehrt ist die Existenz dieser Lösungen nicht nur die hinreichende, sondern auch die notwendige Bedingung dafür, daß $_p\mathbf{v}$ V_q-bildend ist, da die V_q immer als Durchschnittsgebilde von $n - q$ Systemen $f_x = c_x$, $x = 1, 2, \ldots, n - q$ ge-

---

1) Schouten, 1918, 10, S. 63. — 2) Abschn. III, § 10.

geben werden können, wo die c_x beliebige Parameter sind. Jede Lösung f_x genügt ebenfalls den p^2 Gleichungen[1]):

$$(84)\qquad (\mathbf{v}_v\cdot\nabla)(\mathbf{v}_u\cdot\nabla)f_x=(\mathbf{v}_v\overset{1}{\cdot}\nabla\mathbf{v}_u)\cdot\nabla f_x+\mathbf{v}_u\mathbf{v}_v\overset{2}{\cdot}\nabla\nabla f_x=0;$$
$$u,v=1,\ldots,p,\qquad x=1,2,\ldots,n-q$$

und deshalb auch den $\frac{p(p-1)}{2}$ Gleichungen:

$$(85)\qquad (\mathbf{v}_v\overset{1}{\cdot}\nabla\mathbf{v}_u-\mathbf{v}_u\overset{1}{\cdot}\nabla\mathbf{v}_v)\cdot\nabla f_x=0\,.$$

Wenn von diesen Gleichungen keine von (83) linear unabhängig ist, heißt das System (83) *vollständig*. In diesem Fall sind alle Vektoren $\mathbf{v}_v\overset{1}{\cdot}\nabla\mathbf{v}_u-\mathbf{v}_u\overset{1}{\cdot}\nabla\mathbf{v}_v$ in ${}_p\mathbf{v}$ enthalten, oder:

$$(86)\qquad (\mathbf{v}_v\overset{1}{\cdot}\nabla\mathbf{v}_u-\mathbf{v}_u\overset{1}{\cdot}\nabla\mathbf{v}_v)\cdot\mathbf{w}_x=0\,.$$

Für ein unvollständiges System ist sicher $q>p$. Denn es wäre vermittels (85) möglich, zu den Gleichungen (83) noch andere, von diesen linear unabhängige, Gleichungen der gleichen Gestalt hinzuzufügen, und das so gebildete System von r Gleichungen, $n\geqq r\geqq p$, würde sicher nicht mehr als $n-r$ unabhängige Lösungen haben. Damit also das Gleichungssystem (83) $n-p$ unabhängige Lösungen hat, muß es vollständig sein. Umgekehrt hat ein vollständiges System immer $n-p$ unabhängige Lösungen, was aus den Existenztheoremen der Theorie der partiellen Differentialgleichungen herzuleiten ist[2]). Man hat also den Satz:

Das Gleichungssystem (83) *hat dann und nur dann* $n-p$ *unabhängige Lösungen* $f_1, f_2, \ldots, f_{n-p}$, *wenn es vollständig ist. Es ist dann und nur dann vollständig, wenn* (86) *gilt.*

Da

$$(87)\qquad 2\nabla\overset{1}{\cdot}(\mathbf{v}_u\frown\mathbf{v}_v)=(\nabla\cdot\mathbf{v}_u)\,\mathbf{v}_v-(\nabla\cdot\mathbf{v}_v)\,\mathbf{v}_u+\mathbf{v}_u\overset{1}{\cdot}\nabla\mathbf{v}_v-\mathbf{v}_v\overset{1}{\cdot}\nabla\mathbf{v}_u$$

ist, ist (86) äquivalent mit

$$(88)\qquad \mathbf{w}_x\cdot\{\nabla\overset{1}{\cdot}(\mathbf{v}_u\frown\mathbf{v}_v)\}=\mathbf{w}_x\nabla\overset{2}{\cdot}(\mathbf{v}_u\frown\mathbf{v}_v)=0,$$

oder

$$(89)\qquad {}_{n-p}\mathbf{w}\,\nabla\overset{2}{\cdot}(\mathbf{v}_u\frown\mathbf{v}_v)=0\,.$$

Diese Gleichungen lassen sich zusammenfassen zu

$$(90)\qquad \boxed{{}_{n-p}\mathbf{w}\,\nabla\overset{2}{\cdot}{}_p\mathbf{v}=0}\,,$$

[1]) Vgl. für die hier entwickelten Formeln Schouten-Struik, 1919, 10, S. 201 flg. und S. 594 flg. — [2]) Vgl. z. B. v. Weber, 1900, 10, S. 73—78.

in Koordinaten:

$$(90\text{a})\quad \begin{cases} w_{\lambda_1 \ldots \lambda_{n-p}} g^{\varkappa\mu} g^{\lambda_{n-p}\varrho_1} \nabla_\varkappa v_{\mu\varrho_1 \ldots \varrho_{p-2}} = 0 \\ \{ w_{\lambda_1 \ldots \lambda_{n-p}} = w_{[\lambda_1 \ldots \lambda_{n-p}]} \\ \quad v_{\lambda_1 \ldots \lambda_p} = v_{[\lambda_1 \ldots \lambda_p]} \} . \end{cases}$$

Die Gleichung (90) *ist also die notwendige und hinreichende Bedingung dafür, daß* ${}_p\mathbf{v}$ V_p*-bildend und* ${}_{n-p}\mathbf{w}$ V_p*-normal ist.*

(86) ist auch äquivalent mit:

$$(91)\quad \mathbf{v}_u \overset{1}{\cdot} \nabla \mathbf{w}_x \overset{1}{\cdot} \mathbf{v}_v = \mathbf{v}_v \overset{1}{\cdot} \nabla \mathbf{w}_x \overset{1}{\cdot} \mathbf{v}_u ,$$

oder

$$(92)\quad \mathbf{v}_u \mathbf{v}_v \overset{2}{\cdot} \nabla \frown \mathbf{w}_x = 0 ,$$

oder

$$(93)\quad {}_p\mathbf{v} \overset{2}{\cdot} \nabla \frown \mathbf{w}_x = 0 ,$$

oder

$$(94)\quad \boxed{{}_p\mathbf{v} \overset{2}{\cdot} \nabla \frown {}_{n-p}\mathbf{w} = 0}\ ^{1)},$$

in Koordinaten:

$$(94\text{a})\quad v_{\lambda_1 \ldots \lambda_p} g^{\lambda_p \varkappa} g^{\lambda_{p-1}\mu} \nabla_{[\varkappa} w_{\mu\varrho_1 \ldots \varrho_{n-p-1}]} = 0 .$$

(90) und (94) können auseinander abgeleitet werden und sind daher äquivalent. In der Tat ist:

$$(95)\quad \begin{aligned} {}_{n-p}\mathbf{w} \nabla \overset{2}{\cdot} {}_p\mathbf{v} &= {}_{n-p}\mathbf{w} \overset{1}{\cdot} (\nabla \overset{1}{\cdot} {}_p\mathbf{v}) = \text{Isomer}(\nabla \overset{1}{\cdot} {}_p\mathbf{v}) \overset{1}{\cdot} {}_{n-p}\mathbf{w} \\ &= \text{Isomer}\, \nabla \overset{1}{\cdot} ({}_p\mathbf{v} \overset{1}{\cdot} {}_{n-p}\mathbf{w}) + \text{Isomer}\, ({}_p\mathbf{v} \overset{1}{\cdot} \nabla) \overset{1}{\cdot} {}_{n-p}\mathbf{w} \\ &= 0 + \text{Isomer}\, {}_p\mathbf{v} \overset{2}{\cdot} \nabla_{n-p}\mathbf{w} = \frac{n-p+1}{2}\, \text{Isom.}\, {}_p\mathbf{v} \overset{2}{\cdot} \nabla \frown {}_{n-p}\mathbf{w} , \end{aligned}$$

da ${}_p\mathbf{v}$ und ${}_{n-p}\mathbf{w}$ vollständig senkrecht zueinander sind.

Ist das System (83) nicht vollständig, also $q > p$, so tritt an Stelle von (86) die Gleichung:

$$(96)\quad (\mathbf{v}_v \overset{1}{\cdot} \nabla \mathbf{v}_u - \mathbf{v}_u \overset{1}{\cdot} \nabla \mathbf{v}_v) \overset{1}{\cdot} {}_{n-q}\mathbf{u} = 0 ,$$

wo ${}_{n-q}\mathbf{u}$ ein $(n-q)$-Vektor senkrecht zu V_q ist.

Diese Bedingung ist notwendig, aber nur dann hinreichend, wenn (83) und (85) zusammen ein vollständiges System bilden. (96) führt nun wieder wie oben zu den beiden Formen:

$$(97)\quad {}_{n-q}\mathbf{u} \nabla \overset{2}{\cdot} {}_p\mathbf{v} = 0 ,$$

$$(98)\quad {}_p\mathbf{v} \overset{2}{\cdot} \nabla \frown {}_{n-q}\mathbf{u} = 0 .$$

[1]) Die Gleichungen (90) und (94) finden sich zuerst bei Schouten 1918, 11, der Beweis wurde gegeben in Schouten-Struik, 1919, 10, S. 201 flg. und S. 594 flg., wo bei der Behandlung der vollständigen Systeme sich eine hier verbesserte Ungenauigkeit eingeschlichen hat.

Beide Formeln sind erfüllt, wenn ${}_p\mathbf{v}$ V_q-bildend, und also ${}_{n-p}\mathbf{w}$ V_q-normal ist, $q > p$, bilden aber keine hinreichende Bedingung.

Ist ${}_q\mathbf{u}$ vollkommen senkrecht zu ${}_{n-q}\mathbf{u}$, so ist ${}_q\mathbf{u}$ V_q-bildend. (98) folgt daher auch aus der für ${}_q\mathbf{u}$ und ${}_{n-q}\mathbf{u}$ nach (94) gültigen Gleichung:

$$(99) \qquad {}_q\mathbf{u} \overset{2}{\cdot} \nabla \frown {}_{n-q}\mathbf{u} = 0,$$

während (97) und (98), da ${}_p\mathbf{v}$ und ${}_{n-q}\mathbf{u}$ vollständig senkrecht zueinander sind, auseinander abgeleitet werden können.

Wir betrachten jetzt den Fall $q < p$. Ist dann ${}_q\mathbf{u}$ wieder vollkommen senkrecht zu ${}_{n-q}\mathbf{u}$, so liegt ${}_q\mathbf{u}$ in ${}_p\mathbf{v}$ und ${}_{n-p}\mathbf{w}$ in ${}_{n-q}\mathbf{u}$. Aus der nach (85) für ${}_q\mathbf{u}$ und ${}_{n-q}\mathbf{u}$ gültigen Gleichung:

$$(100) \qquad {}_{n-q}\mathbf{u}\, \nabla \overset{2}{\cdot\cdot}\, {}_q\mathbf{u} = 0$$

folgt also::

$$(101) \qquad {}_{n-p}\mathbf{u}\, \nabla \overset{2}{\cdot}\, {}_q\mathbf{u} = 0,$$

und daraus läßt sich, da ${}_q\mathbf{u}$ und ${}_{n-p}\mathbf{w}$ vollständig senkrecht zueinander sind, ableiten:

$$(102) \qquad {}_q\mathbf{u} \overset{2}{\cdot} \nabla \frown {}_{n-p}\mathbf{w} = 0.$$

Auch (101) und (102) stellen wieder keine hinreichende Bedingungen dar. Für $p = n - 1$ folgt aus (102) der Satz:

Ist ein Vektorfeld $\mathbf{u}$ *in* V_n V_q*-normal, so ist die* V_q*-Komponente von* $\nabla \mathbf{u}$ *ein Tensor.*

Für $q = p - 1$ ist die Bedingung dieses Satzes außer hinreichend auch notwendig. Wir sagen, daß $\nabla \mathbf{u}$ *in der* $V_q \perp \mathbf{u}$ *symmetrisch ist.*

8. Kongruenzen, Orthogonalnetze.

Sind in jedem Punkte der V_n n beliebige zueinander senkrechte Richtungen $\mathbf{i}_j$[1]) als stetige Ortsfunktionen gegeben, so bestimmen diese Richtungen n Systeme von Kongruenzen, welche ein *Orthogonalnetz* bilden. Eine wichtige Rolle spielen bei diesen Orthogonalnetzen die orthogonalen Bestimmungszahlen der $\nabla \mathbf{i}_j$, welche nach Identifizierung von kontravarianten und kovarianten Größen in der Gestalt geschrieben werden können:

$$(103) \quad \mathbf{i}_l \mathbf{i}_k \overset{2}{\cdot} \nabla \mathbf{i}_j = \mathbf{i}_l \mathbf{i}_k \overset{2}{\cdot} \nabla (\mathbf{a} \cdot \mathbf{i}_j)\mathbf{a} = \mathbf{i}_k \overset{1}{\cdot} (\nabla a_j) a_l; \qquad j, l, k = 1, 2, \ldots, n.$$

Setzt man:

$$(104) \qquad a_{jk} = \mathbf{i}_k \overset{1}{\cdot} \nabla a_j,$$

so ist

$$(105) \qquad \mathbf{i}_l \mathbf{i}_k \overset{2}{\cdot} \nabla \mathbf{i}_j = a_{jk}\, a_l.$$

---

[1]) Unter Richtung, Kurve, Kongruenz $\mathbf{v}$ verstehen wir im folgenden die durch den Vektor $\mathbf{v}$ bestimmte Richtung, Kurve, Kongruenz.

Da:

(106) $$\mathbf{i}_l \mathbf{i}_k \overset{2}{.} \nabla \mathbf{i}_j = - \mathbf{i}_j \mathbf{i}_k \overset{2}{.} \nabla \mathbf{i}_l$$

ist, so folgt:

(107) $$a_{jk} a_l = - a_{lk} a_j \text{[1]}.$$

Die $a_{jk} a_l$ heißen nach Ricci die *Rotationskoeffizienten* des Orthogonalnetzes[2]).

Setzt man:

(108) $$\mathbf{i}_j \overset{1}{.} \nabla \mathbf{i}_j = \mathbf{u}_j ,$$

so kann man $\nabla \mathbf{i}_j$ in die folgende Form bringen:

(109) $$\nabla \mathbf{i}_j = \overset{2}{\mathbf{h}}_j + \mathbf{i}_j \mathbf{u}_j ,$$

wo $\overset{2}{\mathbf{h}}_j$ keine Komponenten nach $\mathbf{i}_j$ enthält, also nur Bestimmungszahlen der Form $\mathbf{i}_k \mathbf{i}_l \overset{2}{.} \nabla \mathbf{i}_j$, $k, l \neq j$, hat. $\overset{2}{\mathbf{h}}_j$ besteht aus einem symmetrischen Teil ${}^2\mathbf{h}_j$ und einem alternierenden Teil ${}_2\mathbf{h}_j$. Die Hauptrichtungen von ${}^2\mathbf{h}_j$ bilden die *zu der Kongruenz* $\mathbf{i}_j$ *orthogonalen kanonischen* (kurz *kanonischen*) *Kongruenzen*[3]). Also gilt der Satz:

Man kann zu einer Kongruenz $\mathbf{i}_j$ *immer* $n-1$ *gegenseitig und zu* $\mathbf{i}_j$ *senkrechte Kongruenzen finden, welche zu der Kongruenz* $\mathbf{i}_j$ *kanonisch sind.*

Diese kanonischen Kongruenzen spielen eine wichtige Rolle in der Lehre von den n-fachen Orthogonalsystemen[4]). (S. 145).

Wenn eine der Kongruenzen $\mathbf{i}_j$ des Orthogonalnetzes V_{n-1}-normal ist, ist es möglich $\mathbf{i}_j$ in der folgenden Weise zu schreiben:

(110) $$\mathbf{i}_j = q \nabla p ,$$

wo p und q Skalarfelder sind. Die äquiskalaren V_{n-1} des Feldes p werden von der Kongruenz $\mathbf{i}_j$ senkrecht getroffen. Dann gilt:

(111) $$\nabla \mathbf{i}_j = \nabla q \nabla p + q \nabla \nabla p = \frac{\nabla q}{q} \mathbf{i}_j + q \nabla \nabla p .$$

---

[1]) Man kann a_{jk} auch schreiben $\frac{\partial a_j}{\partial x_k}$, wo dx_k die k-Bestimmungszahl von $d\mathbf{x}$ ist. Ähnliche Bezeichnungen verwendet Hessenberg, 1917, 2, S. 209. Es ist zu beachten, daß $\frac{\partial a_j}{\partial x_k} \neq \frac{\partial a_k}{\partial x_j}$. — [2]) Vgl. z. B. Ricci-Levi Civita, 1901, 6, S. 148, Wright, 1908, 8, S. 68. Wenn $\mathbf{i}_j$ die kontravarianten Bestimmungszahlen i_j^σ hat und die kovarianten $i_{j\sigma}$, so ist:

$$a_{jk} a_l = \mathbf{i}_l \mathbf{i}_k \overset{2}{.} \nabla \mathbf{i}_j = i_l^\sigma i_k^\tau \nabla_\tau i_{j\sigma} .$$

Ricci schreibt für die Rotationskoeffizienten die Ausdrücke γ_{jlk}:

$$\gamma_{jlk} = i_l^\sigma i_k^\tau \nabla_\tau i_{j\sigma} = a_{jk} a_l .$$

— [3]) Ricci, 1895, 5, S. 301; Ricci-Levi Civita, 1901, 6, S. 154. — [4]) Vgl. Ricci, 1895, 5.

$\nabla \mathbf{i}_j$ ist daher symmetrisch in allen Indizes, welche $\neq j$ sind, weil $\nabla\nabla p$ nach (22) symmetrisch ist. Somit ist:

(112) $$\mathbf{i}_l \mathbf{i}_h \overset{2}{\cdot} \nabla \mathbf{i}_j = \mathbf{i}_h \mathbf{i}_l \overset{2}{\cdot} \nabla \mathbf{i}_j; \quad l, h = 1, 2, \ldots, j-1, j+1, \ldots, n.$$

oder:

(112 a) $$a_{jh}\, a_l = a_{jl}\, a_h$$ [1].

Aus § 7 (S. 55) folgt, daß die Bedingung (112) außer hinreichend auch notwendig ist. Beiläufig folgt aus (111):

(113) $$\nabla \frown \mathbf{i}_j = \nabla q \frown \nabla p = \frac{\nabla q}{q} \frown \mathbf{i}_j .$$

Hieraus wird ersichtlich, daß, *wenn* $\mathbf{i}_j$ V_{n-1}*-normal ist,* $\nabla \frown \mathbf{i}_j$ *immer ein einfacher Bivektor ist, dessen Ebene den Gradienten des* p*-Feldes und des* q*-Feldes enthält* [2].

Wenn eine der Kongruenzen $\mathbf{i}_j$ des Orthogonalnetzes aus geodätischen Linien besteht, oder, wie wir nach S. 51 kurz sagen, *geodätisch* ist, so ist:

(114) $$\mathbf{i}_j \overset{1}{\cdot} \nabla \mathbf{i}_j = 0,$$

oder:

(114 a) $$a_{jj}\, a_k = -\, a_{kj}\, a_j = 0; \qquad k = 1, 2, \ldots, n$$ [3].

$\nabla \mathbf{i}_j$ enthält daher keine Komponenten in $\mathbf{i}_j$; wir sagen, daß $\nabla \mathbf{i}_j$ *ganz in der* $R_{n-1} \perp \mathbf{i}_j$ *liegt.*

Ist die Kongruenz $\mathbf{i}_j$ geodätisch und V_{n-1}-normal, so ist $\nabla \mathbf{i}_j$ ein Tensor in der $R_{n-1} \perp \mathbf{i}_j$. Sind die n Kongruenzen des Orthogonalnetzes alle geodätisch und V_{n-1}-normal, so können die Urvariablen derart gewählt werden, daß die durch die Kongruenzen bestimmten V_{n-1} die Parameter-V_{n-1} dieser Urvariablen sind. Dann sind die $\mathbf{e}^{\lambda}$ gegenseitig senkrecht und haben dieselbe Richtung wie die $\mathbf{e}_\lambda$. Es gilt:

(115) $$g^{\lambda\mu} = g_{\lambda\mu} = 0, \qquad \lambda \neq \mu,$$

somit:

(116) $$a_{\lambda\nu}\, a_\mu = -\, a_\lambda\, a_{\mu\nu}; \quad \lambda, \mu, \nu = a_1, a_2, \ldots, a_n; \quad \lambda \neq \mu.$$

Werden die von einem bestimmten System von n V_{n-1} aus gemessenen Bogenlängen der Parameterlinien als die Urvariablen festgelegt, was nach dem Satz S. 52 immer möglich ist ohne Änderung der Parameter-V_{n-1}, also ohne daß (115) ungültig wird, so ist

(117) $$g^{\lambda\lambda} = g_{\lambda\lambda} = 1 \quad \text{(nicht summieren)}$$

---

[1] In Riccischer Schreibweise $\gamma_{jlh} = \gamma_{jhl}$, vgl. z. B. Ricci-Levi Civita, 1901, 6, S. 151. — [2] Für V_2 in R_3 rührt diese Bemerkung von Sommerfeld, 1899, 13, und Blaess, 1912, 2 her. — [3] In Riccischer Schreibweise $\gamma_{jkj} = -\gamma_{kjj} = 0$, vgl. z. B. Ricci-Levi Civita, 1901, 6, S. 154.

und die Fundamentaltensoren haben die Form:

(118) $$^{2}\mathbf{g}' = \mathbf{e}'_\lambda \mathbf{e}'_\lambda = \mathbf{e}_\lambda \mathbf{e}_\lambda = {}^{2}\mathbf{g}.$$

Es werden $\mathbf{e}'$, $\mathbf{e}$ und $\mathbf{i}$ identisch und das Linienelement bekommt die Form:

(119) $$ds^2 = dx^\lambda dx^\lambda,$$

in Worten:

Wenn eine V_n n zueinander senkrechte geodätische und V_{n-1}-normale Kongruenzen enthält, so ist sie euklidisch.

Wenn eine V_n ein System von n zueinander senkrechten V_{n-1} normalen Kongruenzen oder, was das gleiche ist, ein n-fach orthogonales System von V_{n-1} enthält, und diese V_{n-1} als Parameter-V_{n-1} der Urvariablen angenommen werden, so hat ds^2 die Gestalt:

$$ds^2 = \sum_\lambda H_\lambda dx^\lambda dx^\lambda.$$

Hierin sind die H_λ Funktionen der x^λ[1]).

9. Mehrfache Differentiation.

Sei ein Vektorfeld $\mathbf{w}$ Gradientfeld eines Skalarfeldes q:

(120) $$\mathbf{w} = \nabla q.$$

Der Affinor $\nabla \mathbf{w}$ ist nach (22) ein Tensor, und also:

(121) $$\nabla \frown \mathbf{w} = 0.$$

Es sei jetzt der Operator $\nabla\nabla$ auf ein Feld von kovarianten Vektoren $p\mathbf{v}$ angewandt. Dann gilt:

(122) $$\nabla\nabla p\mathbf{v} = (\nabla\nabla p)\mathbf{v} + (\nabla p)\nabla\mathbf{v} + (\nabla\mathbf{v}) \overset{1}{\cdot} \mathbf{a}(\nabla p)\mathbf{a} + p\nabla\nabla\mathbf{v}.$$

Sei allgemein $\circ\!-$ die Umkehrung der allgemeinen Multiplikation $\circ$:

(123) $$\mathbf{s} \circ\!- \mathbf{r} = \mathbf{r} \circ \mathbf{s} = \mathbf{r}\mathbf{s},$$

so ist

(124) $$(\nabla \circ\!- \nabla)p\mathbf{v} = (\nabla \circ\!- \nabla p)\mathbf{v} + (\nabla\mathbf{v}) \overset{1}{\cdot} \mathbf{a}(\nabla p)\mathbf{a} + (\nabla p)\nabla\mathbf{v} + p(\nabla \circ\!- \nabla)\mathbf{v},$$

oder bei Einführung des Zeichens

(125) $$_2\nabla = 2\nabla \frown \nabla = \nabla\nabla - \nabla \circ\!- \nabla$$

allgemein nach (22):

(126) $$_2\nabla p\mathbf{v} = p\, _2\nabla \mathbf{v}.$$

Wenden wir diese Formel auf die Gleichung Abschn. I (86) an, so ergibt sich:

(127) $$_2\nabla \mathbf{v} = \{_2\nabla (\mathbf{v} \overset{1}{\cdot} \mathbf{a}')\}\mathbf{a} = (_2\nabla \mathbf{a})\mathbf{a}' \overset{1}{\cdot} \mathbf{v}.$$

---

[1]) Näheres über Kongruenzen in V_n findet man außer in den zitierten Arbeiten etwa in Fibbi, 1895, 3 (S_3); Levi Civita, 1899, 15 (R_3); Cattaneo, 1902, 3 (R_3); Dell' Acqua, 1900, 1 (V_3), 1901, 1 (V_3), 1903, 10. Vgl. Abschn. IV, § 10.

Wir setzen nun:

$$(128)\qquad \boxed{\overset{4}{\mathbf{K}}{}^{\cdots\,\prime} = 2\{(\nabla \frown \nabla)\mathbf{a}\}\mathbf{a}'},$$

in Koordinaten:

$$(128\text{a})\qquad K_{\varkappa\lambda\mu}^{\cdot\cdot\cdot\,\nu} = 2\{\nabla_{[\varkappa}\nabla_{\lambda]}a_\mu\}a^\nu,$$

somit:

$$(129)\qquad {}_2\nabla\mathbf{v} = \overset{4}{\mathbf{K}}{}^{\cdots\,\prime} \overset{1}{\cdot}\, \mathbf{v},$$

in Koordinaten:

$$(129\text{a})\qquad 2\nabla_{[\varkappa}\nabla_{\lambda]}v_\mu = K_{\varkappa\lambda\mu}^{\cdot\cdot\cdot\,\nu}v_\nu.$$

In gleicher Weise ergibt sich:

$$(130)\qquad {}_2\nabla\mathbf{v}' = \overset{4}{\mathbf{K}}{}^{\cdots\,\prime\,\cdot} \overset{1}{\cdot}\, \mathbf{v}',$$

in Koordinaten:

$$(130\text{a})\qquad 2\nabla_{[\varkappa}\nabla_{\lambda]}v^\mu = K_{\varkappa\lambda\cdot\nu}^{\cdot\cdot\mu}v^\nu.$$

wenn:

$$(131)\qquad \boxed{\overset{4}{\mathbf{K}}{}^{\cdots\,\prime\,\cdot} = 2\{(\nabla \frown \nabla)\mathbf{a}'\}\mathbf{a}},$$

in Koordinaten:

$$(131\text{a})\qquad K_{\varkappa\lambda\cdot\nu}^{\cdot\cdot\mu} = 2\{\nabla_{[\varkappa}\nabla_{\lambda]}a^\mu\}a_\nu.$$

Da nach § 3 C $(\nabla \frown \nabla)\mathbf{a}\,\mathbf{a}' = 0$, ist $\overset{4}{\mathbf{K}}{}^{\cdots\,\prime\,\cdot}$ das Negative eines Isomers von $\overset{4}{\mathbf{K}}{}^{\cdots\,\prime}$.

Der Differentialoperatorkern ${}_2\nabla = 2(\nabla \frown \nabla)$ verhält sich bei Anwendung auf allgemeine Produkte wie der Kern ∇, z. B.:

$$(132)\qquad \left\{\begin{aligned} {}_2\nabla\,\mathbf{v}_1\mathbf{v}_2'\mathbf{v}_3 &= ({}_2\nabla\,\mathbf{v}_1)\mathbf{v}_2'\mathbf{v}_3 + ({}_2\nabla\,\mathbf{v}_2')\overset{1}{\cdot}\,\mathbf{a}\,\mathbf{v}_1\,\mathbf{a}'\mathbf{v}_3 + ({}_2\nabla\,\mathbf{v}_3)\overset{1}{\cdot}\,\mathbf{a}'\mathbf{v}_1\mathbf{v}_2'\mathbf{a} \\ &= \overset{4}{\mathbf{K}}{}^{\cdots\,\prime}\overset{2}{\vdots}\,\mathbf{v}_1\mathbf{a}'\mathbf{a}\,\mathbf{v}_2'\mathbf{v}_3 + \overset{4}{\mathbf{K}}{}^{\cdots\,\prime\,\cdot}\overset{2}{\vdots}\,\mathbf{v}_2'\mathbf{a}\,\mathbf{v}_1\mathbf{a}'\mathbf{v}_3 \\ &\qquad + \overset{4}{\mathbf{K}}{}^{\cdots\,\prime}\overset{2}{\vdots}\,\mathbf{v}_3\mathbf{a}'\mathbf{v}_1\mathbf{v}_2'\mathbf{a}. \\ {}_2\nabla\,\mathbf{v}_1\mathbf{v}_2\ldots\mathbf{v}_p &= \overset{4}{\mathbf{K}}{}^{\cdots\,\prime}\overset{2}{\vdots}\sum_i \mathbf{v}_i\mathbf{a}'\mathbf{v}_1\mathbf{v}_2\ldots\mathbf{v}_{i-1}\mathbf{a}\,\mathbf{v}_{i+1}\ldots\mathbf{v}_p,\ ^{1)} \end{aligned}\right.$$

Da

$$(133)\qquad \left\{\begin{aligned} \nabla\mathbf{a} &= \{\nabla(\mathbf{a}\overset{1}{\cdot}\mathbf{b}')\}\mathbf{b}, \\ (\nabla \frown \nabla)\mathbf{a} &= \{\nabla(\mathbf{b}\overset{1}{\cdot}\mathbf{c}')\} \frown \{\nabla(\mathbf{a}\overset{1}{\cdot}\mathbf{b}')\}\mathbf{c}, \end{aligned}\right.$$

so ist:

$$(134)\qquad \overset{4}{\mathbf{K}}{}^{\cdots\,\prime} = 2\{\nabla(\mathbf{b}\overset{1}{\cdot}\mathbf{c}')\} \frown \{\nabla(\mathbf{a}\overset{1}{\cdot}\mathbf{b}')\}\mathbf{c}\,\mathbf{a}'.$$

---

1) Diese Analogie mit der Anwendung von ∇ besteht bei einem Differentialoperatorkern höherer Ordnung im allgemeinen nicht.

In gleicher Weise findet man:

$$(135)\qquad \overset{4}{\mathbf{K}}^{\cdot\cdot\cdot\cdot} = 2\{\nabla(\mathbf{b}\,!\,\mathbf{c}')\}\frown\{\nabla(\mathbf{a}\,!\,\mathbf{b}')\}\,\mathbf{c}'\mathbf{a}$$
$$= -\,2\{\nabla(\mathbf{b}\,!\,\mathbf{c}')\}\frown\{\nabla(\mathbf{a}\,!\,\mathbf{b}')\}\,\mathbf{a}'\mathbf{c}.$$

Auch Vergleichung von (134) und (135) lehrt, daß $\overset{4}{\mathbf{K}}^{\cdot\cdot\cdot\cdot}$ das Negative eines Isomers von $\overset{4}{\mathbf{K}}^{\cdot\cdot\cdot\cdot}$ ist.

Fällt der Unterschied zwischen kontra- und kogredient fort, so wird:

$$(136)\qquad \overset{4}{\mathbf{K}} = ({}_2\nabla\mathbf{a})\mathbf{a} = 2\{\nabla(\mathbf{b}\,.\,\mathbf{c})\}\frown\{\nabla(\mathbf{a}\,.\,\mathbf{b})\}\,\mathbf{c}\mathbf{a}.$$

Weil **a** und **c** gleichberechtigt sind, ist auch

$$(137)\qquad \overset{4}{\mathbf{K}} = -\,2\{\nabla(\mathbf{b}\,.\,\mathbf{c})\}\frown\{\nabla(\mathbf{a}\,.\,\mathbf{b})\}\,\mathbf{a}\mathbf{c}$$

und somit:

$$(138)\qquad \boxed{\overset{4}{\mathbf{K}} = 2\{\nabla(\mathbf{b}\,.\,\mathbf{c})\}\frown\{\nabla(\mathbf{a}\,.\,\mathbf{b})\}(\mathbf{c}\frown\mathbf{a}).}$$

$\overset{4}{\mathbf{K}}$ ist somit in seinen zwei ersten und in seinen zwei letzten idealen Faktoren alternierend. Ist somit $\overset{4}{\mathbf{K}}$ als ideales Produkt geschrieben:

$$(139)\qquad \overset{4}{\mathbf{K}} = \mathbf{K}_1\mathbf{K}_2\mathbf{K}_3\mathbf{K}_4,$$

so ist:

$$(140)\quad \text{(1. Identität)}\quad \boxed{\mathbf{K}_1\mathbf{K}_2\mathbf{K}_3\mathbf{K}_4 = -\,\mathbf{K}_2\mathbf{K}_1\mathbf{K}_3\mathbf{K}_4 = (\mathbf{K}_1\frown\mathbf{K}_2)\mathbf{K}_3\mathbf{K}_4}$$

$$(141)\quad \text{(3. Identität)}\quad \boxed{\mathbf{K}_1\mathbf{K}_2\mathbf{K}_3\mathbf{K}_4 = -\,\mathbf{K}_1\mathbf{K}_2\mathbf{K}_4\mathbf{K}_3 = \mathbf{K}_1\mathbf{K}_2(\mathbf{K}_3\frown\mathbf{K}_4)}$$

und demzufolge:

$$(142)\qquad \overset{4}{\mathbf{K}} = (\mathbf{K}_1\frown\mathbf{K}_2)(\mathbf{K}_3\frown\mathbf{K}_4).$$

Eine andere Identität folgt aus der aus (64) folgenden Gleichung:

$$(143)\qquad \nabla\widehat{\nabla}\mathbf{a} = 0,$$

oder:

$$(144)\qquad \{\nabla(\mathbf{a}\,.\,\mathbf{b})\}\frown\{\nabla(\mathbf{b}\,.\,\mathbf{c})\}\frown\mathbf{c} = 0.$$

Also nach (136):

$$(145)\qquad \text{(2. Identität)}\quad \boxed{(\mathbf{K}_1\widehat{\mathbf{K}}_2\mathbf{K}_3)\mathbf{K}_4 = 0}.$$

Aus diesen drei Identitäten folgt eine vierte Identität[1]):

$$(146)\quad \overset{4}{\mathbf{K}} = (\mathbf{K}_1 \frown \mathbf{K}_2)(\mathbf{K}_3 \frown \mathbf{K}_4)$$
$$= -\tfrac{1}{2}(\mathbf{K}_2 \frown \mathbf{K}_3)(\mathbf{K}_1 \frown \mathbf{K}_4) - \tfrac{1}{2}(\mathbf{K}_3 \frown \mathbf{K}_1)(\mathbf{K}_2 \frown \mathbf{K}_4)$$
$$+ \tfrac{1}{2}(\mathbf{K}_2 \frown \mathbf{K}_4)(\mathbf{K}_1 \frown \mathbf{K}_3) + \tfrac{1}{2}(\mathbf{K}_1 \frown \mathbf{K}_4)(\mathbf{K}_2 \frown \mathbf{K}_3),$$

woraus hervorgeht:

$$(147)\quad (4.\ \text{Identität})\quad \boxed{\mathbf{K}_1\,\mathbf{K}_2\,\mathbf{K}_3\,\mathbf{K}_4 = \mathbf{K}_3\,\mathbf{K}_4\,\mathbf{K}_1\,\mathbf{K}_2},$$

in Koordinaten lauten die Identitäten:

$$(140\text{a})\quad 1.\ K_{\varkappa\lambda\mu\nu} = -K_{\lambda\varkappa\mu\nu} = K_{[\varkappa\lambda]\mu\nu}$$

$$(145\text{a})\quad 2.\ K_{[\varkappa\lambda\mu]\nu} = 0$$

$$(141\text{a})\quad 3.\ K_{\varkappa\lambda\mu\nu} = -K_{\varkappa\lambda\nu\mu} = K_{\varkappa\lambda[\mu\nu]}$$

$$(147\text{a})\quad 4.\ K_{\varkappa\lambda\mu\nu} = K_{\mu\nu\varkappa\lambda}.$$

Aus den vier Identitäten folgt, daß $\overset{4}{\mathbf{K}}$ geschrieben werden kann:

$$(148)\quad \boxed{\overset{4}{\mathbf{K}} = (\mathbf{K}_1 \frown \mathbf{K}_2)(\mathbf{K}_1 \frown \mathbf{K}_2)},$$

wo $\mathbf{K}_1$ und $\mathbf{K}_2$ zweifaltige ideale Vektoren sind (S. 18).

$\overset{4}{\mathbf{K}}$ heißt der *Riemann-Christoffelsche Affinor*. Schreibt man die Bestimmungszahlen ausführlich, so zeigt sich, daß die Christoffelschen *Vierindizessymbole der ersten Art* $(\varkappa\lambda, \mu\nu)$, bzw. *der zweiten Art* $\{\varkappa\lambda, \mu\nu\}$ die Bestimmungszahlen $K_{\varkappa\lambda\mu\nu}$ und $K_{\varkappa\cdot\mu\nu}^{\cdot\lambda}$ von $\overset{4}{\mathbf{K}}$ sind. Die vier Identitäten ergeben also, wenn wir, wie oben, zu den Bestimmungszahlen übergehen, die vier Identitäten, welche beim Christoffelschen Vierindizessymbol der ersten Art auftreten[2]).

In folgender Weise kann man die geometrische Bedeutung der vier Identitäten näher erläutern. Die erste und dritte Identität zusammen besagen, daß $\overset{4}{\mathbf{K}}$ ein *Biviektoraffinor* zweiten Grades ist, d. h. ein Affinor, welcher bei zweimaliger Überschiebung auf die Bivektoren in einem Punkt eine lineare Transformation ausübt. Die vierte Identität besagt dann, daß $\overset{4}{\mathbf{K}}$ ein *Bivektortensor* zweiten Grades (S. 33) ist.

---

[1]) Ricci, 1910, 10, S. 86 hat zuerst diese Abhängigkeit der vier für $\overset{4}{\mathbf{K}}$ gültigen Identitäten gezeigt. Es ist wichtig zu bemerken, daß das Bestehen der zweiten Identität für das Bestehen der vierten notwendig ist. Vgl. auch Hessenberg, 1917, 2, S. 190. — [2]) Christoffel, 1869, 2, S. 54—55. Vgl. z. B. auch Bianchi, 1899, 2, S. 49. Das von König, 1919, 12, S. 227, angegebene neue Vierindizessymbol hat dieselbe Bedeutung wie $K^{\varkappa\lambda}_{\cdot\cdot\mu\nu}$.

Infolge der drei anderen Identitäten läßt sich die zweite Identität nun auch schreiben:

(149) $$\mathbf{K}_1 \overset{\frown}{\mathbf{K}_2 \mathbf{K}_3} \mathbf{K}_4 = 0\,,$$

in Koordinaten:

(149a) $$K_{[\varkappa\lambda\mu\nu]} = 0.$$

In dieser Form besagt sie, daß der alternierende Teil von $\overset{4}{\mathbf{K}}$ verschwindet. Daraus geht hervor, daß infolge der zweiten Identität $\binom{n}{4}$ Gleichungen zwischen den Bestimmungszahlen von $\overset{4}{\mathbf{K}}$ bestehen. Da ein Bivektortensor $\frac{1}{2}\frac{n(n-1)}{2}\left(\frac{n(n-1)}{2}+1\right) = \frac{1}{8} n(n-1)(n^2-n+2)$ unabhängige Bestimmungszahlen hat, besitzt $\overset{4}{\mathbf{K}}$ demnach eine um $\binom{n}{4}$ geringere Anzahl, d. h.[1])

$$\frac{1}{8} n(n-1)(n^2-n+2) - \frac{1}{24} n(n-1)(n-2)(n-3) = \frac{1}{12} n^2(n^2-1).$$

10. Die geometrische Bedeutung von $\overset{4}{\mathbf{K}}$.

Sind A und B zwei Punkte einer Kurve s, und ist in der V_n ein Vektorfeld $\mathbf{v}$ gegeben, so stellt das längs s genommene Integral des Vektorfeldes:

$$\int_A^B d\mathbf{v}$$

die Zunahme des Vektors $\mathbf{v}$ von A nach B in bezug auf ein geodätisch mitbewegtes Koordinatensystem dar, d. h. die *geodätische Zunahme* des Vektors $\mathbf{v}$. Ist s geschlossen, so kann man auf zwei verschiedene Arten von A nach B gehen. Im allgemeinen ist die zum einen und zum anderen Weg gehörige geodätische Zunahme des Vektors $\mathbf{v}$ nicht dieselbe:

$$\underset{\circlearrowleft}{\int_A^B} d\mathbf{v} \neq \underset{\circlearrowright}{\int_A^B} d\mathbf{v}.$$

Sind sie für irgendeine Wahl der Punkte A und B auf der Kurve s gleich, so sind sie es für jede Wahl, und das Integral von $\mathbf{v}$ über die geschlossene Kurve verschwindet. Wenn dieses Integral für jedes Vektorfeld verschwindet, heißt die Kurve *eindeutig orientiert*. Betrachten wir solche Gebiete einer V_2, wo zwischen zwei Punkten nicht mehr als eine geodätische Linie möglich ist, so ist jede geschlossene geodätische Linie der V_2 eindeutig orientiert. Für $V_n, n > 2$, gilt dies nicht.

Eine geschlossene Kurve ist offenbar eindeutig orientiert, wenn das Integral der geodätischen Zunahme eines jeden Vektorfeldes für die Begrenzung jedes Flächenelementes eines durch die Kurve begrenzten Flächen-

[1]) Christoffel, 1869, 2, S. 55.

teiles verschwindet. Sei daher ein Flächenelement gegeben mit den Eckpunkten:

$$x^\lambda, \qquad x^\lambda + d_1 x^\lambda, \qquad x^\lambda + d_1 x^\lambda + d_2 x^\lambda, \qquad x^\lambda + d_2 x^\lambda,$$

dann ist die geodätische Änderung von $\mathbf{v}$ vom ersten bis zum zweiten Punkt bis auf Größen höherer als zweiter Ordnung:

$$\mathbf{v} + d_1 \mathbf{v} + \frac{1}{2} d_1^2 \mathbf{v},$$

vom ersten bis zum dritten Punkt:

$$\mathbf{v} + d_1 \mathbf{v} + \frac{1}{2} d_1^2 \mathbf{v} + d_2 \mathbf{v} + \frac{1}{2} d_2^2 \mathbf{v} + d_1 d_2 \mathbf{v},$$

vom dritten bis zum vierten Punkt:

$$\begin{aligned} \mathbf{v} + d_1 \mathbf{v} + \frac{1}{2} d_1^2 \mathbf{v} + d_2 \mathbf{v} + \frac{1}{2} d_2^2 \mathbf{v} + d_1 d_2 \mathbf{v} - d_1 \mathbf{v} - \frac{1}{2} d_1^2 \mathbf{v} - d_2 d_1 \mathbf{v} \\ = \mathbf{v} + d_2 \mathbf{v} + \frac{1}{2} d_2^2 \mathbf{v} + d_1 d_2 \mathbf{v} - d_2 d_1 \mathbf{v}, \end{aligned}$$

und vom vierten Punkt zurück bis zum ersten Punkt:

$$\begin{aligned} \mathbf{v} + d_2 \mathbf{v} + \frac{1}{2} d_2^2 \mathbf{v} + d_1 d_2 \mathbf{v} - d_2 d_1 \mathbf{v} - d_2 \mathbf{v} - \frac{1}{2} d_2^2 \mathbf{v} \\ = \mathbf{v} - d_2 d_1 \mathbf{v} + d_1 d_2 \mathbf{v}. \end{aligned}$$

Die Differenz ist mithin

$$\Delta \mathbf{v} = - d_2 d_1 \mathbf{v} + d_1 d_2 \mathbf{v}. \tag{150}$$

Die Formel (150) kann mit Rücksicht auf § 3 Formel B S. 40 und (129) in folgender Weise umgestaltet werden:

$$\begin{aligned} -\Delta \mathbf{v} &= (d_2 d_1 - d_1 d_2)\mathbf{v} = \{(d_2 \mathbf{x}' \overset{1}{\cdot} \nabla)(d_1 \mathbf{x}' \overset{1}{\cdot} \nabla) - (d_1 \mathbf{x}' \overset{1}{\cdot} \nabla)(d_2 \mathbf{x}' \overset{1}{\cdot} \nabla)\}\mathbf{v} \\ &= (d_2 d_1 \mathbf{x}' - d_1 d_2 \mathbf{x}') \overset{1}{\cdot} \nabla \mathbf{v} + (d_1 \mathbf{x}' d_2 \mathbf{x}' - d_2 \mathbf{x}' d_1 \mathbf{x}') \overset{2}{\cdot} \nabla \nabla \mathbf{v} \\ &= (d_1 \mathbf{x}' \frown d_2 \mathbf{x}') \overset{2}{\cdot} {}_2\nabla \mathbf{v} = (d_1 \mathbf{x}' \frown d_2 \mathbf{x}') \overset{2}{\cdot} \overset{4}{\mathbf{K}}{}^{\cdot\cdot\cdot'} \overset{1}{\cdot} \mathbf{v}^{1)}. \end{aligned} \tag{151}$$

Schreibt man ${}_2\mathbf{f}' d\sigma$ für den umkreisten Bivektor, wo ${}_2\mathbf{f}'$ ein einfacher Einheitsbivektor ist, und $d\sigma$ der Flächeninhalt, so ist die Differenz $\Delta\,\mathbf{v}$ der Werte von $\mathbf{v}$ vor und nach der Umkreisung:

$$\Delta \mathbf{v} = - {}_2\mathbf{f}' d\sigma \overset{2}{\cdot} \overset{4}{\mathbf{K}}{}^{\cdot\cdot\cdot'} \overset{1}{\cdot} \mathbf{v}, \tag{152}$$

---

[1]) Einen strengen Beweis für diese Formel, wobei das Integral $\int d\mathbf{v}$ längs einer beliebigen infinitesimalen geschlossenen Kurve betrachtet wird, gibt Pérès 1919, 9. Pérès weist auch hin auf die Beziehungen zur Theorie der Linienfunktionen. Vgl. auch Levi-Civita, 1917, 6, S. 200.

in Koordinaten:

(152a) $$\varDelta v_\mu = - f^{\lambda\varkappa} K_{\varkappa\lambda\mu}^{\cdot\cdot\cdot\nu} v_\nu \, d\sigma .$$

In gleicher Weise gilt für ein Vektorfeld $\mathbf{v}'$:

(153) $$\varDelta \mathbf{v}' = - {}_2\mathbf{f}' d\sigma \,\overset{2}{\cdot}\, \overset{4}{\mathbf{K}}{}^{\cdot\cdot\cdot\prime} \,\overset{1}{\cdot}\, \mathbf{v}' .$$

in Koordinaten:

(153a) $$\varDelta v^\mu = - f^{\lambda\varkappa} K_{\varkappa\lambda\cdot\nu}^{\cdot\cdot\mu} v^\nu \, d\sigma .$$

Die Größen $\varDelta\mathbf{v}$ und $\varDelta\mathbf{v}'$ sind dann und nur dann unabhängig von $\mathbf{v}$ und ${}_2\mathbf{f}'$ Null, wenn:

(154) $$\overset{4}{\mathbf{K}}{}^{\cdot\cdot\cdot\prime} = 0 .$$

In einer Mannigfaltigkeit mit verschwindendem $\overset{4}{\mathbf{K}}{}^{\cdot\cdot\cdot\prime}$ ist demnach jede infinitesimale und infolgedessen auch jede endliche geschlossene Kurve eindeutig orientiert. Das geodätisch mitbewegte Koordinatensystem hat dann bei Rückkehr im Anfangspunkt A stets wieder dieselbe Anfangslage, wie man es auch längs einer geschlossenen Kurve herumführen mag, und es gibt zu jedem Koordinatensystem in A in jedem Punkte der V_n ein einziges korrespondierendes Koordinatensystem. Für das durch dieses Koordinatensystem gebildete Orthogonalnetz gilt:

(155) $$\nabla \mathbf{i}_j = 0 .$$

Jede Kongruenz des Netzes ist daher geodätisch und V_{n-1}-normal, und die V_n enthält n zueinander senkrechte, geodätische und V_{n-1}-normale Kongruenzen. Nach dem S. 58 ausgesprochenen Satze ist die V_n also euklidisch. Umgekehrt ist bei einer euklidischen Maßbestimmung immer $\overset{4}{\mathbf{K}}{}^{\cdot\cdot\cdot\prime} = 0$.

Die notwendige und hinreichende Bedingung dafür, daß eine Mannigfaltigkeit euklidisch ist, ist das identische Verschwinden des Riemann-Christoffelschen Affinors in allen Punkten[1]).

11. Die Riemannsche Krümmung[2]).

In den ∞^1 Richtungen eines Flächenelements ${}_2\mathbf{f}\,d\sigma$ in einem Punkt P der V_n werden geodätische Linien gezogen. Wir sagen dann, daß das Flächenelement *geodätisch verlängert* ist zu einer V_2.

---

[1]) Riemann, 1861, 1, S. 402. Vgl. auch Lipschitz, 1869, 5, S. 94, 1874, 6, S. 109; Lévy, 1878, 3; De Tannenberg, 1894, 14; 1894, 15. Bianchi, 1899, 2, S. 577. — [2]) In den folgenden Paragraphen dieses Abschnittes sind kontra- und kovariante Größen identifiziert.

Der Skalar

$$\overset{4}{\mathbf{K}} \overset{4}{\cdot} {}_2\mathbf{f}\, {}_2\mathbf{f}$$

heißt die *Riemannsche Krümmung*[1]) der V_2 in P, oder das *Krümmungsmaß* der V_n in P bezüglich der durch ${}_2\mathbf{f}$ bestimmten 2-Richtung[2]). Wenn in die V_n ein Orthogonalnetz $\mathbf{i}_j$ gelegt wird und

$$(156)\qquad {}_2\mathbf{f} = \mathbf{i}_1 \frown \mathbf{i}_2,$$

so folgt nach der ersten und dritten Identität für $\overset{4}{\mathbf{K}}$:

$$(157)\qquad \overset{4}{\mathbf{K}} \overset{4}{\cdot} {}_2\mathbf{f}\,{}_2\mathbf{f} = \frac{1}{4}\overset{4}{\mathbf{K}} \overset{4}{\cdot} (\mathbf{i}_1\mathbf{i}_2\mathbf{i}_1\mathbf{i}_2 - \mathbf{i}_1\mathbf{i}_2\mathbf{i}_2\mathbf{i}_1 - \mathbf{i}_2\mathbf{i}_1\mathbf{i}_1\mathbf{i}_2 + \mathbf{i}_2\mathbf{i}_1\mathbf{i}_2\mathbf{i}_1)$$
$$= \overset{4}{\mathbf{K}} \overset{4}{\cdot} \mathbf{i}_1\mathbf{i}_2\mathbf{i}_1\mathbf{i}_2 = K_{1212}.$$

Wenn man schreibt:

$$(158)\qquad K = \mathbf{a}\,\mathbf{b}\,\mathbf{b}\,\mathbf{a} \overset{4}{\cdot} \overset{4}{\mathbf{K}} = \mathbf{K}_1\mathbf{K}_2 \overset{2}{\cdot} \mathbf{K}_3\mathbf{K}_4,$$

in Koordinaten:

$$(158\text{a})\qquad K = g^{\lambda\mu} g^{\varkappa\nu} K_{\varkappa\lambda\mu\nu} = K_{\varkappa\cdot\lambda}^{\cdot\lambda\cdot\varkappa},$$

so ist

$$(159)\qquad K = (\mathbf{a} \frown \mathbf{b})(\mathbf{b} \frown \mathbf{a}) \overset{4}{\cdot} \overset{4}{\mathbf{K}}$$
$$= \sum_{jklm} (a_j b_k - a_k b_j)(b_l a_m - b_m a_l)(\mathbf{i}_j \frown \mathbf{i}_k)(\mathbf{i}_l \frown \mathbf{i}_m) \overset{4}{\cdot} \overset{4}{\mathbf{K}}$$
$$= -2\sum_{jk} (\mathbf{i}_j \frown \mathbf{i}_k)(\mathbf{i}_j \frown \mathbf{i}_k) \overset{4}{\cdot} \overset{4}{\mathbf{K}} = -2\sum_{jk} \mathbf{K}_{kjkj};$$
$$j, k, l, m = 1, 2, \ldots, n;$$

K ist also die negative doppelte Summe der Riemannschen Krümmungen für $\frac{1}{2}n(n-1)$ beliebige zueinander senkrechte Orientierungen von ${}_2\mathbf{f}$, *welche mithin von der besonderen Wahl dieser Orientierungen unabhängig ist*[3]). Die Größe

$$(160)\qquad K_0 = -\frac{1}{n(n-1)} K$$

heißt das *mittlere Riemannsche Krümmungsmaß der* V_n in P[4]).

Ist $n = 2$, so legen wir durch P die Parameterlinien der Urvariablen x^a und x^b, wo wir a bzw. b statt a_1 bzw. a_2 setzen. Es ist dann:

$$(161)\qquad {}_2\mathbf{f} = p(\mathbf{e}'_a \frown \mathbf{e}'_b),$$

wo p nach Abschn. II (80) bestimmt ist durch die Gleichung:

$$(162)\qquad -\frac{1}{2} = p^2(\mathbf{e}'_a \frown \mathbf{e}'_b) \overset{2}{\cdot} (\mathbf{e}'_a \frown \mathbf{e}'_b).$$

---

[1]) Riemann, 1854, 1, S. 279; 1861, 1, S. 403. — [2]) Bianchi, 1899, 2, S. 572. — [3]) Wegen einer zweiten geometrischen Deutung von K siehe Schouten, 1918, 10, S. 69. — [4]) Vermeil, 1917, 9, S. 338, nennt, nach einem Vorschlag Kleins, die Größe $-\frac{1}{2}K$ das mittlere Krümmungsmaß.

Nun ist:

(163) $$(\mathbf{e}_a' \frown \mathbf{e}_b')^2 \cdot (\mathbf{e}_a' \frown \mathbf{e}_b') = \frac{1}{2}(g_{ab}g_{ab} - g_{aa}g_{bb})$$

und somit gilt für die Größe K_0 der V_2:

(164) $$K_0 = -\frac{1}{2}K = {}_2\mathbf{f}\,{}_2\mathbf{f} \overset{4}{\cdot} \overset{4}{\mathbf{K}} = -\frac{\overset{4}{\mathbf{K}} \overset{4}{\cdot} (\mathbf{e}_a' \frown \mathbf{e}_b')(\mathbf{e}_a' \frown \mathbf{e}_b')}{2(\mathbf{e}_a' \frown \mathbf{e}_b')^2 \cdot (\mathbf{e}_a' \frown \mathbf{e}_b')} = \frac{K_{abab}}{g_{aa}g_{bb} - g_{ab}g_{ab}}.$$

Daher ist K_0 für V_2 die aus der Differentialgeometrie der V_2 in R_3 bekannte Biegungsinvariante der Differentialform $g_{\mu\nu}\,dx^\mu\,dx^\nu$[1]).

Damit das Krümmungsmaß einer V_2 in V_n unabhängig ist von der Orientierung von ${}_2\mathbf{f}$ in P, ist nach (159) und

(165) $$(\mathbf{a} \frown \mathbf{b})^2 \cdot (\mathbf{a} \frown \mathbf{b}) = -\frac{n(n-1)}{2}$$

notwendig und hinreichend, daß:

(166) $$\overset{4}{\mathbf{K}} = -\frac{2}{n(n-1)}K(\mathbf{a} \frown \mathbf{b})(\mathbf{a} \frown \mathbf{b}) = 2K_0\,{}^2\mathbf{g} \frown {}^2\mathbf{g}$$

ist. $\overset{4}{\mathbf{K}}$ ist also ein Skalar. In diesem Falle heißt K_0 *das Riemannsche Krümmungsmaß* der V_n. Hat $\overset{4}{\mathbf{K}}$ in allen Punkten der V_n die Form (166), so ist nach Schur[2]), wenn $n > 2$, K_0 eine Konstante und die V_n ist also eine Mannigfaltigkeit *konstanter Riemannscher Krümmung*. Wir werden diese V_n im folgenden mit S_n bezeichnen. Eine R_n ist offenbar eine S_n mit $K_0 = 0$. Für $n = 2$ hat $\overset{4}{\mathbf{K}}$ immer die Gestalt (166).

12. Die Tensoren ${}^2\mathrm{K}$ und ${}^2\mathrm{G}$.

Überschiebt man $\overset{4}{\mathbf{K}}$ in der Mitte mit ${}^2\mathbf{g}$, so entsteht ein Tensor:

(167) $${}^2\mathbf{K} = \mathbf{abba} \overset{3}{\cdot} \overset{4}{\mathbf{K}} = \mathbf{K}_1\mathbf{K}_2 \overset{1}{\cdot} \mathbf{K}_3\mathbf{K}_4,$$

in Koordinaten:

$$K_{\varkappa\mu} = g^{\lambda\nu}K_{\varkappa\lambda\nu\mu} = K_{\varkappa\lambda\cdot\mu}^{\cdot\cdot\lambda}.$$

Der Skalarteil von ${}^2\mathbf{K}$ ist nach (158) und Abschn. I (108):

(168) $$\frac{1}{n}({}^2\mathbf{g} \overset{2}{\cdot} {}^2\mathbf{K})\,{}^2\mathbf{g} = \frac{1}{n}(\mathbf{abba} \overset{4}{\cdot} \overset{4}{\mathbf{K}})\,{}^2\mathbf{g} = \frac{1}{n}K\,{}^2\mathbf{g}.$$

Wählt man in P eine beliebige Richtung $\mathbf{i}_1$, und betrachtet man die $n-1$ zueinander halbsenkrechten Bivektoren

(169) $${}_2\mathbf{f}_u = \mathbf{i}_1 \frown \mathbf{i}_u, \qquad u = 2, 3, \ldots, n$$

welche alle $\mathbf{i}_1$ enthalten, so ist die Summe der Krümmungsmaße der V_n

[1]) Bianchi, 1899, 2, S. 52. — [2]) Schur, 1886, 7, S. 563. Siehe S. 150.

in P bezüglich der Orientierung der ${}^2\mathbf{f}_u$ nach (167):

$$(170)\quad \sum_u \overset{4}{\mathbf{K}} \overset{4}{\cdot} (\mathbf{i}_1 \frown \mathbf{i}_u)(\mathbf{i}_1 \frown \mathbf{i}_u) = \overset{4}{\mathbf{K}} \overset{4}{\cdot} \sum_k \mathbf{i}_1 \mathbf{i}_k \mathbf{i}_k \mathbf{i}_1 = - \overset{4}{\mathbf{K}} \overset{4}{\cdot} \mathbf{i}_1 {}^2\mathbf{g}\, \mathbf{i}_1$$
$$= - {}^2\mathbf{K} \overset{2}{\cdot} \mathbf{i}_1 \mathbf{i}_1; \quad u = 2, 3, \ldots, n; \quad k = 1, 2, \ldots, n.$$

Diese Summe ist also unabhängig von der besonderen Wahl der $n-1$ *Richtungen* $\mathbf{i}_u$ *durch* P und wir können $-\frac{1}{n-1}\,{}^2\mathbf{K} \overset{2}{\cdot} \mathbf{i}_1 \mathbf{i}_1$ *das mittlere Riemannsche Krümmungsmaß der* V_n in der Richtung $\mathbf{i}_1$ nennen[1]). Dann besagt (170):

Das mittlere Riemannsche Krümmungsmaß der V_n *in den Hauptrichtungen des Tensors* ${}^2\mathbf{K}$ *hat einen extremen Wert und ist gleich der korrespondierenden orthogonalen Bestimmungszahl von* $-\frac{1}{n-1}\,{}^2\mathbf{K}$.

Diese Hauptrichtungen bilden die n *Hauptkongruenzen* der V_n[2]). Es gibt $\frac{n(n-1)}{2} - (n-1) = \frac{(n-1)(n-2)}{2}$ gegenseitig und zu $\mathbf{i}_1$ senkrechte 2-Richtungen in P. Da nach (159) und (170):

$$(171)\quad \sum_{u,v} \overset{4}{\mathbf{K}} \overset{4}{\cdot} (\mathbf{i}_u \frown \mathbf{i}_v)(\mathbf{i}_u \frown \mathbf{i}_v) = \sum_{jk} \overset{4}{\mathbf{K}} \overset{4}{\cdot} (\mathbf{i}_j \frown \mathbf{i}_k)(\mathbf{i}_j \frown \mathbf{i}_k)$$
$$- \sum_u \overset{4}{\mathbf{K}} \overset{4}{\cdot} (\mathbf{i}_1 \frown \mathbf{i}_u)(\mathbf{i}_1 \frown \mathbf{i}_u) = -\frac{1}{2} K + {}^2\mathbf{K} \overset{2}{\cdot} \mathbf{i}_1 \mathbf{i}_1 = ({}^2\mathbf{K} - \frac{1}{2} K\, {}^2\mathbf{g}) \overset{2}{\cdot} \mathbf{i}_1 \mathbf{i}_1;$$
$$u, v = 2, 3 \ldots, n; \quad j, k = 1, 2, \ldots, n,$$

so folgt, daß auch *die Summe der Riemannschen Krümmungen in bezug auf die* $\frac{n-1}{2}$ *gegenseitig und zu einer bestimmten Richtung senkrechten 2-Richtungen von der näheren Wahl dieser Richtungen unabhängig ist.*

Setzt man also:

$$(172)\quad {}^2\mathbf{G} = {}^2\mathbf{K} - \frac{1}{2} K\, {}^2\mathbf{g},$$

in Koordinaten:

$$(172\text{a})\quad G_{\mu\nu} = K_{\mu\nu} - \frac{1}{2} K g_{\mu\nu},$$

so ergibt sich folgende geometrische Deutung für ${}^2\mathbf{G}$[2]):

Die Summe der Riemannschen Krümmungen in bezug auf die $\frac{n-1}{2}$ *gegenseitig und zu einer bestimmten Richtung senkrechten 2-Richtungen hat für die Richtungen der Hauptkongruenzen einen extremen Wert und ist gleich der korrespondierenden orthogonalen Bestimmungszahl von* ${}^2\mathbf{G}$.

${}^2\mathbf{G}$ hat natürlich dieselben Hauptrichtungen wie ${}^2\mathbf{K}$[3]).

---

[1]) Ricci, 1904, 8; Herglotz, 1916, 7; Vermeil, 1917, 9. — [2]) Ricci, 1904, 8, für $n = 3$ schon 1899, 13, S. 75. Vgl. auch Souvorof 1873, 2. — [3]) Herglotz, 1916, 7. Die durch die Formeln (170) und (171) ausgedrückten Sätze nennt Vermeil den ersten und zweiten Satz von Herglotz. Der erste tritt zum ersten Male auf bei Ricci, 1904, 8, der zweite bei Herglotz, 1916, 7. Vgl. auch Eisenhart, 1922, 6.

Wenn $\overset{4}{\mathbf{K}}$ ein Skalar ist, so ist:

$$(173)\qquad {}^2\mathbf{K} = -\frac{n-1}{2} K_0\, {}^2\mathbf{g} = \frac{1}{n} K\, {}^2\mathbf{g}.$$

$$(174)\qquad {}^2\mathbf{G} = \frac{(n-1)(n-2)}{4} K_0\, {}^2\mathbf{g} = \left(\frac{1}{n} - \frac{1}{2}\right) K\, {}^2\mathbf{g}.$$

Hat man einen aus den m zueinander senkrechten Einheitsvektoren $\mathbf{i}_1, \ldots, \mathbf{i}_m$ gebildeten m-Vektor $\mathbf{i}_1 \frown \ldots \frown \mathbf{i}_m$ in P, und schreibt man:

$${}^2\mathbf{g}' = \mathbf{i}_1 \mathbf{i}_1 + \ldots + \mathbf{i}_m \mathbf{i}_m,$$

so kann man die Größe

$$-\frac{1}{m(m-1)} \mathbf{a}'\mathbf{b}'\mathbf{b}'\mathbf{a}' \overset{4}{\cdot} \overset{4}{\mathbf{K}}$$

das *Riemannsche Krümmungsmaß* der V_n in P bezüglich der durch den einfachen m-Vektor $\mathbf{i}_1 \frown \ldots \frown \mathbf{i}_m$ bestimmten m-Richtung nennen. Sie geht für $m = 2$ über in die S. 65 erwähnte Größe $\overset{4}{\mathbf{K}} \overset{2}{\cdot} {}_2\mathbf{f}\, {}_2\mathbf{f}$[1]).

Das Riemannsche Krümmungsmaß der V_n in P bezüglich der Orientierung des von $(n-1)$ Kongruenzen $\mathbf{i}_1, \ldots, \mathbf{i}_{n-1}$ gebildeten $(n-1)$-Vektors $\mathbf{i}_1 \frown \ldots \frown \mathbf{i}_{n-1}$ ist mit Rücksicht auf (170):

$$(175)\qquad -\frac{1}{(n-1)(n-2)} \mathbf{a}'\mathbf{b}'\mathbf{b}'\mathbf{a}' \overset{4}{\cdot} \overset{4}{\mathbf{K}} = -\frac{1}{(n-1)(n-2)} \sum_{a,b}^{1,\ldots,n-1} \mathbf{i}_a \mathbf{i}_b \mathbf{i}_b \mathbf{i}_a \overset{4}{\cdot} \overset{4}{\mathbf{K}}$$

$$= -\frac{1}{(n-1)(n-2)} \left[K - 2 \sum_{a}^{1,\ldots,n-1} \mathbf{i}_n \mathbf{i}_a \mathbf{i}_a \mathbf{i}_n \overset{4}{\cdot} \overset{4}{\mathbf{K}}\right]$$

$$= -\frac{1}{(n-1)(n-2)} [K - 2\, {}^2\mathbf{K} \overset{2}{\cdot} \mathbf{i}_n \mathbf{i}_n] = \frac{2}{(n-1)(n-2)}\, {}^2\mathbf{G} \overset{2}{\cdot} \mathbf{i}_n \mathbf{i}_n.$$

Aus diesem Grunde heißt $\frac{2}{(n-1)(n-2)}\, {}^2\mathbf{G} \overset{2}{\cdot} \mathbf{i}_n \mathbf{i}_n$ die *Krümmung* der V_n in der Richtung $\mathbf{i}_n$. Ist $\mathbf{i}_n$ eine Hauptrichtung, so spricht man von *Hauptkrümmung*[2]).

13. Die Integrabilitätsbedingungen einer Affinordifferentialgleichung erster Ordnung.

In der Differentialgleichung erster Ordnung:

$$(176)\qquad \nabla p = \mathbf{w}$$

sei $\mathbf{w}$ eine Funktion der x^λ und von p. Ist nun in V_n durch die Gleichung $x^\mu = x^\mu(s)$ eine geschlossene Kurve s mit dem Tangenteneinheits-

[1]) Vgl. Voss, 1880, 4. Das von Schur, 1886, 7, S. 565 vorgeschlagene Krümmungsmaß einer V_3 ist $-\frac{1}{2}\mathbf{a}'\mathbf{b}'\mathbf{b}'\mathbf{a}' \overset{4}{\cdot} \overset{4}{\mathbf{K}}$. — [2]) Ricci, 1899, 12, S. 75 für $n = 3$, wo G_{hh} die Hauptkrümmung in die Richtung $\mathbf{i}_k$ ist. Der Riccische Tensor α_{rs} korrespondiert mit ${}^2\mathbf{G}$, seine ω_h mit unsrer G_{hh}. Vgl. weiter z. B. Bianchi, 1902, 2, S. 352 und flg.

vektor **i** gegeben, so kann man p in einem bestimmten Punkte P dieser Kurve einen Wert p_0 geben, und die Werte von p über s in der einen und in der anderen Richtung aus der Gleichung:

$$\frac{dp}{ds} = \mathbf{i} \cdot \nabla p = \mathbf{i} \cdot \mathbf{w} \tag{177}$$

bestimmen. Ist **w** ganz allgemein gegeben, so werden die zwei in dieser Weise für einen Punkt Q der Kurve gefundenen Werte p_1 und p_2 nicht gleich sein. Unbeschränkt integrabel ist (176) dann und nur dann, wenn für jede Wahl von p_0 und für jede Lage der Kurve und der Punkte P und Q $p_1 = p_2$ ist. Dazu ist bekanntlich notwendig und hinreichend, daß

$$\nabla \frown \mathbf{w} = 0 \tag{178}$$

ist, und zwar unabhängig von der Wahl von p. Die Integrabilitätsbedingungen von (176) können also durch Kombination von (176) und (178) abgeleitet werden, und zwar entweder, indem man p aus (176) und (178) eliminiert oder die Beziehungen zwischen etwaigen in **w** vorhandenen Parametern und p so wählt, daß den Gleichungen (176) und (178) zugleich genügt wird.

Wir wollen nun zeigen, daß die Integrabilitätsbedingungen der Gleichung:

$$\boxed{\nabla \mathbf{v} = \overset{2}{\mathbf{p}} = \mathbf{p}_1 \mathbf{p}_2} \tag{179}$$

aus (179) und

$$\boxed{2\nabla \overset{1}{\neg} \overset{2}{\mathbf{p}} = \overset{4}{\mathbf{K}} \overset{1}{\cdot} \mathbf{v}} \tag{180}$$

in derselben Weise erhalten werden. Dazu sei bemerkt, daß (179) gleichbedeutend ist mit den n Gleichungen

$$\nabla (\mathbf{v} \cdot \mathbf{e}_\lambda) = \overset{2}{\mathbf{p}} \overset{1}{\cdot} \mathbf{e}_\lambda + (\nabla \mathbf{e}_\lambda) \overset{1}{\cdot} \mathbf{v}. \tag{181}$$

Da $\nabla \frown \mathbf{e}_\lambda$ nach (7) und (22) Null ist, setzen wir:

$$\nabla \mathbf{e}_\lambda = \mathbf{q}\mathbf{q}. \tag{182}$$

Die Integrabilitätsbedingungen von (179) werden dann erhalten aus (179) und:

$$\nabla \frown \{\overset{2}{\mathbf{p}} \overset{1}{\cdot} \mathbf{e}_\lambda + \mathbf{q}\mathbf{q} \overset{1}{\cdot} \mathbf{v}\} = 0 \tag{183}$$

oder:

$$\begin{aligned}(\nabla \frown \mathbf{p}_1)(\mathbf{p}_2 \overset{1}{\cdot} \mathbf{e}_\lambda) + \nabla (\mathbf{p}_2 \overset{1}{\cdot} \mathbf{e}_\lambda) \frown \mathbf{p}_1 + (\nabla \frown \mathbf{q})(\mathbf{q} \overset{1}{\cdot} \mathbf{v}) \\ + \nabla (\mathbf{q} \overset{1}{\cdot} \mathbf{v}) \frown \mathbf{q} = 0\end{aligned} \tag{184}$$

oder

$$(\nabla \overset{1}{\neg} \overset{2}{\mathbf{p}}) \overset{1}{\cdot} \mathbf{e}_\lambda + \mathbf{p}_1 \frown \{(\nabla \mathbf{e}_\lambda) \overset{1}{\cdot} \mathbf{p}_2\} + (\nabla \overset{1}{\neg} \mathbf{q}\mathbf{q}) \overset{1}{\cdot} \mathbf{v} + \mathbf{q} \frown \{(\nabla \mathbf{v}) \overset{1}{\cdot} \mathbf{q}\} = 0 \tag{185}$$

oder, da nach (181) und (182)

$$(186)\qquad \mathbf{q} \frown \{(\nabla \mathbf{v}) \overset{1}{\cdot} \mathbf{q}\} = \mathbf{q} \frown (\overset{2}{\mathbf{p}} \overset{1}{\cdot} \mathbf{q}) = (\mathbf{q} \frown \mathbf{p}_1)(\mathbf{p}_2 \overset{1}{\cdot} \mathbf{q}) = -\mathbf{p}_1 \frown \{(\nabla \mathbf{e}_\lambda) \overset{1}{\cdot} \mathbf{p}_2\},$$

aus:

$$(187)\qquad 2(\nabla \overset{1}{\neg} \overset{2}{\mathbf{p}}) \overset{1}{\cdot} \mathbf{e}_\lambda + \overset{4}{\mathbf{K}} \overset{2}{\cdot} \mathbf{e}_\lambda \mathbf{v} = 0$$

und (179). Da aber die n Gleichungen (169) gleichbedeutend sind mit

$$(188)\qquad 2\nabla \overset{1}{\neg} \overset{2}{\mathbf{p}} = \overset{4}{\mathbf{K}} \overset{1}{\cdot} \mathbf{v},$$

so werden die Integrabilitätsbedingungen von (179) erhalten aus (179) und (188). Entweder ist $\mathbf{v}$ aus (179) und (188) zu eliminieren, oder es sind die Beziehungen zwischen etwaigen in $\overset{2}{\mathbf{p}}$ vorhandenen Parametern und $\mathbf{v}$ so zu wählen, daß den Gleichungen (179) und (188) zugleich genügt wird.

In Koordinaten besagen die Gleichungen (179) und (180), daß die Integrabilitätsbedingungen der Gleichungen

$$(179\text{a})\qquad \nabla_\lambda v_\mu = p_{\lambda\mu}$$

aus den Gleichungen (179a) und

$$(180\text{a})\qquad 2\nabla_{[\varkappa}\, p_{\lambda]\mu} = K_{\varkappa\lambda\mu}^{\;\cdot\;\;\cdot\;\;\cdot\;\;\nu}\, v_\nu$$

erhalten werden.

Die geometrische Bedeutung der Integrabilitätsbedingung ist folgende. Bestimmt man, anfangend in einem Punkte P, mit einem beliebigen Anfangswert von $\mathbf{v}$ die Werte längs einer geschlossenen Kurve in der einen und in der anderen Richtung nach der Formel

$$(189)\qquad \frac{d\mathbf{v}}{ds} = \mathbf{i} \overset{1}{\cdot} \overset{2}{\mathbf{p}},$$

so ist (189) die notwendige und hinreichende Bedingung, daß die beiden Werte von $\mathbf{v}$ in einem Punkte Q von s gleich sind. Ist (189) erfüllt, so gibt es, von Singularitäten abgesehen, zu jedem in einem beliebigen Punkte der V_n angenommenen Werte von $\mathbf{v}$ eine einzige Lösung von (179).

In gleicher Weise werden die Integrabilitätsbedingungen der Gleichung

$$(190)\qquad \nabla \overset{r}{\mathbf{v}} = \nabla \mathbf{v}_1 \mathbf{v}_2 \ldots \mathbf{v}_r = \overset{r+1}{\mathbf{p}}$$

aus (190) und

$$(191)\qquad 2\nabla \overset{1}{\neg} \overset{r+1}{\mathbf{p}} = \overset{4}{\mathbf{K}} \overset{2}{\cdot} \sum_i \mathbf{v}_i \mathbf{a} \mathbf{v}_1 \ldots \mathbf{v}_{i-1} \mathbf{a} \mathbf{v}_{i+1} \ldots \mathbf{v}_r, \qquad i = 1, 2, \ldots, r$$

erhalten. Denn (190) ist gleichbedeutend mit:

$$(192)\qquad \nabla(\overset{r}{\mathbf{v}} \overset{r}{\cdot} \mathbf{e}_{\lambda_1} \mathbf{e}_{\lambda_2} \ldots \mathbf{e}_{\lambda_r}) = \overset{r+1}{\mathbf{p}} \overset{r}{\cdot} \mathbf{e}_{\lambda_1} \mathbf{e}_{\lambda_2} \ldots \mathbf{e}_{\lambda_r} + (\nabla \mathbf{e}_{\lambda_1} \mathbf{e}_{\lambda_2} \ldots \mathbf{e}_{\lambda_r}) \overset{r}{\cdot} \overset{r}{\mathbf{v}}.$$

Wenn wir nun schreiben:

$$(193)\qquad \nabla \mathfrak{e}_{\lambda_1} \mathfrak{e}_{\lambda_2} \ldots \mathfrak{e}_{\lambda_r} = \overset{r+1}{\mathfrak{q}},$$

so werden die Integrabilitätsbedingungen von (190) erhalten aus (190) und

$$(194)\qquad \nabla \frown \{\overset{r+1}{\mathfrak{p}} \overset{r}{\because} \mathfrak{e}_{\lambda_1} \mathfrak{e}_{\lambda_2} \ldots \mathfrak{e}_{\lambda_r} + \overset{r+1}{\mathfrak{q}} \overset{r}{\because} \overset{r}{\mathfrak{v}}\} = 0,$$

oder

$$(195)\qquad (\nabla \overset{1}{\neg} \overset{r+1}{\mathfrak{p}}) \overset{r}{\because} \mathfrak{e}_{\lambda_1} \mathfrak{e}_{\lambda_2} \ldots \mathfrak{e}_{\lambda_r} + (\nabla \overset{1}{\neg} \overset{r+1}{\mathfrak{q}}) \overset{r}{\because} \mathfrak{v}_1 \mathfrak{v}_2 \ldots \mathfrak{v}_r = 0,$$

weil die anderen bei der Differentiation erhaltenen Terme wie in (185) fortfallen.

Nach (193) und (132) ist:

$$(196)\qquad 2\nabla \overset{1}{\neg} \overset{r+1}{\mathfrak{q}} = 2(\nabla \frown \nabla)\mathfrak{e}_{\lambda_1} \mathfrak{e}_{\lambda_2} \ldots \mathfrak{e}_{\lambda_r}$$

$$= \overset{4}{\mathbf{K}} \overset{2}{\because} \sum_i \mathfrak{e}_{a_i} \mathfrak{a}\, \mathfrak{e}_{\lambda_1} \mathfrak{e}_{\lambda_2} \ldots \mathfrak{e}_{\lambda_{i-1}} \mathfrak{a}\, \mathfrak{e}_{\lambda_{i+1}} \ldots \mathfrak{e}_{\lambda_r}; \quad i = 1, 2, \ldots, r$$

und

$$(197)\qquad \overset{4}{\mathbf{K}} \overset{2}{\because} \mathfrak{e}_{\lambda_i} \mathfrak{a}\, \mathfrak{e}_{\lambda_1} \mathfrak{e}_{\lambda_2} \ldots \mathfrak{e}_{\lambda_{i-1}} \mathfrak{a}\, \mathfrak{e}_{\lambda_{i+1}} \ldots \mathfrak{e}_{\lambda_r} \overset{r}{\because} \mathfrak{v}_1 \mathfrak{v}_2 \ldots \mathfrak{v}_r$$

$$= -\overset{4}{\mathbf{K}} \overset{2}{\because} \mathfrak{v}_{\lambda_{r-i+1}} \mathfrak{a}\, \mathfrak{v}_1 \mathfrak{v}_2 \ldots \mathfrak{v}_{r-i} \mathfrak{a}\, \mathfrak{v}_{r-i+2} \ldots \mathfrak{v}_r \overset{r}{\because} \mathfrak{e}_{\lambda_1} \mathfrak{e}_{\lambda_2} \ldots \mathfrak{e}_{\lambda_r}.$$

Die n^r Gleichungen

$$(198)\qquad 2(\nabla \overset{1}{\neg} \overset{r+1}{\mathfrak{p}}) \overset{r}{\because} \mathfrak{e}_{\lambda_1} \mathfrak{e}_{\lambda_2} \ldots \mathfrak{e}_{\lambda_r}$$

$$- \overset{4}{\mathbf{K}} \overset{2}{\because} \sum \mathfrak{v}_{\lambda_{r-i+1}} \mathfrak{a}\, \mathfrak{v}_1 \mathfrak{v}_2 \ldots \mathfrak{v}_{r-1} \mathfrak{a}\, \mathfrak{v}_{r-i+2} \ldots \mathfrak{v}_r \overset{r}{\because} \mathfrak{e}_{\lambda_1} \mathfrak{e}_{\lambda_2} \ldots \mathfrak{e}_{\lambda_r} = 0$$

sind aber mit (191) gleichbedeutend[1]).

In Koordinaten besagen die Gleichungen (190) und (191), daß die Integrabilitätsbedingungen der Gleichungen

$$(190\,\mathrm{a})\qquad \nabla_\varkappa v_{\lambda_1 \ldots \lambda_r} = p_{\varkappa \lambda_1 \ldots \lambda_r}$$

aus den Gleichungen (190a) und

$$(191\,\mathrm{a})\qquad 2\nabla_{[\mu} p_{\varkappa_1]\varkappa_2 \ldots \varkappa_{r+1}} = \sum_i K_{\mu \varkappa_1 \varkappa_{i+1}}{}^{\nu} v_{\varkappa_2 \ldots \varkappa_i \cdot \varkappa_{i+2} \ldots \varkappa_{r+1}}^{\cdot \; \cdots \; \cdot \; \nu} \;{}^{2})$$

erhalten werden.

---

[1]) Die Integrabilitätsbedingungen einiger anderen Systeme finden sich bei Wright, 1909, 5. — [2]) § 13 ist teilweise der Schoutenschen Arbeit 1921, 7 entnommen.

III. Krümmungseigenschaften der V_m in V_n, die sich ohne Verwendung des Riemann-Christoffelschen Affinors formulieren lassen[1]).

1. V_1 in V_n[2]).

Es sei die Richtung einer Kurve s, $x^\mu = x^\mu(s)$, in jedem Punkte festgelegt durch den Einheitsvektor $\mathbf{i}$[3]). Dann heißt der geodätische Differentialquotient:

$$\mathbf{u} = \frac{d\mathbf{i}}{ds} = \mathbf{i} \overset{1}{\cdot} \nabla \mathbf{i} \tag{1}$$

der *Krümmungsvektor*[4]), u die erste *Krümmung* und $r_1 = \frac{1}{u}$ der *Radius der ersten Krümmung* in dem betrachteten Punkte. Ist $\mathbf{u}$ in jedem Punkte der Kurve Null, so ist die Kurve eine in V_n *geodätische Linie* (vgl. S. 45). Ist $\mathbf{u}$ in einem Punkte nicht Null und $\mathbf{j}_2$ der Einheitsvektor von $\mathbf{u}$, so ist:

$$\mathbf{u} = \frac{\mathbf{j}_2}{r_1}. \tag{2}$$

Die Richtung von $\mathbf{j}_2$ ist die der *ersten Normalen*, sie wird unbestimmt in Punkten, wo $\mathbf{u} = 0$. Da $(d\mathbf{i})_m = d\varphi_1$ die geodätische Richtungsänderung der Tangente längs ds ist, so folgt

$$\frac{d\varphi_1}{ds} = \frac{1}{r_1}. \tag{3}$$

Aus (2) folgt:

$$\mathbf{i} \frown \frac{d\mathbf{i}}{ds} = r_1^{-1}\, \mathbf{i} \frown \mathbf{j}_2 \tag{4}$$

oder (Abschn. I (78)):

$$\left(\mathbf{i} \frown \frac{d\mathbf{i}}{ds}\right)_m = r_1^{-1}. \tag{5}$$

---

[1]) Verschiedene Teile dieses Abschnittes sind zuerst veröffentlicht in Schouten-Struik, 1922, 1. — [2]) In diesem und dem folgenden Kapitel sind kontra- und kovariante Größen identifiziert, wenn nicht ausdrücklich das Gegenteil angegeben ist. — [3]) Die Einführung eines solchen Einheitsvektors $\mathbf{i}$ ist immer möglich, solange $d\mathbf{x} \cdot d\mathbf{x} \neq 0$, d. h. so lange wir keine *Kurven der Länge Null* betrachten. — [4]) Ricci, 1895, 5, S. 298, nennt diesen Vektor „curvatura geodetica". Vgl. auch Wright, 1908, 6, S. 78.

Der Einheitsbivektor ${}_2\mathbf{i} = \mathbf{i} \frown \mathbf{j}_2$ heißt der *oskulierende Bivektor*. Der einfache Bivektor

(6) $${}_2\mathbf{u} = \frac{d_2\mathbf{i}}{ds} = \mathbf{i} \overset{1}{\cdot} \nabla_2\mathbf{i} = \mathbf{i} \frown \frac{d\mathbf{j}_2}{ds}$$

heißt der *Krümmungsbivektor*, ${}_2u$ die *zweite Krümmung* (auch *Torsion* oder *Windung*) und $r_2 = \frac{1}{{}_2u}$ der *Radius der zweiten Krümmung*. Für $n = 2$ ist ${}_2\mathbf{u} = 0$. Ist ${}_2\mathbf{u}$ nicht Null, so haben ${}_2\mathbf{u}$ und ${}_2\mathbf{i}$ die Richtung von $\mathbf{i}$ gemeinsam und ${}_2\mathbf{u}$ ist halbsenkrecht zu ${}_2\mathbf{i}$, weil $\frac{d\mathbf{j}_2}{ds}$ senkrecht zu $\mathbf{j}_2$ ist. Ist also in diesem Falle $\mathbf{j}_3$ ein in ${}_2\mathbf{u}$ enthaltener Einheitsvektor senkrecht zu $\mathbf{i}$, so daß $\mathbf{i} \longrightarrow \mathbf{j}_3$ der Sinn von ${}_2\mathbf{u}$ ist, so gilt:

(7) $${}_2\mathbf{u} = \frac{1}{r_2}\mathbf{i} \frown \mathbf{j}_3.$$

Die Richtung von $\mathbf{j}_3$ ist die der *zweiten Normalen*, sie wird unbestimmt in Punkten, wo ${}_2\mathbf{u} = 0$. Da

(8) $$(d\,{}_2\mathbf{i})_m = d\varphi_2$$

die geodätische Richtungsänderung von ${}_2\mathbf{i}$ längs ds ist, so folgt aus (6) und (7):

(9) $$\frac{d\varphi_2}{ds} = \frac{1}{r_2}.$$

Zur Berechnung von $\frac{d\mathbf{j}_2}{ds}$ bemerken wir, daß infolge (6) und (7) $\frac{d\mathbf{j}_2}{ds}$ in der R_2 von $\mathbf{i}$ und $\mathbf{j}_3$ liegt, so daß

(10) $$\frac{d\mathbf{j}_2}{ds} = \alpha_1\,\mathbf{i} + \alpha_3\,\mathbf{j}_3,$$

wo α_1 und α_3 näher zu bestimmende Koeffizienten sind. Alternierende Multiplikation mit $\mathbf{i}$ lehrt

(11) $$\mathbf{i} \frown \frac{d\mathbf{j}_2}{ds} = \alpha_3\,\mathbf{i} \frown \mathbf{j}_3,$$

so daß, infolge (6) und (7):

(12) $$\alpha_3 = \frac{1}{r_2}$$

ist. Skalare Multiplikation mit $\mathbf{i}$ lehrt unter Berücksichtigung von (2):

(13) $$\alpha_1 = \mathbf{i}\cdot\frac{d\mathbf{j}_2}{ds} = -\,\mathbf{j}_2\cdot\frac{d\mathbf{i}}{ds} = -\,\frac{1}{r_1},$$

so daß:

(14) $$\frac{d\mathbf{j}_2}{ds} = \frac{\mathbf{j}_3}{r_2} - \frac{\mathbf{i}}{r_1}$$

ist. Aus (2) und (14) folgt:

(15) $$\mathbf{i} \frown \frac{d\mathbf{i}}{ds} \frown \frac{d^2\mathbf{i}}{ds^2} = r_1^{-2}\,r_2^{-1}\,\mathbf{i} \frown \mathbf{j}_2 \frown \mathbf{j}_3.$$

Der Einheitsbivektor ${}_3\mathbf{i} = \mathbf{i} \frown \mathbf{j}_2 \frown \mathbf{j}_3$ heißt der *oskulierende Trivektor*. Der einfache Trivektor

$$(16) \qquad {}_3\mathbf{u} = \frac{d\,{}_3\mathbf{i}}{ds} = \mathbf{i} \frown \mathbf{j}_2 \frown \frac{d\mathbf{j}_3}{ds}$$

heißt der *Krümmungstrivektor*, ${}_3u$ die *dritte Krümmung* und $r_3 = \frac{1}{{}_3u}$ der *Radius der dritten Krümmung*. Für $n = 3$ ist ${}_3\mathbf{u} = 0$. Ist ${}_3\mathbf{u}$ nicht Null, so haben ${}_3\mathbf{u}$ und ${}_3\mathbf{i}$ die Richtungen von $\mathbf{i}$ und $\mathbf{j}_2$ gemeinsam und ${}_3\mathbf{u}$ ist $\frac{1}{3}$-senkrecht zu ${}_3\mathbf{i}$, weil $\frac{d\mathbf{j}_3}{ds}$ senkrecht zu $\mathbf{j}_3$ ist. Ist also in diesem Falle $\mathbf{j}_4$ ein in ${}_3\mathbf{u}$ enthaltener Einheitsvektor, senkrecht zu $\mathbf{i}$ und $\mathbf{j}_2$, so daß $\mathbf{i} \longrightarrow \mathbf{j}_2 \longrightarrow \mathbf{j}_4$ der Sinn von ${}_3\mathbf{u}$ ist, so gilt:

$$(17) \qquad {}_3\mathbf{u} = \frac{1}{r_3}\,\mathbf{i} \frown \mathbf{j}_2 \frown \mathbf{j}_4 .$$

Die Richtung von $\mathbf{j}_4$ ist die der *dritten Normalen*. Sie wird unbestimmt in Punkten, wo ${}_3\mathbf{u} = 0$. Da $(d_3\,\mathbf{i})_m = d\varphi_3$ die geodätische Richtungsänderung von ${}_3\mathbf{i}$ längs ds ist, folgt aus (16) und (17):

$$(18) \qquad \frac{d\varphi_3}{ds} = \frac{1}{r_3}.$$

Zur Berechnung von $\frac{d\mathbf{j}_3}{ds}$ bemerken wir, daß infolge (16) und (17) $\frac{d\mathbf{j}_3}{ds}$ in der R_3 von $\mathbf{i}$, $\mathbf{j}_2$ und $\mathbf{j}_4$ liegt, so daß:

$$(19) \qquad \frac{d\mathbf{j}_3}{ds} = \beta_1\,\mathbf{i} + \beta_2\,\mathbf{j}_2 + \beta_4\,\mathbf{j}_4,$$

wo β_1, β_2 und β_4 näher zu bestimmende Konstanten sind. Alternierende Multiplikation mit $\mathbf{i} \frown \mathbf{j}_2$ lehrt unter Berücksichtigung von (16) und (17):

$$(20) \qquad \beta_4 = \frac{1}{r_3}.$$

Skalare Multiplikation mit $\mathbf{i}$ lehrt unter Berücksichtigung von (4):

$$(21) \qquad \beta_1 = \mathbf{i} \cdot \frac{d\mathbf{j}_3}{ds} = -\,\mathbf{j}_3 \cdot \frac{d\mathbf{i}}{ds} = 0 .$$

Skalare Multiplikation mit $\mathbf{j}_2$ lehrt unter Berücksichtigung von (14):

$$(22) \qquad \beta_2 = \mathbf{j}_2 \cdot \frac{d\mathbf{j}_3}{ds} = -\,\mathbf{j}_3 \cdot \frac{d\mathbf{j}_2}{ds} = -\frac{1}{r_2},$$

so daß:

$$(23) \qquad \frac{d\mathbf{j}_3}{ds} = \frac{\mathbf{j}_4}{r_3} - \frac{\mathbf{j}_2}{r_2}.$$

Aus (2), (14) und (23) folgt:

$$(24) \qquad \mathbf{i} \frown \frac{d\mathbf{i}}{ds} \frown \frac{d^2\mathbf{i}}{ds^2} \frown \frac{d^3\mathbf{i}}{ds^3} = r_1^{-3}\, r_2^{-2}\, r_3^{-1}\,\mathbf{i} \frown \mathbf{j}_2 \frown \mathbf{j}_3 \frown \mathbf{j}_4 .$$

Wir fahren in der angegebenen Weise fort und nehmen an, es sei:

25) $${}_p\mathbf{i} = \mathbf{j}_1 \frown \mathbf{j}_2 \frown \cdots \frown \mathbf{j}_p; \qquad \mathbf{j}_1 = \mathbf{i},\ p \leqq n,$$

der *oskulierende p-Vektor*, und für $u < p$ sei bewiesen:

(26) $$\frac{d\mathbf{j}_u}{ds} = \frac{\mathbf{j}_{u+1}}{r_u} - \frac{\mathbf{j}_{u-1}}{r_{u-1}}; \quad u = 1, \ldots, p-1,\ \mathbf{j}_1 = \mathbf{i},\ \frac{1}{r_0} = 0.$$

Der einfache p-Vektor:

(27) $${}_p\mathbf{u} = \frac{d\,{}_p\mathbf{i}}{ds} = \mathbf{j}_1 \frown \cdots \frown \mathbf{j}_{p-1} \frown \frac{d\mathbf{j}_p}{ds},$$

heißt der *Krümmungs-p-Vektor*, ${}_pu$ die *p-te Krümmung* und $r_p = \frac{1}{{}_pu}$ der *Radius der p-ten Krümmung.* Für $n = p$ ist ${}_p\mathbf{u} = 0$. Ist ${}_p\mathbf{u}$ nicht Null, so haben ${}_p\mathbf{u}$ und ${}_p\mathbf{i}$ die Richtungen $\mathbf{j}_1, \ldots, \mathbf{j}_{p-1}$ gemeinsam und ${}_p\mathbf{u}$ ist $\frac{1}{p}$-senkrecht zu $\mathbf{i}$, weil $\frac{d\mathbf{j}_p}{ds}$ senkrecht zu $\mathbf{j}_p$ ist. Ist also in diesem Falle $\mathbf{j}_{p+1}$ ein in ${}_p\mathbf{u}$ enthaltener Einheitsvektor senkrecht zu $\mathbf{j}_1, \ldots, \mathbf{j}_{p-1}$, so daß $\mathbf{j}_1 \rightarrow \mathbf{j}_2 \rightarrow \ldots \mathbf{j}_{p-1} \rightarrow \mathbf{j}_{p+1}$ der Sinn von ${}_p\mathbf{u}$ ist, so gilt:

(28) $${}_p\mathbf{u} = \frac{1}{r_p}\, \mathbf{j}_1 \mathbf{j}_2 \overset{\frown}{\cdots} \mathbf{j}_{p-1} \mathbf{j}_{p+1}.$$

Die Richtung von $\mathbf{j}_{p+1}$ ist die der *p-ten Normalen,* sie wird unbestimmt für ${}_p\mathbf{u} = 0$. Da $(d_p\mathbf{i})_m = d\varphi_p$ die geodätische Richtungsänderung von ${}_p\mathbf{i}$ längs ds ist, so folgt aus (27) und (28):

(29) $$\frac{d\varphi_p}{ds} = \frac{1}{r_p}.$$

Zur Berechnung von $\frac{d\mathbf{j}_p}{ds}$ bemerken wir, daß infolge (27) und (28) $\frac{d\mathbf{j}_p}{ds}$ für ${}_p\mathbf{u} \neq 0$ in der R_p von $\mathbf{j}_1, \ldots, \mathbf{j}_{p-1}, \mathbf{j}_{p+1}$ liegt und für ${}_p\mathbf{u} = 0$ infolge (27) in der R_{p-1} von $\mathbf{j}_1, \ldots, \mathbf{j}_{p-1}$. Es ist also jedenfalls:

(30) $$\frac{d\mathbf{j}_p}{ds} = \omega_1 \mathbf{j}_1 + \cdots + \omega_{p-1} \mathbf{j}_{p-1} + \omega_{p+1} \mathbf{j}_{p+1}.$$

Für ${}_p\mathbf{u} = 0$ ist $\omega_{n+1} = 0$; für ${}_p\mathbf{u} \neq 0$, also $n > p$, lehrt alternierende Multiplikation mit $\mathbf{j}_1 \overset{\frown}{\cdots} \mathbf{j}_p$ unter Berücksichtigung von (27) und (28):

(31) $$\omega_{p+1} = \frac{1}{r_p}.$$

Skalare Multiplikation mit $\mathbf{j}_1, \ldots, \mathbf{j}_{p-1}$ lehrt wie oben:

(32) $$\begin{cases} \omega_x = 0, & x = 1, \ldots, p-2 \\ \omega_{p-1} = \frac{1}{r_{p-1}}, & \end{cases}$$

so daß:

(33) $$\frac{d\mathbf{j}_p}{ds} = \frac{\mathbf{j}_{p+1}}{r_p} - \frac{\mathbf{j}_{p-1}}{r_{p-1}}.$$

Allgemein gelten also die Gleichungen:

(34) $$\boxed{\frac{d\mathfrak{j}_k}{ds} = \frac{\mathfrak{j}_{k+1}}{r_k} - \frac{\mathfrak{j}_{k-1}}{r_{k-1}}}, \quad k = 1, \ldots, n \quad \mathfrak{j}_1 = \mathfrak{i}, \quad \frac{1}{r_0} = 0, \quad \frac{1}{r_n} = 0,$$

in Koordinaten:

(34a) $$\frac{dj_{k\lambda}}{ds} = \frac{j_{k+1\,\lambda}}{r_k} - \frac{j_{k-1\,\lambda}}{r_{k-1}}.$$

Das sind die für V_1 in V_n erweiterten *Frenetschen Formeln*[1]). Die Vektoren $\mathfrak{j}_1, \ldots, \mathfrak{j}_n$ bilden *das die Kurve begleitende n-Kant.*

Aus (34) folgt

(35) $$\mathfrak{i} \frown \frac{d\mathfrak{i}}{ds} \frown \cdots \frown \frac{d^{k-1}\mathfrak{i}}{ds^{k-1}} = r_1^{-k+1} r_2^{-k+2} \cdots r_{k-1}^{-1}\, \mathfrak{j}_1 \frown \mathfrak{j}_2 \frown \cdots \frown \mathfrak{j}_{k-1} \frown \mathfrak{j}_{k+1}$$ $$k = 1, \ldots, n.$$

Schreiben wir kurz:

(36) $$\left(\mathfrak{i} \frown \frac{d\mathfrak{i}}{ds} \frown \cdots \frown \frac{d^{k-1}\mathfrak{i}}{ds^{k-1}}\right)_m = M_{k-1},$$

so folgt aus (35):

(37) $$r_{k-1}^{-1} = \frac{M_{k-3} M_{k-1}}{M_{k-2}^2}\,{}^{2)}.$$

Führt man für die spezifische geodätische Richtungsänderung von $\mathfrak{j}_k$ die Bezeichnung $\frac{d\varepsilon_k}{ds}$ ein:

(38) $$\left(\frac{d\mathfrak{j}_k}{ds}\right)_m = \frac{d\varepsilon_k}{ds},$$

so folgt aus (34):

(39) $$\left(\frac{d\varepsilon_k}{ds}\right)^2 = \frac{1}{r_k^2} + \frac{1}{r_{k-1}^2}$$

---

[1]) Jordan hat 1874, 3 die Frenetschen Formeln erweitert für V_1 in R_n; Rath, 1894, 10, für V_1 in S_3; Rath, 1900, 7, S. 81, für V_1 in S_n; Kühne, 1903, 6, S. 311 für V_1 in V_n. Finsler, 1918, 5, S. 68 flg. gibt ähnliche Formeln für Mannigfaltigkeiten mit sehr allgemeiner nicht-quadratischer Maßbestimmung. Vgl. auch Juvet, 1921, 13. Die folgenden Autoren geben ebenfalls erweiterte Frenetsche Formeln: Hoppe, 1880, 1, S. 378 (V_1 in R_4); Brunel, 1882, 1, S. 48 (V_1 in R_n); Hoppe, 1888, 3, S. 179 (V_1 in R_n); Pirondini, 1890, 1, S. 219 (V_1 in R_4); Hoppe, 1892, 1, S. 446 (V_1 in R_n); Landsberg, 1895, 4, S. 343 (V_1 in R_n); Bianchi, 1896, 2, S. 101 (V_1 in S_3); Guichard, 1896, 5 (V_1 in S_3); Piccioli, 1898, 7 (V_1 in R_n); Razzaboni, 1899, 11 (V_1 in S_3); Cesaro, 1901, 2, S. 293 (V_1 in R_n); Hardy, 1902, 8, S. 24 (V_1 in R_4); Cesaro, 1904, 2, (V_1 in S_3); Fubini, 1904, 5, S. 22 (V_1 in S_3); Wildervanck, 1904, 10 (V_1 in R_4); Razzaboni, 1908, 8; 1911, 11 (V_1 in S_3); Löwenherz, 1911, 2, S. 19 (V_1 in R_n); Rath, 1910, 9 (V_1 in R_n, vektoranalytisch); Kowalewski, 1911, 5 (V_1 in S_n); Pick, 1911, 6 (V_1 in S_3); Stransky, 1912, 10; 1915, 3 (V_1 in S_3); Salkowski, 1912, 11 (V_1 in S_3); Blaschke, 1920, 1 (V_1 in V_n, mit Hilfe des geodätischen Parallelismus). — [2]) Jordan hat diese Formel a. a. O. für V_1 in R_n, Kühne und Blaschke a. a. O. für V_1 in V_n.

und daraus folgt:

$$(40)\qquad \left(\frac{d\varepsilon_1}{ds}\right)^2 - \left(\frac{d\varepsilon_2}{ds}\right)^2 + \ldots + (-1)^{n-1}\left(\frac{d\varepsilon_n}{ds}\right)^2 = 0, \quad n > 2.$$

Das ist die für V_1 in V_n erweiterte *Lancret*sche Gleichung[1])[2]).

Eine Erweiterung des Krümmungsbegriffes entsteht, wenn $\mathbf{j}_1$ nicht in der Tangente der betrachteten Kurve liegt, sondern in jedem Punkte eine beliebige Richtung hat[3]). Es bleiben dann offenbar die Formeln (34) gelten, da bei ihrer Ableitung die Gleichung $\mathbf{j}_1 = \mathbf{i}$ gar keine Rolle gespielt hat. So entstehen die Begriffe *erste, zweite,* usw. *Krümmung, begleitendes n-Kant* usw. *einer Kurve in bezug auf eine Kongruenz* $\mathbf{j}_1$. Ebenso kann man von den *Krümmungen einer Kongruenz* $\mathbf{i}_p$ *in bezug auf eine Kongruenz* $\mathbf{i}_q$ reden. Der Krümmungsvektor von $\mathbf{i}_p$ in bezug auf $\mathbf{i}_q$ ist z. B.:

$$(41)\qquad \mathbf{u}_{pq} = \frac{d\,\mathbf{i}_q}{d\,s_p} = \mathbf{i}_p \overset{1}{\cdot} \nabla \mathbf{i}_q.$$

2. V_1 in V_{n-1} in V_n.

Eine Kurve $\mathbf{i} = \mathbf{j}_1$ liege in einer V_{n-1} in V_n und wir betrachten ihre Krümmungsverhältnisse in bezug auf V_n. Es seien ψ_k die Winkel der n Vektoren $\mathbf{j}_1, \ldots, \mathbf{j}_n$ mit der Normalen $\mathbf{i}_n$ auf V_{n-1}. Die Richtung der Normalen im betrachteten Gebiete sei eindeutig bestimmt. Dann sei:

$$(42)\qquad \cos\psi_k = \mathbf{i}_n \cdot \mathbf{j}_k; \qquad k = 1, \ldots, n.$$

Sodann ist nach (34):

$$(43)\qquad \frac{d\cos\psi_k}{ds} = \frac{d\,\mathbf{i}_n}{ds}\cdot\mathbf{j}_k + \mathbf{i}_n \cdot \frac{d\mathbf{j}_k}{ds}$$

und daraus folgt unter Berücksichtigung von (34) und (42):

$$(44)\qquad \frac{d\cos\psi_k}{ds} = \frac{d\,\mathbf{i}_n}{ds}\cdot\mathbf{j}_k + \frac{\cos\psi_{k+1}}{r_k} - \frac{\cos\psi_{k-1}}{r_{k-1}}.$$

Aus dieser Gleichung folgen zwei verschiedene Arten von Sätzen, je nachdem man in einem bestimmten Punkte der V_{n-1} verschiedene Kurven betrachtet, welche dieselbe Tangente haben oder verschiedene Punkte einer einzigen Kurve in der V_{n-1}.

---

[1]) Lancret, 1806, 1, (V_1 in R_3); Rath, 1900, 7, S. 82 (V_1 in S_n); Cesaro, 1901, 2, S. 293 (V_1 in R_n); Löwenherz, 1911, 2, S. 22 (V_1 in R_n). — [2]) Untersuchungen über V_1 finden sich u. a. auch bei Fromm, 1878, 2 (V_1 in R_n); Killing, 1885, 2, S. 189 flg. (V_1 in S_n); Bianchi, 1899, 2, S. 603 flg. (V_1 in V_n); Richmond, 1900, 8 (V_1 in R_n); Lovett, 1900, 4 (V_1 in R_n). — [3]) Arndt, 1908, 2 (V_1 in R_3); Meyer, 1910, 8 (vgl. Hatzidakis, 1910, 6) (V_1 in R_n), 1911, 3, spez. Fußnote V und 1911, 10. (V_1 in R_3). Vgl. auch Żorawski, 1906, 6 (V_1 in R_3) und S. 107 dieses Buches.

Im ersten Falle sind in dem betrachteten Punkte $\psi_1 = \frac{\pi}{2}$, $\mathfrak{j}_1$ und $\frac{d\mathfrak{i}_n}{ds}$ unabhängig von der Wahl der Kurve. Für $k = 1$ lehrt (44) also, daß

$$\frac{\cos\psi_2}{r_1}$$

für alle Kurven denselben Wert hat. Hat für irgendeine dieser Kurven der Krümmungsvektor die Richtung von $\mathfrak{i}_n$ und ist der Radius der ersten Krümmung dieser Kurve r_{10}, so ist für jede beliebige andere Kurve:

(45) $$r_1 = r_{10}\cos\psi_2.$$

Dies ist der für V_1 in V_{n-1} in V_n erweiterte *Satz von* Meusnier[1]), in Worten:

Die erste Krümmung aller Kurven in V_{n-1}, welche eine bestimmte Tangente $\mathfrak{i}$ haben und deren Krümmungsvektor senkrecht zur V_{n-1} steht, ist dieselbe. Ist der Radius dieser Krümmung r_{10}, so ist die Krümmung jeder anderen Kurve in V_{n-1} mit der Tangente $\mathfrak{i}$, deren Krümmungsvektor mit der Normalen zur V_{n-1} einen Winkel ψ_2 bildet, $r_{10}\cos\psi_2$.

In S_n ist $\frac{1}{r_{10}}$ die Krümmung des *Normalschnittes*, das ist die Kurve, ausgeschnitten durch die S_2, welche durch geodätische Verlängerung der Richtungen $\mathfrak{i}$ und $\mathfrak{i}_n$ erhalten wird.

In V_n ist $\frac{1}{r_{10}}$ die Krümmung der durch $\mathfrak{i}$ bestimmten in V_{n-1} geodätischen Linie (s. S. 45). Der Vektor $\frac{1}{r_{10}}\,\mathfrak{i}_n$ heiße der *Vektor der erzwungenen Krümmung*, der Koeffizient $\frac{1}{r_{10}}$ die *erzwungene Krümmung* (vgl. S. 92).

Haben die Kurven außer der Tangente auch noch die p-te Normale gemeinsam, so lehrt (44), daß die Größen

(46) $$\begin{cases} r_p\left(\frac{d\cos\psi_p}{ds} - \frac{d\mathfrak{i}_n}{ds}\cdot\mathfrak{j}_p + \frac{\cos\psi_{p-1}}{r_{p-1}}\right) = \cos\psi_{p+1} \\ \frac{d\cos\psi_{p+1}}{ds} - \frac{\cos\psi_{p+2}}{r_{p+1}} + \frac{\cos\psi_p}{r_p} = \frac{d\mathfrak{i}_n}{ds}\cdot\mathfrak{j}_{p+1} \\ r_p\left(\frac{d\cos\psi_{p+2}}{ds} - \frac{d\mathfrak{i}_n}{ds}\cdot\mathfrak{j}_{p+2} - \frac{\cos\psi_{p+3}}{r_{p+2}}\right) = \cos\psi_{p+1} \end{cases}$$

für alle Kurven denselben Wert haben. Haben die Kurven außer der

---

[1]) Kronecker hat 1869, 4, S. 691 diese Erweiterung für V_{n-1} in R_n gegeben, Killing, 1885, 2, S. 206, für V_{n-1} in S_n. Bianchi, 1899, 2, S. 606 für V_{n-1} in V_n. Vgl. auch Lie, 1871, 2 (V_{n-1} in R_n); Cesaro, 1904, 2, S. 664 (V_{n-1} in S_n). Finsler, 1918, 5, S. 88 behandelt Mannigfaltigkeiten mit sehr allgemeiner nicht-quadratischer Maßbestimmung.

Tangente die erste bis p-te Normale und die erste bis p-te Krümmung gemein, so lehrt (46), daß auch die Größen

(47) $$\begin{cases} \frac{d\cos\psi_u}{ds}, & u = 2, \ldots, p \\ \frac{d\cos\psi_{p+1}}{ds} - \frac{\cos\psi_{p+2}}{r_{p+1}} \end{cases}$$

für alle Kurven denselben Wert haben.

Im zweiten Falle ist $\psi_1 = \frac{\pi}{2}$ unabhängig von der Wahl des Punktes. Für jede Kurve, für welche $\mathbf{j}_p$ senkrecht ist zu $\frac{d\mathbf{i}_n}{ds}$, lehrt (44), daß:

(48) $$\frac{d\cos\psi_p}{ds} - \frac{\cos\psi_{p+1}}{r_p} + \frac{\cos\psi_{p-1}}{r_{p-1}} = 0.$$

Für $p = 1$ lehrt (48):

(49) $$\frac{\cos\psi_1}{r_1} = 0,$$

Diese Gleichung folgt auch aus der Identität:

(50) $$\mathbf{i}\cdot\frac{d\mathbf{i}_n}{ds} = -\frac{d\mathbf{i}}{ds}\cdot\mathbf{i}_n = 0.$$

Kurven dieser Art sind dadurch ausgezeichnet, daß ihr oskulierender Bivektor in der V_{n-1} liegt (oder unbestimmt ist); sie heißen *Haupttangentenkurven erster Ordnung* der V_{n-1}. Sie sind charakterisiert durch die mit (50) äquivalente Gleichung:

(51) $$\mathbf{i}\,\mathbf{i}\overset{2}{.}\,\nabla\mathbf{i}_n = 0$$[1].

Für $p = 2$ lehrt (48):

(52) $$\frac{d\cos\psi_2}{ds} - \frac{\cos\psi_3}{r_2} = 0.$$

Kurven dieser Art sind dadurch ausgezeichnet, daß die geodätische Änderung von $\mathbf{i}_n$ entlang s senkrecht zum Krümmungsvektor ist. Sind die Kurven zugleich Haupttangentenkurven erster Ordnung, so ist $\mathbf{i} \perp \mathbf{j}_2$ und infolgedessen auch:

(53) $$\mathbf{j}_2\cdot\frac{d\mathbf{i}_n}{ds} = -\frac{d\mathbf{j}_2}{ds}\cdot\mathbf{i}_n.$$

$\mathbf{i}_n$ ist also infolge (14) auch senkrecht zu $\mathbf{j}_3$. Kurven dieser Art sind also dadurch ausgezeichnet, daß ihr oskulierender Trivektor in der V_{n-1} liegt. Sie heißen *Haupttangentenkurven zweiter Ordnung*. Nach (50) und (53) sind sie charakterisiert durch die Gleichungen:

(54) $$\frac{d\mathbf{i}}{ds}\cdot\frac{d\mathbf{i}_n}{ds} = 0; \qquad \mathbf{i}\cdot\frac{d\mathbf{i}_n}{ds} = 0,$$

---

[1]) Kronecker, 1869, 4, S. 692 (V_{n-1} in R_n); Voß, 1880, 5, S. 149 (V_{n-1} in V_n); Killing, 1885, 2, S. 168 (V_{n-1} in S_n); Ricci, 1892, 6, S. 188 (V_2 in R_3 mit absolutem Differentialkalkül); Bianchi, 1899, 2, S. 606 (V_1 in V_n).

oder

(55) $$\mathbf{i}\cdot\frac{d^2\mathbf{i}_n}{ds^2}=0;\qquad \mathbf{i}\cdot\frac{d\,\mathbf{i}_n}{ds}=0.$$

Nun ist

(56) $$\mathbf{i}\,.\frac{d^2\mathbf{i}_n}{ds^2}=\mathbf{i}\,.(\mathbf{i}.\nabla)(\mathbf{i}.\nabla)\mathbf{i}_n=\mathbf{i}(\mathbf{i}\overset{1}{.}\nabla\mathbf{i})\overset{2}{.}\nabla\mathbf{i}_n+\mathbf{i}\mathbf{i}\mathbf{i}\overset{3}{.}\nabla\nabla\mathbf{i}_n=\mathbf{i}\mathbf{i}\mathbf{i}\overset{3}{.}\nabla\nabla\mathbf{i}_n,$$

so daß, weil die V_{n-1}-Komponente von $\nabla\mathbf{i}_n$ symmetrisch ist, (54) äquivalent ist mit:

(57) $$\mathbf{i}^{x+1}\overset{x+1}{.}\nabla^x\mathbf{i}_n=0,\qquad x=1,2,$$

wo $\nabla^2=\nabla\nabla$, $\nabla^3=\nabla\nabla\nabla$, usw.

Ist $\mathbf{j}_u\cdot\frac{d\,\mathbf{i}_n}{ds}=0$ für $u=1,\ldots,p$, so ist $\frac{d\,\mathbf{i}_n}{ds}$ senkrecht zu $\mathbf{j}_1,\ldots,\mathbf{j}_p$, also infolge (34) auch senkrecht zu $\mathbf{i}$, $\frac{d\,\mathbf{i}}{ds},\ldots,\frac{d^{p-1}\,\mathbf{i}}{ds^{p-1}}$. Somit folgt:

(58) $$\frac{d^{u-1}\mathbf{i}}{ds^{u-1}}\cdot\frac{d\mathbf{i}_n}{ds}=0,\qquad u=1,\ldots,p.$$

Diese Gleichungen sind aber äquivalent mit:

(59) $$\mathbf{i}\,.\,\frac{d^x\,\mathbf{i}_n}{ds^x}=0,\qquad x=1,\ldots,p,$$

oder auch, wie leicht bewiesen wird, mit:

(60) $$\boxed{\mathbf{i}^{x+1}\overset{x+1}{.}\nabla^x\mathbf{i}_n=0,}\qquad x=1,\ldots,p,$$

in Koordinaten:

(60a) $$i^{\lambda_1}i^{\lambda_2}\ldots i^{\lambda_{x+1}}\nabla_{\lambda_1}\nabla_{\lambda_2}\ldots\nabla_{\lambda_{x+1}}i_{n\lambda_{x+2}}=0.$$

Da aus (58) die Gleichung folgt:

(61) $$\frac{d^x\,\mathbf{i}}{ds^x}\cdot\mathbf{i}_n=0,\qquad x=1,\ldots,p$$

so ist $\mathbf{i}_n$ senkrecht zu $\mathbf{j}_1,\ldots,\mathbf{j}_{p+1}$, und die Kurven dieser Art sind also dadurch ausgezeichnet, daß ihr oskulierender $(p+1)$-Vektor in der V_{n-1} liegt. Sie heißen *Haupttangentenkurven p-ter Ordnung*[1]).

Die durch die x-te der Gleichungen (60) bestimmten Richtungen bilden den Mantel eines Kegels $(x+1)$-ten Grades. Für $p=n-2$ bestimmen die Gleichungen also im Allgemeinen $(n-1)!$ Richtungen, die $n-2$ Kegeln von den Graden $2,3,\ldots,n-1$ gemeinschaftlich sind.

Für $p=n$ lehrt (48):

(62) $$\frac{d\cos\psi_n}{ds}+\frac{\cos\psi_{n-1}}{r_{n-1}}=0.$$

---

[1]) Moore 1912, 7, für V_{n-1} in R_n, $p=2$.

Stellt man die Nebenbedingung auf, daß $\mathbf{i}_n$ gleichzeitig senkrecht zu $\mathbf{j}_p$, $p = 1, \ldots, n-2$ ist (was für $n = 3$ immer zutrifft), so liegt $\mathbf{i}_n$ in der R_2 von $\mathbf{j}_{n-1}$ und $\mathbf{j}_n$ und es ist also:

$$\sin \psi_n = \pm \cos \psi_{n-1}. \tag{63}$$

(62) geht demnach über in:

$$\frac{d \cos \psi_n}{ds} = \pm \frac{\sin \psi_n}{r_{n-1}}, \tag{64}$$

oder

$$\frac{d \psi_n}{ds} = \pm \frac{1}{r_{n-1}}, \tag{65}$$

in Worten:

Ist die geodätische Änderung der Einheitsnormalen $\mathbf{i}_n$ auf V_{n-1} entlang s senkrecht zur $(n-1)$-ten Normalen $\mathbf{j}_n$, und ist überdies $\mathbf{i}_n$ senkrecht zu den Normalen $\mathbf{j}_p$, $p = 1, \ldots, n-2$ (was für $n = 3$ immer erfüllt ist), so ist die geodätische Richtungsänderung der $(n-1)$-ten Normalen gleich dem Winkel zwischen zwei konsekutiven oskulierenden Bivektoren[1]).

3. Der zweite Fundamentaltensor einer V_{n-1} in V_n.

In der V_{n-1} in V_n seien $n-1$ zueinander orthogonale Kongruenzen $\mathbf{i}_a$, $a = 1, \ldots, n-1$, gegeben, wodurch in jedem Punkt P der V_{n-1} ein System von $n-1$ zueinander senkrechten Einheitsvektoren $\mathbf{i}_a$ bestimmt ist. Es sei ferner eine zu V_{n-1} normale Kongruenz $\mathbf{i}_n$ gegeben, welche in den Schnittpunkten mit V_{n-1} die Einheitsnormale $\mathbf{i}_n$ eindeutig bestimmt. Sei ferner

$$\mathbf{i}_n \overset{1}{\cdot} \nabla \mathbf{i}_n = \mathbf{u}_n. \tag{66}$$

Es gilt dann die Gleichung:

$$(\nabla \mathbf{i}_n) \overset{1}{\cdot} \mathbf{i}_n = 0. \tag{67}$$

Die $\mathbf{i}_a$ bilden mit $\mathbf{i}_n$ in P ein n-Kant, und nach (66) und (67) ist:

$$\nabla \mathbf{i}_n = \overset{2}{\mathbf{h}} + \mathbf{i}_n \mathbf{u}_n, \tag{68}$$

---

[1]) Für $n = 3$ hat $\mathbf{i} \overset{1}{\cdot} \nabla \mathbf{i}_n$ in diesem Falle die Richtung von $\mathbf{i}$, die Kurven sind also Hauptkrümmungslinien (vgl. S. 86). Lancret, 1806, 1, hat das Theorem bewiesen für V_2 in R_3. Vgl. Salmon-Fiedler, 1880, 3, S. 67; Laurent, 1891, 1, S. 27. Für $n > 3$ existieren außer den Hauptkrümmungslinien noch andere Kurven mit der erwähnten Eigenschaft.

wo $\overset{2}{\mathbf{h}}$ nur $\mathbf{i}_a$ enthält. Da die Kongruenz $\mathbf{i}_n$ in ihren Schnittpunkten mit der V_{n-1} V_{n-1}-normal ist, so ist $\overset{2}{\mathbf{h}}$ ein Tensor ${}^2\mathbf{h}$ und (68) kann nach Abschn. II § 7 folgendermaßen geschrieben werden:

$$(69) \qquad \boxed{\nabla \mathbf{i}_n = {}^2\mathbf{h} + \mathbf{i}_n \mathbf{u}_n},$$

in Koordinaten:

$$(69\text{a}) \qquad \begin{cases} \nabla_\mu i_{n\lambda} = h_{\mu\lambda} + i_{n\mu} u_{n\lambda} \\ h_{\mu\lambda} = h_{\lambda\mu}. \end{cases}$$

Der Tensor ${}^2\mathbf{h}$ liegt dabei also ganz in der V_{n-1}.

Ist die Kongruenz $\mathbf{i}_n$ geodätisch, so ist $\mathbf{u}_n = 0$ und, wie auch aus der Bemerkung auf S 57 unmittelbar hervorgeht:

$$(70) \qquad \nabla \mathbf{i}_n = {}^2\mathbf{h}.$$

In diesem Fall ist die Kongruenz $\mathbf{i}_n$ nach dem S. 51 bewiesenen Satz überall V_{n-1}-normal. Wir nehmen nun weiterhin an, $\mathbf{i}_n$ sei geodätisch.

Durch die geodätische Kongruenz $\mathbf{i}_n$ werden $n-1$ beliebige Systeme von ∞^1 V_{n-1} gelegt. Mit den ∞^1 zu der Kongruenz $\mathbf{i}_n$ normalen V_{n-1} bilden diese V_{n-1} ein System, das als Parameter-V_{n-1} benutzt werden kann. Wir nehmen die Kongruenz der $\mathbf{i}_n$ als die der x^{a_n} an. Dann kommen die Maßvektoren $\mathbf{e}'_{a_n}$ und $\mathbf{e}_{a_n}$ in die Richtung von $\mathbf{i}_n$, $\mathbf{e}'_\alpha$ und $\mathbf{e}_\alpha$, $\alpha = a_1, \ldots, a_{n-1}$ liegen in der zu $\mathbf{i}_n$ normalen V_{n-1}, und die ds^2 der V_n hat die Form (S. 52):

$$(71) \qquad ds^2 = (dx^{a_n})^2 + g_{\alpha\beta}\, dx^\alpha dx^\beta; \qquad \alpha, \beta = a_1, \ldots, a_{n-1},$$

wo die $g_{\alpha\beta}$ für $x^{a_n} = 0$ in die Bestimmungszahlen des Fundamentaltensors der V_{n-1} übergehen. In diesem Fall ist nach der Identifizierung von kontra- und kovarianten Größen, wenn für x^{a_n} nach dem Satze S. 52 die der Kongruenz $\mathbf{i}_n$ entlang gemessene Entfernung von einer beliebigen $V_{n-1} \perp \mathbf{i}_n$ gewählt wird:

$$(72) \qquad \mathbf{i}_n = \mathbf{e}_{a_n} = \mathbf{e}'_{a_n},$$

und wir finden die kovarianten Bestimmungszahlen des Affinors $\nabla \mathbf{i}_n$ aus der folgenden Gleichung:

$$(73) \quad \nabla \mathbf{i}_n = \nabla \mathbf{e}_{a_n} = \{\nabla(\mathbf{a}' \overset{1}{\cdot} \mathbf{e}_{a_n})\}\, \mathbf{a} = a_\alpha^{a_n} a_\beta\, \mathbf{e}_\alpha \mathbf{e}_\beta; \qquad \alpha, \beta = a_1, \ldots, a_{n-1}.$$

Somit ist:

$$(74) \qquad \begin{cases} h_{\alpha\beta} = a_\alpha^{a_n} a_\beta = -a^{a_n} a_{\beta\alpha} = -g^{\lambda a_n} a_\lambda a_{\beta\alpha} = -g^{a_n a_n} a_{a_n} a_{\beta\alpha} \\ \quad = -a_{a_n} a_{\beta\alpha} = -\frac{1}{2}(a_{a_n} a_{\beta\alpha} + a_{a_n} a_{\alpha\beta}) \\ \quad = \frac{1}{2}(a_{a_n\alpha} a_\beta + a_{a_n\beta} a_\alpha) = \frac{1}{2}(a_{\alpha a_n} a_\beta + a_{\beta a_n} a_\alpha) = \frac{1}{2}\frac{\partial g_{\alpha\beta}}{\partial x^{a_n}}, \\ \quad \alpha, \beta = a_1, \ldots, a_{n-1}, \qquad \lambda = a_1, a_2, \ldots, a_n. \end{cases}$$

Weil auch:

(75) $$\nabla \mathbf{i}'_n = \nabla \mathbf{e}'_{a_n} = \{\nabla (\mathbf{a} \,!\, \mathbf{e}'_{a_n})\} \mathbf{a}' = a_{a_n\alpha} a^\beta \mathbf{e}_\alpha \mathbf{e}'_\beta$$

ist, so ist:

(76) $$\begin{cases} h^{\alpha\beta} = \frac{1}{2}(g^{\alpha\lambda} a_{a_n\lambda} a^\beta + g^{\beta\lambda} a_{a_n\lambda} a^\alpha) = -\frac{1}{2}(g^{\alpha\lambda} a_\lambda a^\beta_{a_n} + g^{\beta\lambda} a_\lambda a^\alpha_{a_n}) \\ \quad = -\frac{1}{2}(a^\alpha a^\beta_{a_n} + a^\beta a^\alpha_{a_n}) \\ \quad = -\frac{1}{2}\frac{\partial g^{\alpha\beta}}{\partial x^{a_n}}; \qquad \alpha, \beta = a_1, \ldots, a_{n-1} \\ \qquad\qquad\qquad\qquad \lambda = a_1, a_2, \ldots, a_n. \end{cases}$$

Die Werte, welche die Bestimmungszahlen von ${}^2\mathbf{h}$ in der gegebenen V_{n-1} annehmen, bilden somit die *Koeffizienten der zweiten Fundamentalform der* V_{n-1}[1]. Wir nennen daher ${}^2\mathbf{h}$ den *zweiten Fundamentaltensor der* V_{n-1} *in* V_n.

Wir zeigen noch, daß sie für eine V_2 in R_3 bis auf den Faktor $\frac{1}{\sqrt{EG-F^2}}$ in die bekannten Gaußschen D, D', D'' übergehen und bedienen uns, um den Anschluß deutlicher hervortreten zu lassen, vorübergehend der Bezeichnungen der gewöhnlichen Differentialgeometrie. Sei das Linienelement der R_3:

(77) $$ds^2 = dw^2 + E\,du^2 + 2F\,du\,dv + G\,dv^2 = dx^2 + dy^2 + dz^2,$$

wo E, F, G für $w = 0$ in die Koeffizienten von ds^2 für die gegebene V_2 übergehen. Aus (77) folgt:

(78) $$\begin{cases} 1 = \sum \left(\frac{\partial x}{\partial w}\right)^2 = \left(\frac{\partial x}{\partial w}\right)^2 + \left(\frac{\partial y}{\partial w}\right)^2 + \left(\frac{\partial z}{\partial w}\right)^2 \\ 0 = \sum \frac{\partial x}{\partial w}\frac{\partial x}{\partial u} \\ 0 = \sum \frac{\partial x}{\partial w}\frac{\partial x}{\partial v} \\ E = \sum \left(\frac{\partial x}{\partial u}\right)^2 \\ F = \sum \frac{\partial x}{\partial u}\frac{\partial x}{\partial v} \\ G = \sum \left(\frac{\partial x}{\partial v}\right)^2, \end{cases}$$

wo Σ immer die Summe über x, y, z bedeutet. Dann ist:

(79) $$\frac{\partial E}{\partial w} = 2\sum \frac{\partial x}{\partial u}\frac{\partial^2 x}{\partial u\,\partial w} = -2\sum \frac{\partial^2 x}{\partial u^2}\frac{\partial x}{\partial w}$$

[1] Bianchi, 1899, 2, S. 601; Schouten-Struik, 1919, 10, S. 8, 207—208, engl. 600—601.

und aus (79) und der zweiten und dritten Gleichung von (78) folgt:

$$(81)\qquad \frac{\partial x}{\partial w} = -\frac{1}{2}\begin{vmatrix} \frac{\partial E}{\partial w} & -2\frac{\partial^2 y}{\partial u^2} & -2\frac{\partial^2 z}{\partial v^2} \\ 0 & \frac{\partial y}{\partial u} & \frac{\partial z}{\partial u} \\ 0 & \frac{\partial y}{\partial v} & \frac{\partial z}{\partial v} \end{vmatrix} : \begin{vmatrix} \frac{\partial^2 x}{\partial u^2} & \frac{\partial x}{\partial u} & \frac{\partial x}{\partial v} \\ \frac{\partial^2 y}{\partial u^2} & \frac{\partial y}{\partial u} & \frac{\partial y}{\partial v} \\ \frac{\partial^2 z}{\partial u^2} & \frac{\partial z}{\partial u} & \frac{\partial z}{\partial v} \end{vmatrix};$$

somit:

$$(82)\qquad \frac{\partial E}{\partial w}\begin{pmatrix} y & z \\ u & v \end{pmatrix} = -2\frac{\partial x}{\partial w}\begin{vmatrix} \frac{\partial^2 x}{\partial u^2} & \frac{\partial x}{\partial u} & \frac{\partial x}{\partial v} \\ \frac{\partial^2 y}{\partial u^2} & \frac{\partial y}{\partial u} & \frac{\partial y}{\partial v} \\ \frac{\partial^2 z}{\partial u^2} & \frac{\partial z}{\partial u} & \frac{\partial z}{\delta v} \end{vmatrix}.$$

Durch zyklische Permutation der x, y, z, Quadrierung und Summierung entsteht:

$$(82)\qquad \frac{1}{2}\frac{\partial E}{\partial w} = \begin{vmatrix} \frac{\partial^2 x}{\partial u^2} & \frac{\partial x}{\partial u} & \frac{\partial x}{\partial v} \\ \frac{\partial^2 y}{\partial u^2} & \frac{\partial y}{\partial u} & \frac{\partial y}{\partial v} \\ \frac{\partial^2 z}{\partial u^2} & \frac{\partial z}{\partial u} & \frac{\partial z}{\partial v} \end{vmatrix} : \sqrt{EG-F^2} = \frac{D}{\sqrt{EG-F^2}}\ ^{1)}.$$

In gleicher Weise findet man:

$$(83)\qquad \frac{1}{2}\frac{\partial F}{\partial w} = \frac{D'}{\sqrt{EG-F^2}}, \qquad \frac{1}{2}\frac{\partial G}{\partial w} = \frac{D''}{\sqrt{EG-F^2}},$$

$\frac{2D}{\sqrt{EG-F^2}}$, $\frac{2D'}{\sqrt{EG-F^2}}$ und $\frac{2D''}{\sqrt{EG-F^2}}$ sind also die Differentialquotienten von E, F und G nach w.

4. Hauptkrümmungs- und konjugierte Richtungen einer V_{n-1} in V_n.

Für die Hauptrichtungen des zweiten Fundamentaltensors, in welchen wir die Vektoren $\mathbf{i}_u$ legen, gelten die Gleichungen (vgl. Abschn. I, § 10):

$$(84)\qquad {}^2\mathbf{h} \overset{1}{\cdot} \mathbf{i}_u = -\frac{1}{R_u}\mathbf{i}_u,$$

also

$$(85)\qquad \begin{cases} {}^2\mathbf{h} \overset{2}{\cdot} \mathbf{i}_u \mathbf{i}_u = \nabla \mathbf{i}_n \overset{2}{\cdot} \mathbf{i}_u \mathbf{i}_u = -\frac{1}{R_u}, \\ {}^2\mathbf{h} \overset{2}{\cdot} \mathbf{i}_u \mathbf{i}_v = \nabla \mathbf{i}_n \overset{2}{\cdot} \mathbf{i}_u \mathbf{i}_v = 0, \end{cases}$$

---

[1]) Vgl. Gauß 1827, 1, S. 21; Darboux 1889, 2, S. 378; 1894, 8, S. 244. Andere Autoren führen $\frac{D}{\sqrt{EG-F^2}}$ als Koeffizienten der zweiten Fundamentalform ein, z. B. Bianchi, 1899, 2, S. 87, Knoblauch, 1913, 4, S. 63. Vgl. die Note S. 56 in Gauß, 1827, 1.

wo die R_u Koeffizienten sind, u, v die Zahlenreihe $1, \ldots, m$ durchlaufen und m der Rang des Tensors ${}^2\mathbf{h}$ ist. Dadurch wird ${}^2\mathbf{h}$:

$$(86) \qquad {}^2\mathbf{h} = -\sum_u \frac{\mathbf{i}_u \mathbf{i}_u}{R_u}.$$

Die Hauptrichtungen bilden nach S. 56 die zu der Kongruenz $\mathbf{i}_n$ kanonischen Kongruenzen.

Betrachtet man Kurven $\mathbf{i}$ in der V_{n-1}, für welche $\mathbf{i}_n$ der Einheitsvektor der Hauptnormalen ist, so gilt für eine solche Kurve:

$$(87) \qquad \mathbf{i} \overset{1}{\cdot} \nabla \mathbf{i} = \frac{\mathbf{i}_n}{r_{10}},$$

wo:

$$(88) \qquad \frac{1}{r_{10}} = \mathbf{i} \overset{1}{\cdot} \nabla \mathbf{i} \overset{1}{\cdot} \mathbf{i}_n = -\mathbf{i} \overset{1}{\cdot} \nabla \mathbf{i}_n \overset{1}{\cdot} \mathbf{i} = -\mathbf{i}\mathbf{i} \overset{2}{\cdot} {}^2\mathbf{h}$$

ist, und es gilt also (vgl. S. 78) der Satz:

Der zu einer Hauptrichtung gehörige Koeffizient R_u ist der erzwungenen Krümmung in dieser Richtung gleich.

Dabei ist R_u positiv zu rechnen, wenn der Krümmungsvektor (87) den Sinn von $\mathbf{i}_n$ hat.

Betrachtet man eine beliebige Kurve $\mathbf{i}$ in V_{n-1} und ist

$$(89) \qquad \mathbf{i} = \sum_a i_a \mathbf{i}_a, \qquad a = 1, 2, \ldots, n-1,$$

wo die $\mathbf{i}_a$ zusammengesetzt sind aus den $\mathbf{i}_u$ und $n-p-1$ in den Nullrichtungen von ${}^2\mathbf{h}$ beliebig gewählten gegenseitig senkrechten Vektoren $\mathbf{i}_x$, so daß

$$(90) \qquad \sum_a i_a^2 = 1, \qquad \sum_{a,b} i_a i_b = 0, \qquad a \neq b, \qquad a, b = 1, 2, \ldots, n-1$$

$$(91) \qquad \mathbf{i}_x \overset{1}{\cdot} {}^2\mathbf{h} = \mathbf{i}_x \overset{1}{\cdot} \nabla \mathbf{i}_n = -\frac{1}{R_x} = 0, \qquad x = m+1, \ldots, n-1$$

so ist der erzwungene Krümmungsvektor nach (87) und (88):

$$(92) \qquad \mathbf{i} \overset{1}{\cdot} \nabla \mathbf{i} = \sum_a i_a \mathbf{i}_a \overset{1}{\cdot} \nabla \sum_c i_c \mathbf{i}_c = \sum_a i_a^2 \mathbf{i}_a \overset{1}{\cdot} \nabla \mathbf{i}_a + \sum_{a,b} i_a i_b \mathbf{i}_a \overset{1}{\cdot} \nabla \mathbf{i}_b$$
$$= -\mathbf{i}_n \sum \frac{i_a^2}{R_a} \qquad a, b, c = 1, 2, \ldots, n-1, \quad a \neq b,$$

weil die zweite Summe rechts nach (85) und (91) keine Komponente in der $\mathbf{i}_n$-Richtung hat. Der Ausdruck:

$$(93) \qquad (\mathbf{i} \overset{1}{\cdot} \nabla \mathbf{i})_m = \sum_a \frac{i_a^2}{R_a}$$

hat jedesmal einen extremen Wert, wenn eine der $i_a = 1$ und die anderen $i_a = 0$ werden. Es gilt also der Satz:

Die Vektoren der erzwungenen Krümmung in den Hauptrichtungen haben eine extreme Länge.

In den Nullrichtungen sind sie nach (91) immer Null.

Die Gleichung (93) ist die Eulersche Gleichung für V_1 in V_{n-1} in V_n. Wir nennen die $\mathbf{i}_a$ die *Hauptkrümmungsrichtungen*[1]), die R_a die *Hauptkrümmungsradien* der V_{n-1} in V_n. Die $\mathbf{i}_a$ bilden die Kongruenzen der *Krümmungslinien.*

Es gilt also, mit Rücksicht auf (86), der Satz:

Der Rang des zweiten Fundamentaltensors ist gleich der Anzahl der nicht verschwindenden Hauptkrümmungsradien.

Hat ${}^2\mathbf{h}$ q gleiche Bestimmungszahlen, so werden die zugehörigen Krümmungslinien unbestimmt.

In gleicher Weise wie für V_2 in R_3 kann man aus (92) zu der *Dupinschen Indikatrix* der V_{n-1} gelangen. Diese ist eine V_{n-2} zweiten Grades in der berührenden R_{n-1}. Die Hauptrichtungen der V_{n-1} sind die Hauptrichtungen der Indikatrix[2]).

Schreibt man die Gleichung (84) in der Form:

$$\mathbf{i}_u \overset{1}{\cdot} \nabla \mathbf{i}_n = -\frac{1}{R_u}\mathbf{i}_u, \tag{94}$$

so folgt:

Die spezifische geodätische Änderung des Einheitsvektors in der Richtung der Normalen bei der Bewegung in einer Hauptkrümmungsrichtung liegt in dieser Hauptkrümmungsrichtung.

Für die V_{n-1} in S_n besagt diese Eigenschaft, daß die Normalen entlang einer Krümmungslinie eine abwickelbare V_2 bilden[3]).

Die Formel (94) ist gleichwertig mit dem Gleichungssystem von Rodrigues für V_{n-1} in V_n[4]).

Wenn in einem Punkt $m = n - 1$ ist und alle R_u gleich werden, so ist, wenn $R_u = R$ gesetzt wird:

$${}^2\mathbf{h} = -\frac{{}^2\mathbf{g}'}{R}, \tag{95}$$

wo ${}^2\mathbf{g}'$ der Fundamentaltensor der V_{n-1} ist. Der betreffende Punkt heißt dann *Umbilikalpunkt* oder *Nabelpunkt.* V_{n-1} in R_n, deren reelle Punkte alle Umbilikalpunkte sind, heißen nach Voß *Hypersphären*[5]).

[1]) Kronecker, 1869, 4, S. 692 (V_{n-1} in R_n); Voß, 1880, 5, S. 150 (V_{n-1} in V_n). Siehe auch Allé, 1876, 1, S. 13 u. 38 (V_{n-1} in R_n); Killing, 1885, 2, S. 209 (V_{n-1} in S_n); Cesaro, 1901, 2, S. 285 (V_2 in V_3), S. 307 (V_{n-1} in R_n); Bianchi, 1899, 2, S. 609 (V_{n-1} in V_n). — [2]) Z. B. Allé, 1876, 1, S. 13 (V_{n-1} in R_n). — [3]) Vgl. S. 144. — [4]) Siehe z. B. Bianchi, 1899, 2, S. 102 (V_2 in R_3). — [5]) Voß, 1880, 5, S. 146, vgl. Rimini, 1904, 9, S. 14. Eine Erweiterung dieses Begriffes gibt Fubini, 1905, 2, indem er in V_n die Hypersphäre definiert als den geometrischen Ort aller Punkte gleicher geodätischer Entfernung von einem bestimmten Punkte. Vgl. dazu auch Darboux, 1889, 2, S. 510. — Über V_{n-1} in V_n mit lauter Nabelpunkten siehe u. a. Abschn. IV, § 8.

Zwei Richtungen $\mathbf{i}_p$ und $\mathbf{i}_q$ in einem Punkte P der V_{n-1} sind *konjugiert*, wenn sie der Gleichung genügen:

$$\mathbf{i}_p \mathbf{i}_q \overset{2}{\cdot} {}^2\mathbf{h} = \mathbf{i}_q \mathbf{i}_p \overset{2}{\cdot} {}^2\mathbf{h} = 0 \qquad (96)$$ [1].

Hieraus folgt:

$$(\mathbf{i}_p \overset{1}{\cdot} \nabla \mathbf{i}_n) \overset{1}{\cdot} \mathbf{i}_q = 0 \qquad (97)$$

und

$$(\mathbf{i}_q \overset{1}{\cdot} \nabla \mathbf{i}_n) \overset{1}{\cdot} \mathbf{i}_p = 0. \qquad (98)$$

Mithin steht eine Richtung in V_{n-1} senkrecht zu der spezifischen geodätischen Änderung der Einheitsnormalen bei Bewegung in einer konjugierten Richtung. Zu jeder Richtung $\mathbf{i}_p$ gehört somit eine konjugierte R_{n-2}. Diese R_{n-2} ist der Schnitt der zwei $(n-1)$-Vektoren ${}_{n-1}\mathbf{i}$ und $\mathbf{i}_p \overset{1}{\cdot} \nabla_{n-1} \mathbf{i}$, wo ${}_{n-1}\mathbf{i}$ der Einheits-$(n-1)$-Vektor der berührenden R_{n-1} ist[2]. Denn da

$${}_{n-1}\mathbf{i} \overset{1}{\cdot} \mathbf{i}_n = 0 \qquad (99)$$

ist, so ist

$$\mathbf{i}_p \overset{1}{\cdot} (\nabla_{n-1} \mathbf{i}) \overset{1}{\cdot} \mathbf{i}_n + {}_{n-1}\mathbf{i} \overset{1}{\cdot} (\mathbf{i}_p \overset{1}{\cdot} \nabla \mathbf{i}_n) = 0 \qquad (100)$$

und da nach (97) $\mathbf{i}_p \overset{1}{\cdot} \nabla \mathbf{i}_n$ senkrecht zu $\mathbf{i}_q$ steht, so enthält ${}_{n-1}\mathbf{i} \overset{1}{\cdot} (\mathbf{i}_p \overset{1}{\cdot} \nabla \mathbf{i}_n)$ immer $\mathbf{i}_q$ und also auch $\mathbf{i}_p \overset{1}{\cdot} \nabla_{n-1} \mathbf{i}$ immer $\mathbf{i}_q$.

Die selbstkonjugierten Richtungen sind bestimmt durch die Gleichung:

$$\mathbf{i}_u \mathbf{i}_u \overset{2}{\cdot} {}^2\mathbf{h} = 0 \qquad (101)$$

und bilden somit die Haupttangentenkurven erster Ordnung der V_{n-1}. Diese konjugierten, bzw. selbstkonjugierten Richtungen sind die konjugierten, bzw. selbstkonjugierten Richtungen der Dupinschen Indikatrix.

5. Geodätische Linien in V_{n-1} in V_n.

Sei ${}^2\mathbf{g}'$ der Fundamentaltensor der V_{n-1} und

$$\begin{cases} {}^2\mathbf{g}' = \mathbf{a}'\mathbf{a}', \\ {}^2\mathbf{g} = \mathbf{a}'\mathbf{a}' + \mathbf{a}''\mathbf{a}'' = \mathbf{a}'\mathbf{a}' + \mathbf{i}_n\mathbf{i}_n, \\ \mathbf{a}'' = a_n \mathbf{i}_n, \end{cases} \qquad (102)$$

so gilt die Gleichung:

$$\mathbf{a}'\mathbf{a}'' = \mathbf{a}''\mathbf{a}' = 0. \qquad (103)$$

---

[1]) Ricci, 1892, 6, S. 88 (V_2 in R_3 im absoluten Differentialkalkül); Moore, 1911, 4, (V_3 in R_4). — [2]) Weniger genau ist es, diese R_{n-2} als das Schnittgebilde zweier „aufeinander entlang $\mathbf{i}_p\, ds$ folgenden" berührenden R_{n-1} zu definieren.

Ist ∇' der Differentialoperatorkern in der V_{n-1}, so ist für ein beliebiges Skalarfeld p nach Abschn. I (95):

(104) $$\nabla' p = {}^2\mathbf{g}' \cdot \nabla p$$

und

(105) $$\mathbf{i} \cdot \nabla' p = \mathbf{i} \cdot \nabla p.$$

Für Vektorfelder erzeugen $\mathbf{i} \cdot \nabla$ und $\mathbf{i} \cdot \nabla'$ nicht dasselbe. Der Krümmungsvektor $\mathbf{u}$ der Kongruenz $\mathbf{i}$ in bezug auf V_n oder der *absolute Krümmungsvektor*[1]) ist:

(106) $$\begin{aligned} \mathbf{i} \cdot \nabla \mathbf{i} &= \mathbf{i} \cdot \{\nabla(\mathbf{a} \,.\, \mathbf{i})\}\mathbf{a} = \mathbf{i} \cdot \{\nabla'(\mathbf{a}' \,.\, \mathbf{i})\}\mathbf{a} \\ &= \mathbf{i} \cdot \{\nabla'(\mathbf{a}' \,.\, \mathbf{i})\}\mathbf{a}' + \mathbf{i} \cdot \{\nabla(\mathbf{a} \,.\, \mathbf{i})\} a_n \mathbf{i}_n \\ &= \mathbf{i} \cdot \nabla' \mathbf{i} + \mathbf{i} \cdot (\nabla \mathbf{i}) \cdot \mathbf{i}_n \mathbf{i}_n. \end{aligned}$$

Der Vektor $\mathbf{i} \cdot \nabla' \mathbf{i}$ ist *der relative Krümmungsvektor* $\mathbf{u}'$ von $\mathbf{i}$ in bezug auf V_{n-1}:

(107) $$\mathbf{u}' = \mathbf{i} \cdot \nabla' \mathbf{i}.$$

Der Vektor

(108) $$\{\mathbf{i} \cdot (\nabla \mathbf{i}) \cdot \mathbf{i}_n\} \mathbf{i}_n = (\mathbf{u} \,.\, \mathbf{i}_n) \mathbf{i}_n = \mathbf{u}''$$

ist der *Vektor der erzwungenen Krümmung von* $\mathbf{i}$ in bezug auf V_{n-1}, denn es gilt, mit Rücksicht auf (88), die Formel:

(109) $$\frac{1}{r_{10}} = \mathbf{u} \,.\, \mathbf{i}_n = u''.$$

Aus (106) folgt:

(110) $$\mathbf{u} = \mathbf{u}' + \mathbf{u}'',$$

in Worten:

Der absolute Krümmungsvektor ist die Summe des relativen Krümmungsvektors und des Vektors der erzwungenen Krümmung in bezug auf V_{n-1}.

In diesem Satze ist auch der Meusniersche Satz von S. 78 enthalten.

Aus (110) folgt:

(111) $$u^2 = u'^2 + u''^2 \;{}^{2)}.$$

Die Krümmung u' ist identisch mit der *geodätischen Krümmung*[3]) einer Kurve auf V_{n-1}.

Eine geodätische Linie der V_{n-1} ist nach Abschn. II (47) bestimmt durch die Gleichung:

(112) $$\mathbf{i} \cdot \nabla' \mathbf{i} = 0.$$

---

[1]) Siehe S. 92. — [2]) Ricci, 1894, 12, S. 456 (V_2 in R_3 mit absolutem Differentialkalkül); Ricci, 1895, 5, S. 286 (V_{n-1} in R_n). — [3]) Für V_2 in R_3 vgl. z. B. Bianchi, 1899, 2, S. 146flg.; Darboux, 1889, 2, S. 355.

Somit ist hier $\mathbf{u}'$ Null. $\mathbf{u}''$ ist also der absolute Krümmungsvektor einer in V_{n-1} geodätischen Kurve, welche dieselbe Tangente hat wie die gegebene (vgl. S. 92).

Der absolute Krümmungsvektor einer geodätischen Linie der V_{n-1} hat in jedem ihrer Punkte die Richtung der Normalen. Eine Kurve der V_{n-1}, deren absoluter Krümmungsvektor in jedem ihrer Punkte die Richtung der Normalen hat, ist eine geodätische Linie[1]).

Ist $\mathbf{u}''$ Null, so ist die Kurve eine Haupttangentenkurve erster Ordnung der V_{n-1} (vgl. S. 79 und 94).

Es folgen aus (110) und (111) noch folgende Sätze:

Eine in V_{n-1} liegende geodätische Linie der V_n ist auch geodätische Linie der V_{n-1}. Eine geodätische Linie der V_{n-1} ist dann und nur dann eine geodätische Linie der V_n, wenn sie zugleich eine Haupttangentenkurve erster Ordnung ist.

Die zweite Krümmung oder Torsion einer in V_{n-1} durch den in einem Punkt gegebenen Einheitsvektor $\mathbf{i} = \mathbf{j}_1$ gegebenen Kurve wird bestimmt durch die aus (14) folgende Formel:

$$\mathbf{j}_1 \overset{1}{\cdot} (\nabla \mathbf{j}_2) \overset{1}{\cdot} \mathbf{j}_3 = \frac{1}{r_2}. \tag{113}$$

Somit hat die in P berührende in V_{n-1} geodätische Linie[2]) die Torsion:

$$\mathbf{j}_1 \overset{1}{\cdot} (\nabla \mathbf{i}_n) \overset{1}{\cdot} \mathbf{j}_{30} = \frac{1}{r_{20}}, \tag{114}$$

wo $\mathbf{j}_{30}$ die Binormale dieser geodätischen Linie ist. $\frac{1}{r_{20}}$ heißt *die geodätische Torsion* der Kurve $\mathbf{i}$. Für $n = 3$ kann man für $\frac{1}{r_{20}}$ einige einfache Formeln ableiten. Hier ist $\mathbf{j}_3$ ein zu $\mathbf{i}$ und $\mathbf{i}_3$ senkrechter Einheitsvektor:

$$\frac{1}{r_{20}} = \mathbf{i} \overset{1}{\cdot} (\nabla \mathbf{i}_3) \overset{1}{\cdot} \mathbf{j}_3 = -\mathbf{j}_3 \overset{1}{\cdot} \nabla \mathbf{i}_3 \overset{1}{\cdot} (-\mathbf{i}), \tag{115}$$

also in Worten:

Zwei in einer V_2 in einer V_3 einander senkrecht schneidende Kurven haben in ihrem Schnittpunkt gleiche und entgegengesetzte geodätische Torsion[3]).

Wenn ${}^2\mathbf{h}$ ausgedrückt wird in $\mathbf{i} = \mathbf{i}_1$ und $\mathbf{j}_3 = \mathbf{i}_2$, so wird:

$$ {}^2\mathbf{h} = \frac{1}{r_{10}} \mathbf{i}_1 \mathbf{i}_1 + \frac{1}{r_{20}} \mathbf{i}_1 \mathbf{i}_2 + \frac{1}{r'_{10}} \mathbf{i}_2 \mathbf{i}_2, \tag{116}$$

[1]) Bianchi, 1899, 2, S. 605 (V_{n-1} in V_n). Vgl. Hoppe, 1886, 2, S. 282; Pirondini, 1890, 1, S. 231 (V_3 in R_4); Ricci, 1894, 12, S. 451 (V_2 in R_3 mit absolutem Differentialkalkül). — [2]) Und auch jede in P die geodätische Linie oskulierende Kurve. — [3]) Für V_2 in R_3 ist dies der Bonnetsche Satz. Vgl. z. B. Bianchi, 1899, 2, S. 167; Darboux, 1889, 2, S. 393.

wo $\frac{1}{r_{10}}$ und $\frac{1}{r'_{10}}$ die erzwungenen Krümmungen der Kurven $\mathbf{i}_1$ und $\mathbf{i}_2$ sind[1]). Aus (116) folgt durch Anwendung des Operators $\mathbf{i}_1 . \nabla$:

$$(117) \qquad \nabla^2 \mathbf{h} \overset{3}{.} \mathbf{i}_1 \mathbf{i}_1 \mathbf{i}_1 = (\mathbf{i}_1 . \nabla) \frac{1}{r_{10}} - \frac{1}{r_{20}\, r_{10}}$$

Diese Gleichung für V_2 in R_3 ist von Ricci abgeleitet[1]). Ricci nennt den Ausdruck $(\nabla^2 \mathbf{h}) \overset{3}{.} \mathbf{i}_1 \mathbf{i}_1 \mathbf{i}_1$ *die sphärische Krümmung*[1]) der Kurve $\mathbf{i}_1$. Ihr identisches Verschwinden für alle Werte von $\mathbf{i}$, also das identische Verschwinden von $\overset{6}{\mathbf{g}'} \overset{3}{.} \nabla \smile {}^2\mathbf{h}$, ist auch für V_{n-1} in V_n notwendig und hinreichend dafür, daß die V_2 in P einen Umbilikalpunkt besitzt.

Aus (114) folgt:

Bei einer in V_{n-1} geodätischen Hauptkrümmungslinie ist die zweite Krümmung Null. Eine in V_2 in V_3 geodätische Linie, deren zweite Krümmung Null ist, ist eine Hauptkrümmungslinie[2]).

Aus (116) folgt:

Die Krümmungslinien einer V_2 in einer V_3 sind dadurch charakterisiert, daß ihre geodätische Torsion verschwindet.

Sei α der Winkel, den $\mathbf{i}_1$, also $\frac{\pi}{2} - \alpha$ der Winkel, den $\mathbf{i}_2$ mit der Krümmungslinie vom Krümmungsradius R_1 macht. Dann gibt (115) mit (116):

$$(118) \qquad \frac{1}{r_{20}} = -\frac{\cos\alpha \sin\alpha}{R_1} + \frac{\cos\alpha\sin\alpha}{R_2} = -\frac{\sin 2\alpha}{2}\left(\frac{1}{R_1} - \frac{1}{R_2}\right)$$ [3])

und

$$(119) \qquad \frac{1}{r_{20}^2} = \left(\frac{1}{r_{10}} - \frac{1}{R_1}\right)\left(\frac{1}{r_{10}} - \frac{1}{R_2}\right)$$ [4]).

Mit Rücksicht auf (51) und (118) folgt für die geodätische Torsion der Haupttangentenkurven, da hier

$$(120) \qquad \operatorname{tg}\alpha = \pm\sqrt{\frac{R_2}{R_1}}$$

die Formel:

$$(121) \qquad \frac{1}{r_{20}} = \pm\sqrt{R_1 R_2}$$ [5]).

Aus den Gleichungen (115) und (116) folgen mehrere Verallgemeinerungen auf V_2 in V_3 von der für die geodätische Torsion in R_3 bekannten Eigenschaften, z. B. $-\frac{1}{r_{20}} = \frac{d\psi_3}{ds} - \frac{1}{r_2}$ [6]). Für die Verallgemeinerung auf V_k in V_n, vgl. S. 107.[7])

---

[1]) Ricci, 1894, 12, S. 456 und 457 (V_2 in R_3). — [2]) Vgl. Bianchi, 1899, 2, S. 167 (V_2 in R_3). — [3]) Zindler, 1902, 15, S. 137 bemerkt für V_2 in R_3, daß diese Formel für die geodätische Torsion leistet, was die Eulersche Formel für die erste Krümmung leistet. — [4]) V. Kommerell, 1901, 4, S. 117 (V_2 in R_3). — [5]) Vgl. z. B. Darboux, 1889, 2, S. 399 (V_2 in R_3). — [6]) Vgl. z. B. Bianchi, 1899, 2, S. 168; Darboux, 1889, 2, S. 391; Cesaro, 1901, 2, S. 194 (V_2 in R_3). Für $\frac{1}{r_{20}} = 0$ entsteht hieraus der Lancretsche Satz (S. 81). — [7]) Über V_{n-1} in R_n vgl. noch Saurel, 1903, 11.

6. V_m in V_n, absolute, relative und erzwungene Krümmung einer Kongruenz.

Die Kongruenz $\mathbf{i}$ liege in einer V_m in der V_n. In die V_n legen wir n zueinander orthogonale Kongruenzen $\mathbf{i}_1, \ldots, \mathbf{i}_n$, so daß V_m gebildet wird von Kurven $\mathbf{i}_1, \ldots, \mathbf{i}_m$. Zur Unterscheidung stellen wir fest, daß die Indizes i, j, k, l die Werte $1, \ldots, n$, die Indizes a, b, c, d die Werte $1, \ldots, m$ und die Indizes e, f, g, h die Werte $m+1, \ldots, n$ annehmen können. Ist:

$$(122) \qquad \begin{cases} \mathbf{a}' = \sum_a a_a \mathbf{i}_a, \\ \mathbf{a}'' = \sum_e a_e \mathbf{i}_e, \end{cases}$$

und ${}^2\mathbf{g}'$ der Fundamentaltensor der V_m, so ist

$$(123) \qquad \begin{cases} {}^2\mathbf{g}' = \mathbf{a}'\mathbf{a}', \\ {}^2\mathbf{g} = {}^2\mathbf{g}' + \mathbf{a}''\mathbf{a}'', \\ \mathbf{a} = \mathbf{a}' + \mathbf{a}''. \end{cases}$$

Für die Bestimmungszahlen von $\mathbf{a}$ gilt:

$$(124) \qquad \begin{cases} a_a a_b = \begin{cases} 1 & \text{für } a = b \\ 0 & \text{,, } a \neq b \end{cases} \\ a_e a_f = \begin{cases} 1 & \text{,, } e = f \\ 0 & \text{,, } e \neq f \end{cases} \\ a_a a_e = 0, \end{cases}$$

und demnach:

$$(125) \qquad \mathbf{a}'\mathbf{a}'' = \mathbf{a}''\mathbf{a}' = 0.$$

Ist ∇' der Differentialoperatorkern in der V_m, so ist für ein beliebiges Skalarfeld p in V_m:

$$(126) \qquad \nabla' p = {}^2\mathbf{g}' \overset{1}{\cdot} \nabla p,$$

und für ein beliebiges, ganz in der V_m gelegenes, Vektorfeld $\mathbf{v}$:

$$(127) \qquad \nabla'\mathbf{v} = \{\nabla'(\mathbf{a}'\cdot\mathbf{v})\}\,\mathbf{a}' = \{\nabla'(\mathbf{a}\cdot\mathbf{v})\}\,\mathbf{a}' = {}^2\mathbf{g}' \overset{1}{\cdot} (\nabla\mathbf{v}) \overset{1}{\cdot} {}^2\mathbf{g}' = \overset{4}{\mathbf{g}}{}' \overset{2}{\cdot} \nabla\mathbf{v}.$$

Liegt $\mathbf{v}$ *in* V_m, *so ist also* $\nabla'\mathbf{v}$ *die in* V_m *gelegene Komponente von* $\nabla\mathbf{v}$[1]). *Dasselbe gilt offenbar für jedes ganz in* V_m *gelegene Feld* $\overset{p}{\mathbf{v}}$[2]).

---

[1]) F. Jung hat diese Tatsache benutzt, um zum Begriff des geodätischen Differentialquotienten zu gelangen. Vgl. 1918, 7. — [2]) Es ist zu beachten, daß ∇' nicht auf Felder angewandt werden darf, die nicht ganz in der V_m liegen. ${}^2\mathbf{g}'$ ist nämlich wohl für V_m, nicht aber für V_n ein nichtdegenerierter Tensor. ∇' ist also nur für V_m ein Differentialoperatorkern, der den für Kerne dieser Art geltenden formalen Regeln genügt.

Der Krümmungsvektor $\mathbf{u}$ der in V_m gelegenen Kongruenz $\mathbf{i}$ in bezug auf V_n oder der *absolute Krümmungsvektor* läßt sich nun in folgender Weise zerlegen:

$$(128)\qquad \begin{aligned}\mathbf{u} &= \mathbf{i} \overset{1}{.} \nabla \mathbf{i} = \mathbf{i} \overset{1}{.} \{\nabla(\mathbf{a}\,.\,\mathbf{i})\}\mathbf{a} = \mathbf{i} \overset{1}{.} \{\nabla'(\mathbf{a}'.\,\mathbf{i})\}\mathbf{a} \\ &= \mathbf{i} \overset{1}{.} \{\nabla'(\mathbf{a}'.\,\mathbf{i})\}\mathbf{a}' + \mathbf{i} \overset{1}{.} \{\nabla'(\mathbf{a}'.\,\mathbf{i})\}\mathbf{a}'' \\ &= \mathbf{i} \overset{1}{.} \nabla'\mathbf{i} + \mathbf{i} \overset{1}{.} (\nabla'\mathbf{a}') \overset{1}{.} \mathbf{i}\mathbf{a}'' + \mathbf{i} \overset{1}{.} (\nabla'\mathbf{i}) \overset{1}{.} \mathbf{a}'\mathbf{a}'' \\ &= \mathbf{i} \overset{1}{.} \nabla'\mathbf{i} + \mathbf{i}\mathbf{i} \overset{2}{.} (\nabla'\mathbf{a}')\mathbf{a}'',\end{aligned}$$

$\mathbf{i} \overset{1}{.} \nabla'\mathbf{i}$ ist der relative Krümmungsvektor $\mathbf{u}'$ von $\mathbf{i}$ in bezug auf V_m[1]). Schreibt man nun mit Rücksicht auf (127)

$$(129)\qquad \boxed{\overset{3}{\mathbf{H}} = (\nabla'\mathbf{a}')\mathbf{a}'' = \overset{4}{\mathbf{g}}{}' \overset{2}{.} (\nabla\mathbf{a}')\mathbf{a}''}\ {}^{2)\,3)},$$

in Koordinaten:

$$(129\text{a})\qquad H_{\alpha\beta\varrho} = (\nabla'_\alpha a_\beta)\, a_\varrho = g'^{\cdot\cdot\varkappa\lambda}_{\alpha\beta}\, a_{\varkappa\lambda} a_\varrho .$$

So folgt aus (128) und (129):

$$(130)\qquad \mathbf{u} = \mathbf{u}' + \mathbf{i}\mathbf{i} \overset{2}{.} \overset{3}{\mathbf{H}}.$$

$\mathbf{u}'' = \mathbf{i}\mathbf{i} \overset{2}{.} \overset{3}{\mathbf{H}}$ ist senkrecht zur V_m, da $\mathbf{a}''$ nur $\mathbf{i}_{m+1}, \ldots, \mathbf{i}_n$ enthält, und heißt der *Vektor der erzwungenen Krümmung* in bezug auf V_n[1]). $\overset{3}{\mathbf{H}}$ heißt der *Krümmungsaffinor der* V_m *in bezug auf* V_n[2]). Es gilt also der Satz:

Der absolute Krümmungsvektor einer Kurve in der V_m *in* V_n *ist die Summe des relativen Krümmungsvektors und des Vektors der erzwungenen Krümmung in bezug auf* V_n.

Aus (130) folgt:

$$(131)\qquad u^2 = u'^2 + u''^2.$$

$\mathbf{u}'$ wird Null für eine in V_m geodätische Kurve, $\mathbf{u}''$ ist also der absolute Krümmungsvektor einer in V_m geodätischen Kurve, welche dieselbe Tangente hat wie die gegebene. Somit gilt:

---

[1]) Ricci, 1902, 12, S. 360 nennt diesen Vektor „curvatura normale relativa a V_n“. — [2]) $\overset{3}{\mathbf{H}}$ korrespondiert mit dem Ausdruck Ω_{rtj} bei Voss, 1880, 5, S. 135, mit $b_{\alpha|rs}$ und ω_{ahk} bei Ricci, 1903, 9, S. 414 und mit $k_{fg}^{(r)}$ bei Kühne, 1904, 7, S. 255. — [3]) Da

$$(\nabla\mathbf{a}')\mathbf{a}'' = \{\nabla(\mathbf{a}'.\,\mathbf{b}')\}\mathbf{b}\mathbf{a}'' = (\nabla\mathbf{a}') \overset{1}{.} \mathbf{b}'\mathbf{b}\mathbf{a}'' + (\nabla\mathbf{b}') \overset{1}{.} \mathbf{a}'\mathbf{b}\mathbf{a}'' = (\nabla\mathbf{a}') \overset{1}{.} \mathbf{b}'\mathbf{b}'\mathbf{a}''$$

ist, besteht auch die Formel

$$\overset{3}{\mathbf{H}} = {}^{2}\mathbf{g}' \overset{1}{.} (\nabla\mathbf{a}')\mathbf{a}'',$$

mit ${}^{2}\mathbf{g}'$ statt $\overset{4}{\mathbf{g}}{}'$.

Der absolute Krümmungsvektor einer in V_m geodätischen Linie steht in jedem Punkte senkrecht zur V_m[1]).

Wird $\mathbf{u}''$ Null in jedem Punkte der Kurve, so nennen wir die Kurve *eine Haupttangentenkurve erster Ordnung* der V_m. Eine in V_m geodätische Linie ist also dann und nur dann in V_n geodätisch, wenn sie zugleich Haupttangentenkurve erster Ordnung ist.

Da die absolute Krümmung einer Kurve $\mathbf{i}$ in V_m nur von $\mathbf{u}''$ und von der Richtung der ersten Normalen abhängt, folgt der Satz:

Die drei Krümmungsvektoren aller Kurven der V_m, die in einem Punkte P dieselbe Tangente und dieselbe erste Normale in V_n haben, sind einander gleich. Haben zwei Kurven der V_m in P dieselbe Tangente, und enthält die in V_n oskulierende R_2 der ersten eine Normale auf V_m, während die in V_n oskulierende R_2 der zweiten mit dieser Normalen einen Winkel ψ_1 bildet, so verhalten sich die absoluten ersten Krümmungen wie $\cos\psi_1 : 1$ [2]).

Dies ist der für V_1 in V_m in V_n erweiterte *Satz von Meusnier*.

Da nach Abschn. II (36):

$$(\nabla \mathbf{a})\mathbf{a} = 0, \tag{132}$$

so ist auch

$$(\nabla \mathbf{a})\mathbf{a}'' = 0 \tag{133}$$

und man kann für $\overset{3}{\mathbf{H}}$ auch folgenden Ausdruck bilden:

$$\overset{3}{\mathbf{H}} = \overset{4}{\mathbf{g}}{}' \overset{2}{\cdot} (\nabla \mathbf{a}')\mathbf{a}'' = -\overset{4}{\mathbf{g}}{}' \overset{2}{\cdot} (\nabla \mathbf{a}'')\mathbf{a}'' = -\overset{4}{\mathbf{g}}{}' \overset{2}{\cdot} \nabla \mathbf{a}''\mathbf{a}''. \tag{134}$$

Da aber

$$\nabla \mathbf{a}''\mathbf{a}'' = \nabla^2 \mathbf{g} - \nabla^2 \mathbf{g}' = -\nabla^2 \mathbf{g}', \tag{135}$$

so folgt:

$$\overset{3}{\mathbf{H}} = \overset{4}{\mathbf{g}}{}' \overset{2}{\cdot} \nabla^2 \mathbf{g}' = \overset{4}{\mathbf{g}}{}' \overset{2}{\cdot} \overset{3}{\mathbf{G}}, \tag{136}$$

wo

$$\overset{3}{\mathbf{G}} = \nabla^2 \mathbf{g}'. \tag{137}$$

Aus (133) folgt:

$$\boxed{\overset{3}{\mathbf{H}} = -\sum_e \overset{4}{\mathbf{g}}{}' \overset{2}{\cdot} \nabla \mathbf{i}_e \mathbf{i}_e = -\sum_e \overset{4}{\mathbf{g}}{}' \overset{2}{\cdot} (\nabla \mathbf{i}_e)\mathbf{i}_e = -\sum_e {}^2\mathbf{h}_e \mathbf{i}_e}, \tag{138}$$

wo

$$\overset{4}{\mathbf{g}}{}' \overset{2}{\cdot} \nabla \mathbf{i}_e = {}^2\mathbf{h}_e. \tag{139}$$

---

[1]) Killing, 1885, 2, S. 168 (V_m in S_n); Boggio, 1919, 2, S. 59 (V_m in V_n). — [2]) Kommerell, 1897, 7, S. 17; 1905, 4, S. 552 (V_2 in R_4).

In Koordinaten lautet die Gleichung (138):

(138a) $$H_{\alpha\beta\varrho} = -\sum_e h_{e\alpha\beta}\, i_{e\varrho}.$$

Eine *Haupttangentenrichtung erster Ordnung* der V_m genügt der Gleichung:

(140) $$\mathbf{i}\,\mathbf{i} \overset{2}{\cdot} \overset{3}{\mathbf{H}} = 0,$$

oder nach (137):

(141) $$\mathbf{i}\,\mathbf{i} \overset{2}{\cdot} \nabla\, {}^2\mathbf{g}' = 0.$$

Dies ist nach (138) gleichbedeutend mit den $n-m$ Gleichungen:

(142) $$\mathbf{i}\,\mathbf{i} \overset{2}{\cdot} \nabla \mathbf{i}_e = 0\,^{1)}.$$

Da $\mathbf{i}_e$ senkrecht zu V_m ist, so ist $\nabla \mathbf{i}_e$ nach Abschn. II S. 55 symmetrisch in $\mathbf{i}_a \mathbf{i}_b$, und $\overset{3}{\mathbf{H}}$ ist nach (138) also in *den beiden ersten Faktoren symmetrisch*. Liegt ein Vektorfeld $\mathbf{v}$ in der V_m, so ist infolge dieser Symmetrie nach (126):

(143) $$\begin{aligned}\nabla' \mathbf{v} &= \{\nabla'(\mathbf{v}\,.\,\mathbf{a}')\}\,\mathbf{a}' = \{\nabla'(\mathbf{v}\,.\,\mathbf{a})\}\,\mathbf{a} - \{\nabla'(\mathbf{v}\,.\,\mathbf{a}')\}\,\mathbf{a}''\\ &= {}^2\mathbf{g}' \overset{1}{\cdot} \nabla \mathbf{v} - (\nabla' \mathbf{a}') \overset{1}{\cdot} \mathbf{v}\,\mathbf{a}''\\ &= {}^2\mathbf{g}' \overset{1}{\cdot} \nabla \mathbf{v} - \mathbf{v} \overset{1}{\cdot} \overset{3}{\mathbf{H}}.\end{aligned}$$

Man vergleiche diese Formel mit (127).

Ist $\mathbf{v}$ beliebig, so ist:

(144) $$\begin{aligned}\nabla'({}^2\mathbf{g}' \overset{1}{\cdot} \mathbf{v}) &= \{\nabla'(\mathbf{v}\,.\,\mathbf{a}')\}\,\mathbf{a}' = \{\nabla'(\mathbf{v}\,.\,\mathbf{a})\}\,\mathbf{a}' - \{\nabla(\mathbf{v}\,.\,\mathbf{a}'')\}\,\mathbf{a}'\\ &= \overset{4}{\mathbf{g}}' \overset{2}{\cdot} \nabla \mathbf{v} - \overset{4}{\mathbf{g}}' \overset{2}{\cdot} \nabla \{(\mathbf{v}\,.\,\mathbf{a}'')\}\,\mathbf{a}\\ &= \overset{4}{\mathbf{g}}' \overset{2}{\cdot} \nabla \mathbf{v} - \overset{4}{\mathbf{g}}' \overset{2}{\cdot} (\nabla \mathbf{a}'') \overset{1}{\cdot} \mathbf{v}\,\mathbf{a}'\\ &= \overset{4}{\mathbf{g}}' \overset{2}{\cdot} \nabla \mathbf{v} + \overset{4}{\mathbf{g}}' \overset{2}{\cdot} (\nabla \mathbf{a}')\,\mathbf{a}'' \overset{1}{\cdot} \mathbf{v}\\ &= \overset{4}{\mathbf{g}}' \overset{2}{\cdot} \nabla \mathbf{v} + \overset{3}{\mathbf{H}} \overset{1}{\cdot} \mathbf{v}\,^{2)}.\end{aligned}$$

Da $\overset{3}{\mathbf{H}}$ in beiden ersten Faktoren symmetrisch ist, folgt aus (144):

(145) $$\nabla' \frown ({}^2\mathbf{g}' \overset{1}{\cdot} \mathbf{v}) = \overset{4}{\mathbf{g}}' \overset{2}{\cdot} \nabla \frown \mathbf{v},$$

in Worten:

---

[1]) Voss, 1880, 5, S. 151. — [2]) Man muß darauf achten, ∇' nur auf Größen innerhalb V_m anzuwenden, vgl. die Fußnote S. 91. Anwendung von ∇' auf Größen außerhalb V_n würde z. B. beim Gebrauch der formalen Regeln zu folgendem Fehlschluß führen können:

$$\overset{3}{\mathbf{H}} = (\nabla' \mathbf{a}')\,\mathbf{a}'' = -(\nabla' \mathbf{a}'') \overset{1}{\cdot} \mathbf{b}'\,\mathbf{a}'\,\mathbf{b}' = -\{\nabla'(\mathbf{a}''\,.\,\mathbf{c}')\}\,\mathbf{c}' \overset{1}{\cdot} \mathbf{b}'\,\mathbf{a}'\,\mathbf{b}' = 0,$$

da $\mathbf{a}''\,.\,\mathbf{c}' = 0$.

Die V_m-Komponente des V_n-Wirbels eines beliebigen Vektorfeldes ist der V_m-Wirbel der V_m-Komponente des Feldes.

Für den Fall $m = n - 1$ wird nach (138):

$$(146) \qquad \overset{3}{\mathbf{H}} = -\overset{4}{\mathbf{g}}{}' \overset{2}{\cdot} (\nabla \mathbf{i}_n)\mathbf{i}_n = -{}^2\mathbf{h}\,\mathbf{i}_n$$

und für den Fall $m = 1$:

$$(147) \qquad \overset{3}{\mathbf{H}} = -\sum_e \mathbf{i}_1 \mathbf{i}_1 \mathbf{i}_1 \mathbf{i}_1 \overset{2}{\cdot} (\nabla \mathbf{i}_e)\mathbf{i}_e = \sum_e \mathbf{i}_1 \mathbf{i}_1 (\mathbf{i}_e \cdot \mathbf{u}_1)\mathbf{i}_e = \mathbf{i}_1 \mathbf{i}_1 \mathbf{u}_1,$$

wo $\mathbf{u}_1 = \mathbf{i}_1 \overset{1}{\cdot} \nabla \mathbf{i}_1$.

7. Die Hauptrichtungen einer V_m in V_n.

Ist ${}^2\mathbf{g}'$ der Wert des ersten Fundamentaltensors der V_m in P, so ist der Wert in einem benachbarten Punkte Q:

$$(148) \qquad {}^2\mathbf{g}' + \Delta\, {}^2\mathbf{g}' = {}^2\mathbf{g}' + ds(\mathbf{i}\cdot\nabla)\,{}^2\mathbf{g}' + \frac{1}{2} ds^2 (\mathbf{i}\cdot\nabla)^2\, {}^2\mathbf{g}' + \dots .$$

Die Summe der Quadrate der Sinus der maximalen Winkel der R_m in P und Q ist also (vgl. (137) und Abschn. I (110)):

$$(149) \qquad \sum d\varphi^2 = m - \sum {}^2\mathbf{g}' \overset{2}{\cdot} \left\{ {}^2\mathbf{g}' + ds(\mathbf{i}\cdot\nabla)\,{}^2\mathbf{g}' + \frac{1}{2} ds^2 (\mathbf{i}\cdot\nabla)^2\, {}^2\mathbf{g}' + \dots \right\}$$

$$= -ds\, {}^2\mathbf{g}' \overset{2}{\cdot} (\mathbf{i}\cdot\nabla)\,{}^2\mathbf{g}' - \frac{1}{2} ds^2\, {}^2\mathbf{g}' \overset{2}{\cdot} (\mathbf{i}\cdot\nabla)^2\, {}^2\mathbf{g}' - \dots$$

$$= -\frac{1}{2} ds (\mathbf{i}\cdot\nabla) m - \frac{1}{4} ds^2 (\mathbf{i}\cdot\nabla)^2 m + \frac{1}{2} ds^2 \left\{(\mathbf{i}\cdot\nabla)\,{}^2\mathbf{g}'\right\} \overset{2}{\cdot} (\mathbf{i}\cdot\nabla)\,{}^2\mathbf{g}' - \dots$$

$$= \frac{1}{2} ds^2 (\mathbf{i} \overset{1}{\cdot} \overset{3}{\mathbf{G}}) \overset{2}{\cdot} (\mathbf{i} \overset{1}{\cdot} \overset{3}{\mathbf{G}}) - \dots .$$

Setzt man

$$(150) \qquad \overset{3}{\mathbf{G}} = \mathbf{G}_1 \mathbf{G}_2 \mathbf{G}_2 = {}'\mathbf{G}_1\, {}'\mathbf{G}_2\, {}'\mathbf{G}_2; \qquad {}^2\mathbf{H} = \frac{1}{2} \overset{4}{\mathbf{g}}{}' \overset{2}{\cdot} \{\mathbf{G}_1 \mathbf{G}_2 \mathbf{G}_2 \overset{2}{\cdot} {}'\mathbf{G}_2\, {}'\mathbf{G}_2\, {}'\mathbf{G}_1\},$$

so ist die Summe der Quadrate dividiert durch ds^2:

$$(151) \qquad \sum \left(\frac{d\varphi}{ds}\right)^2 = \frac{1}{2} \mathbf{i}\mathbf{i} \overset{2}{\cdot} \mathbf{G}_1\, {}'\mathbf{G}_1 (\mathbf{G}_2 \mathbf{G}_2 \overset{2}{\cdot} {}'\mathbf{G}_2\, {}'\mathbf{G}_2) = \mathbf{i}\mathbf{i} \overset{2}{\cdot} {}^2\mathbf{H}.$$

Hat der Tensor ${}^2\mathbf{H}$ eine bestimmte Hauptrichtung, so hat $\sum \left(\frac{d\varphi}{ds}\right)^2$ für diese Richtung einen extremen Wert. Wir haben also den Satz erhalten:

In jedem Punkte einer V_m in V_n existieren m zueinander senkrechte bestimmte oder zum Teil unbestimmte Hauptrichtungen, die den extremen Werten von $\sum \left(\frac{d\varphi}{ds}\right)^2$ entsprechen[1]).

---

[1]) Auf die Existenz dieser Hauptrichtungen für V_k in R_n hat Jordan zuerst hingewiesen, 1874, 4. Vgl. Lipschitz, 1876, 3.

In den Nullrichtungen von ${}^2\mathbf{H}$ ist die Summe der Quadrate der Winkel von der Ordnung ds^3.

Für V_{n-1} in V_n wird $\overset{3}{\mathbf{G}}$ gleich:

$$\overset{3}{\mathbf{G}} = \nabla\, {}^2\mathbf{g}' = -\nabla \mathbf{i}_n \mathbf{i}_n, \tag{152}$$

so daß der Tensor ${}^2\mathbf{H}$ der Hauptrichtungen, wenn ${}^2\mathbf{g} = \mathbf{a}\mathbf{a} = \mathbf{b}\mathbf{b} = \mathbf{c}\mathbf{c} = \mathbf{d}\mathbf{d}$ ist, übergeht in:

$$\begin{aligned}(153)\quad {}^2\mathbf{H} &= \frac{1}{2}\overset{4}{\mathbf{g}}{}' \overset{2}{\cdot} \mathbf{G}_1{}'\mathbf{G}_1(\mathbf{G}_2\mathbf{G}_2 \overset{2}{\cdot} {}'\mathbf{G}_2{}'\mathbf{G}_2)\\
&= \frac{1}{2}\overset{4}{\mathbf{g}}{}' \overset{2}{\cdot} [(\mathbf{G}_1\mathbf{G}_2\mathbf{G}_2 \overset{2}{\cdot} \mathbf{b}\mathbf{c})({}'\mathbf{G}_1{}'\mathbf{G}_2{}'\mathbf{G}_2 \overset{2}{\cdot} \mathbf{b}\mathbf{c})]\\
&= \frac{1}{2}\overset{4}{\mathbf{g}}{}' \overset{2}{\cdot} [\{(\nabla\mathbf{i}_n)\mathbf{i}_n + (\nabla\mathbf{i}_n)\overset{1}{\cdot}\mathbf{a}\mathbf{i}_n\mathbf{a}\} \overset{2}{\cdot} \mathbf{b}\mathbf{c}]\,[\{(\nabla\mathbf{i}_n)\mathbf{i}_n + (\nabla\mathbf{i}_n)\overset{1}{\cdot}\mathbf{d}\mathbf{i}_n\mathbf{d}\} \overset{2}{\cdot} \mathbf{b}\mathbf{c}]\\
&= \overset{4}{\mathbf{g}}{}' \overset{2}{\cdot} \{(\nabla\mathbf{i}_n)\overset{1}{\cdot}(\mathbf{a}\nabla\mathbf{i}_n)\overset{1}{\cdot}\mathbf{a}\} = {}^2\mathbf{h} \overset{1}{\cdot} {}^2\mathbf{h}.\end{aligned}$$

${}^2\mathbf{H}$ hat also dieselben Hauptrichtungen wie ${}^2\mathbf{h}$ und diese sind somit identisch mit den Hauptkrümmungsrichtungen. Der Rang beider Tensoren ist also derselbe. Es ist zu beachten, daß die Nullrichtungen beider Tensoren verschieden sind.

*8. Der Hauptsatz des Krümmungsaffinors. (Bedingung für eine geodätische Mannigfaltigkeit.)

Wir nennen eine V_m *geodätisch*, wenn jede in V_m geodätische Linie auch geodätisch in V_n ist[1])[2]). Es gilt nun der Satz:

Eine V_m ist dann und nur dann in der V_n geodätisch, wenn der Krümmungsaffinor $\overset{3}{\mathbf{H}}$ in jedem ihrer Punkte verschwindet[3]).

In der Tat, ist jede in V_m geodätische Kurve auch in V_n geodätisch, so verschwindet $\mathbf{i}\mathbf{i} \overset{2}{\cdot} \overset{3}{\mathbf{H}}$ in jedem Punkte und für jede Richtung. Da $\overset{3}{\mathbf{H}}$ in den beiden ersten Faktoren symmetrisch ist, so ist dies nach Abschn. I (47) dann und nur dann möglich, wenn $\overset{3}{\mathbf{H}}$ verschwindet. Umgekehrt, verschwindet $\overset{3}{\mathbf{H}}$ in jedem Punkte, so ist die erzwungene Krümmung jeder in V_m enthaltenen Kurve Null, und V_m ist also geodätisch.

---

[1]) Vgl. für die Bedingungen, welchen solche Mannigfaltigkeiten genügen müssen, S. 154. — [2]) Rimini, 1904, 9, S. 29 spricht in diesem Falle von „total geodätisch". Demgegenüber sei bemerkt, daß man auch nicht von einer „total geodätischen Linie" redet. — [3]) Ricci, 1903, 9, S. 414 (V_m in V_n).

Ist $\overset{3}{\mathbf{H}}$ in einem einzigen Punkte P der V_m Null, so nennen wir V_m *in diesem Punkte geodätisch*[1]). Dieser Fall tritt z. B. ein, wenn V_m gebildet wird aus geodätischen Linien der V_n, die alle durch P gehen.

Infolge (138) und (139) kann die Bedingung auch geschrieben werden:

(154) $$\overset{2}{\mathbf{h}}_e = 0.$$

oder in Koordinaten:

(154a) $$h_{eab} = 0 \quad \text{oder} \quad h_{e\alpha\beta} = 0.$$

Diese Form tritt bei Ricci auf[2]).

Weil jede in V_n geodätische Verbindungslinie zweier Punkte, welche beide sowohl in einer geodätischen V_p als in einer geodätischen V_q liegen, ganz in V_p und in V_q liegt, so folgt der von Rimini[3]) herrührende Satz:

Zwei geodätische Mannigfaltigkeiten schneiden sich in einer geodätischen Mannigfaltigkeit.

Für $m = n - 1$ ergibt sich der Satz:

Eine V_{n-1} in V_n ist dann und nur dann geodätisch, wenn ihr zweiter Fundamentaltensor in jedem Punkte verschwindet[3]).

9. Der Hauptsatz des mittleren Krümmungsvektors. (Bedingung für eine Minimalmannigfaltigkeit.)

Schreiben wir

(155) $$\boxed{\mathbf{D} = \frac{1}{m}\,{}^2\mathbf{g}' \overset{2}{\cdot} \overset{3}{\mathbf{H}} = \frac{1}{m}\sum_a \mathbf{i}_a\mathbf{i}_a \overset{2}{\cdot} \overset{3}{\mathbf{H}},}$$

in Koordinaten:

(155a) $$D_\varrho = \frac{1}{m} g'^{\alpha\beta} H_{\alpha\beta\varrho},$$

so folgt, daß $\mathbf{D}$ der vektorische Mittelwert ist der Vektoren der erzwungenen Krümmung zu m beliebigen gegenseitig senkrechten Richtungen in der V_m, also auch der vektorische Mittelwert für alle Richtungen der V_m überhaupt[4]). $\mathbf{D}$ heißt *der mittlere Krümmungsvektor der* V_m.

Für V_{n-1} in V_n ist nach (144 und 86):

(156) $$\mathbf{D} = -\frac{\mathbf{i}_n}{n-1}\sum_a \frac{1}{R_a},$$

wo R_a die Hauptkrümmungsradien sind.

Für V_1 in V_n ist nach (147):

157) $$\mathbf{D} = \mathbf{i}\mathbf{i} \overset{2}{\cdot} \mathbf{i}\mathbf{i}\mathbf{u} = \mathbf{u} = \mathbf{i} \overset{1}{\cdot} \nabla \mathbf{i}.$$

---

[1]) Schur, 1886, 7, S. 546 und Bianchi, 1899, 2, S. 572 nennen eine V_2 in V_n schon in diesem Falle geodätisch. — [2]) In der Form $b_{\alpha/rs} = 0$ und $\omega_{ahk} = 0$, 1903, 9, S. 414. — [3]) Rimini, 1904, 9, S. 30 u. 33. — [4]) Lipschitz, 1874, 5; 1876, 4 (V_m in V_n); Killing, 1885, 2, S. 245 (V_m in S_n); Levi, 1908, 4, S. 69 (V_2 in R_n).

Wir nennen nun eine V_m in V_n eine *Minimalfaltigkeit*, wenn die Variation des Inhaltes jedes durch eine geschlossene V_{m-1} begrenzten Teiles bei Festhaltung der Begrenzung verschwindet. Es gilt dann der schon von Lipschitz bewiesene Satz:

Eine V_m in V_n ist dann und nur dann eine Minimalmannigfaltigkeit, wenn der mittlere Krümmungsvektor **D** *in jedem ihrer Punkte verschwindet*[1]).

Zum Beweise grenzen wir einen Teil der V_m ab durch eine V_{m-1} und geben allen innerhalb der V_{m-1} gelegenen Punkten eine Verrückung $\delta\mathbf{x}'$, die vom Orte abhängig ist und auf der V_{m-1} Null wird[2]).

Die Änderung, welche die ds^2 der V_m dadurch erleidet, ist nach Abschn. II § 3B) und (144):

$$(158)\qquad \begin{aligned} \delta\, ds^2 &= \delta(d\mathbf{x}'.d\mathbf{x}') = 2\delta\, d\mathbf{x}'.d\mathbf{x}' \\ &= 2d\,\delta\mathbf{x}'.d\mathbf{x}' = 2d\mathbf{x}'.(d\mathbf{x}' \overset{1}{\cdot} \nabla\delta\mathbf{x}') \\ &= 2d\mathbf{x}'d\mathbf{x}' \overset{2}{\cdot} \nabla\delta\mathbf{x}' = 2d\mathbf{x}'d\mathbf{x}' \overset{2}{\cdot} \nabla'({}^2\mathbf{g}' \overset{1}{\cdot} \delta\mathbf{x}') \\ &\qquad - 2d\mathbf{x}'d\mathbf{x}' \overset{2}{\cdot} \overset{3}{\mathbf{H}} \overset{1}{\cdot} \delta\mathbf{x}'. \end{aligned}$$

Was die Maßbestimmung in V_m angeht, kann man also auch sagen, daß sich der kovariante Fundamentaltensor geändert hat um eine Größe:

$$(159)\qquad \delta\, {}^2\mathbf{g}' = 2\{\nabla' \smile ({}^2\mathbf{g}' \overset{1}{\cdot} \delta\mathbf{x}') - \overset{3}{\mathbf{H}} \overset{1}{\cdot} \delta\mathbf{x}'\}.$$

Wir untersuchen jetzt die Änderung des Inhaltes des abgegrenzten Teiles der V_n infolge der Änderung der Maßbestimmung.

Das Volumelement der V_m ist:

$$(160)\qquad d\tau = dx^{a_1} dx^{a_2} \ldots dx^{a_m} \sqrt{g'},$$

wo g' die Determinante von ${}^2\mathbf{g}'$ ist. Die Variation ist also, da die Urvariablen dx^λ bei Änderung des Fundamentaltensors ungeändert bleiben:

$$(161)\qquad \delta\, d\tau = dx^{a_1} \ldots dx^{a_m}\, \delta\sqrt{g'}$$

Nun ist

$$(162)\qquad \delta g' = -g'\, {}^2\mathbf{g}' \overset{2}{\cdot} \delta\, {}^2\mathbf{g}'' = g'\, {}^2\mathbf{g}'' \overset{2}{\cdot} \delta\, {}^2\mathbf{g}'\, {}^{3})$$

---

[1]) Lipschitz, 1874, 5, S. 31 (V_m in V_n). Siehe weiter Killing, 1885, 2, S. 246 (V_m in S_n); Bianchi, 1887, 1 (V_2 in S_3); Padova, 1888, 5 (V_2 in V_3); Kühne, 1904, 7, S. 260 (V_m in R_n); K. Kommerell, 1905, 4, S. 586 (V_2 in R_4); Levi, 1908, 4, S. 91 (V_2 in R_n); Eisenhart, 1910, 5; 1912, 4 (V_2 in R_4). — [2]) Da wir in diesem Paragraphen eine Änderung des Fundamentaltensors zulassen, ist es nötig, zwischen kovarianten und kontravarianten Größen einen Unterschied zu machen. — [3]) In Koordinaten lautet diese Gleichung:

$$\delta g' = -g'\, g'_{\mu\nu}\, \delta g'^{\mu\nu} = g'\, g'^{\mu\nu}\, \delta g'_{\mu\nu},$$

vgl. z. B. Einstein, 1916, 5, S. 34. — [2]) Schouten, 1918, 10, S. 60.

und demzufolge

$$(163)\qquad \delta\, d\tau = -\frac{1}{2} dx^{a_1} \ldots dx^{a_m} g'^{-\frac{1}{2}} g'\, {}^2\mathbf{g}'' \overset{2}{\cdot}\, \delta\, {}^2\mathbf{g}'$$
$$= -\frac{1}{2}\, {}^2\mathbf{g}'' \overset{2}{\cdot}\, \delta\, {}^2\mathbf{g}'\, d\tau.$$

Substituiert man in dieser Gleichung den Wert von $\delta\, {}^2\mathbf{g}'$ aus (159), so ergibt sich

$$(164)\qquad \delta\, d\tau = -\, {}^2\mathbf{g}'' \overset{2}{\cdot} \{\nabla' \smile ({}^2\mathbf{g}' \overset{1}{\cdot} \delta\mathbf{x}') - \overset{3}{\mathbf{H}} \overset{1}{\cdot} \delta\mathbf{x}'\}\, d\tau$$
$$= -\, {}^2\mathbf{g}'' \overset{2}{\cdot} \{\nabla' ({}^2\mathbf{g}' \overset{1}{\cdot} \delta\mathbf{x}') - \overset{3}{\mathbf{H}} \overset{1}{\cdot} \delta\mathbf{x}'\}\, d\tau$$
$$= -\nabla' \overset{1}{\cdot} ({}^2\mathbf{g}'' \overset{1}{\cdot}\, {}^2\mathbf{g}' \overset{1}{\cdot} \delta\mathbf{x}')\, d\tau + {}^2\mathbf{g}'' \overset{2}{\cdot} \overset{3}{\mathbf{H}} \overset{1}{\cdot} \delta\mathbf{x}'\, d\tau.$$

Bei der Integration über τ läßt sich nun der erste Term rechts mit Hilfe der in jeder beliebigen Mannigfaltigkeit gültigen Erweiterung des Gauß-schen Satzes in ein Integral des Vektors ${}^2\mathbf{g}'' \overset{1}{\cdot}\, {}^2\mathbf{g}' \overset{1}{\cdot} \delta\mathbf{x}'$ über die begrenzende V_{m-1} umformen. In dieser V_{m-1} ist aber $\delta\mathbf{x}'$ nach Voraussetzung Null, so daß dieses Integral verschwindet. Es ergibt sich demnach für die Variation von τ:

$$(165)\qquad \delta\tau = \int_\tau \delta\, d\tau = -\int_\tau {}^2\mathbf{g}'' \overset{2}{\cdot} \overset{3}{\mathbf{H}} \overset{1}{\cdot} \delta\mathbf{x}'\, d\tau = -m \int_\tau \mathbf{D} \overset{1}{\cdot} \delta\mathbf{x}'\, d\tau.$$

Damit diese Variation für jede beliebige Wahl der Begrenzung verschwindet, ist notwendig und hinreichend, daß $\mathbf{D}$ in jedem Punkte der V_m verschwindet.

Aus den Erörterungen des vorigen Paragraphen folgt, daß eine geodätische Mannigfaltigkeit immer eine Minimalmannigfaltigkeit ist[1]).

10. Die Beziehungen zwischen der Klasse einer V_n und dem Freiheitsgrad des mitbewegten Bezugssystems.

Wenn in einer V_n ein Bezugssystem von einem Punkte P aus entlang einer geschlossenen Kurve geodätisch bewegt wird, so wird es nach Rückkehr in P im allgemeinen gedreht sein. Im allgemeinsten Falle können in dieser Weise $\infty^{\frac{n(n-1)}{2}}$ verschiedene Lagen des Bezugssystems erhalten werden. Ist diese Zahl für einen Punkt und somit für jeden nicht singulären Punkt der V_n ∞^N, so nennen wir N den *Freiheitsgrad* des geodätisch bewegten Bezugssystems. Es ist also $N \leqq \frac{1}{2} n(n-1)$.

Es sei jetzt möglich, die V_n in einer R_{n+k} $(k \geqq 0)$ einzubetten. Wenn es nicht möglich ist, die V_n in einer R_{n+k-1} einzubetten, heißt k nach Ricci die *Klasse*[2]) des ersten Fundamentaltensors der V_n. Es gilt nun der von Schouten herrührende Satz[3]):

---

[1]) Vgl. noch Guichard 1896, 5; Eiesland, 1910, 4. — [2]) Ricci, 1884, 1, S. 137. — [3]) Schouten, 1918, 11, S. 17.

Die Klasse des ersten Fundamentaltensors ist höchstens gleich dem Freiheitsgrad des geodätisch bewegten Bezugssystems.

Zum Beweise bemerken wir, daß, sobald der Freiheitsgrad $N < \frac{1}{2}n(n-1)$, bestimmte Gebiete in P invariant bleiben müssen. Sei M_k solch ein k-dimensionales Gebilde, das in einer R_p und nicht in einer R_{p-1} liegt. Es ist dann immer möglich, p linear unabhängige Vektoren $\mathfrak{v}_u$, $u = 1, \ldots, p$ in die M_k zu legen, welche nach einer geodätischen Bewegung längs einer geschlossenen Kurve in die Vektoren $\mathfrak{v}'_u$ in der M_k übergehen. Der Vektor $\mathfrak{v} = \sum_u \alpha_u \mathfrak{v}_u$ geht bei dieser Bewegung über in $\mathfrak{v}' = \sum_u \alpha_u \mathfrak{v}'_u$ und liegt somit wieder in der R_p. Die Richtungen der R_p gehen somit über in die Richtungen derselben R_p. Die R_p bleibt also invariant und selbstverständlich auch die zu R_p in V_n vollkommen senkrechte R_{n-p}.

Wir dürfen daher voraussetzen, daß die invarianten Gebiete in P gegenseitig senkrechte R_{p_v}, $v = 1, \ldots, r$ sind, wo $\sum_v p_v = n$. Die Zahl der Möglichkeiten ist gleich der Zahl der möglichen Zerlegungen von n als Summe von ganzen positiven Zahlen. Dann ist der Freiheitsgrad des Bezugssystems

$$\frac{p_1(p_1-1)}{2} + \frac{p_2(p_2-1)}{2} + \ldots + \frac{p_r(p_r-1)}{2}.$$

In die r invarianten R_p legen wir die r Einheitsgrößen ${}_{p_v}\mathfrak{i}$. Durch geodätische Bewegung können diese ${}_{p_v}\mathfrak{i}$ in eindeutiger Weise nach jedem Punkte der V_n übergeführt werden. In der V_n entstehen dadurch r Felder ${}_{p_v}\mathfrak{i}$, die den Gleichungen

$$166) \qquad \nabla\, {}_{p_v}\mathfrak{i} = 0$$

genügen.

Diese Felder sind somit nach Abschn. II (90) V_p-bildend. Ebenso gilt für die zu ${}_{p_v}\mathfrak{i}$ senkrechten Felder ${}_{n-p_v}\mathfrak{i}$:

$$(167) \qquad \nabla\, {}_{n-p_v}\mathfrak{i} = 0,$$

so daß diese Felder V_{n-p_v}-bildend sind[1]).

Wir betrachten jetzt eins der Felder ${}_{p_v}\mathfrak{i}$ und lassen einfachheitshalber den Index v fort. Ist dann

$$(168) \qquad {}_p\mathfrak{i} = \mathfrak{i}_1 \frown \cdots \frown \mathfrak{i}_p,$$

so folgt aus (166) die Gleichung:

$$(169) \qquad \mathfrak{i}_j \overset{1}{\cdot} \nabla\, \mathfrak{i}_1 \frown \cdots \frown \mathfrak{i}_p = 0,$$

[1]) Gleichung (167) fügt keine neue Bedingung hinzu, da sie mit (166) äquivalent ist.

oder

$$(170) \qquad \mathbf{i}_j \overset{1}{\cdot} (\nabla \mathbf{i}_x) \overset{1}{\cdot} \mathbf{i}_u = 0, \qquad \begin{array}{l} j = 1, \ldots, n \\ x = 1, \ldots, p \\ u = p+1, \ldots, n \end{array}$$

welche mit (166) äquivalent ist. Aus (170) folgt für $j = x$:

$$(171) \qquad \mathbf{i}_x \overset{1}{\cdot} (\nabla \mathbf{i}_x) \overset{1}{\cdot} \mathbf{i}_u = 0,$$

und die V_p sind also geodätisch. Aus (167) folgt in ähnlicher Weise, daß auch die V_{n-p} senkrecht zu V_p geodätisch sind. Eine kleine Rechnung zeigt, daß (170), also (166), auch äquivalent ist mit den Gleichungen:

$$(172) \qquad (\nabla \mathbf{a}')\mathbf{a}'' = 0,$$

oder

$$(173) \qquad (\nabla \mathbf{a}'')\mathbf{a}' = 0.$$

Man vergleiche dazu (129).

Die geometrische Bedeutung der Gleichung (166) — oder (172) — ist also gegeben durch den Satz:

Die ∞^{n-p} durch ${}_p\mathbf{i}$ bestimmten V_p und die ∞^p zu diesen V_p vollkommen senkrechten V_{n-p} sind geodätisch.

Im Anschluß an die S. 51 gegebene Definition nennen wir die V_p, welche zu einem System von ∞^p geodätischen V_{n-p} normal sind, *geodätisch parallel*, kurz *parallel*. Die beiden Systeme des obigen Satzes enthalten somit lauter parallele Gebilde.

Wir wählen jetzt in ähnlicher Weise wie in Abschn. II, § 6 die Parameter-V_{n-1} der Urvariablen x^α, $\alpha = a_1, \ldots, a_p$, bzw. x^ϱ, $\varrho = a_{p+1}, \ldots, a_n$ derart, daß sie die V_{n-p}, bzw. die V_p enthalten. Dann liegen die $\mathbf{e}'_\alpha$ in V_p, die $\mathbf{e}'_\varrho$ in V_{n-p}, und

$$(174) \qquad \mathbf{e}'_\alpha \cdot \mathbf{e}'_\varrho = g_{\alpha\varrho} = 0.$$

(166) kann nun auch geschrieben werden:

$$(175) \qquad \nabla_p \mathbf{i} = \nabla \lambda\, \mathbf{e}'_{a_1} \frown \cdots \frown \mathbf{e}'_{a_p} = (\nabla \lambda)\, \mathbf{e}'_{a_1} \frown \cdots \frown \mathbf{e}'_{a_p}$$
$$+ \sum_\alpha^{a_1, \ldots, a_p} \{\nabla (\mathbf{e}'_\alpha \cdot \mathbf{a})\} (\mathbf{e}'_{a_1} \ldots \mathbf{e}'_{a_{\alpha-1}}\, \mathbf{a}'\, \mathbf{e}'_{a_{\alpha+1}} \ldots \mathbf{e}'_{a_p}),$$

wo λ ein Koeffizient ist. Bei vollständiger Überschiebung mit $\mathbf{e}_{a_p} \ldots \mathbf{e}_{a_{\alpha+1}}\, \mathbf{e}'_\varrho\, \mathbf{e}_{a_{\alpha-1}} \ldots \mathbf{e}_{a_1}\, \mathbf{e}'_\sigma$, $\sigma = p+1, \ldots, n$, ergeben alle Glieder außer dem $(\alpha+1)$-ten Null und es entsteht:

$$(176) \qquad \mathbf{e}'_\sigma \overset{1}{\cdot} \{\nabla (\mathbf{a} \cdot \mathbf{e}'_\alpha)\} (\mathbf{a} \cdot \mathbf{e}'_\varrho) = 0,$$

oder:

$$(177) \qquad \mathbf{e}'_\sigma \overset{1}{\cdot} (\nabla \mathbf{e}'_\alpha) \cdot \mathbf{e}'_\varrho = a_{\alpha\sigma}\, a_\varrho = 0.$$

Aus dieser Gleichung folgt:

$$(178)\qquad \frac{\partial g_{\varrho\sigma}}{\partial x^{\alpha}} = 0. \qquad \varrho, \sigma = a_{p+1}, \ldots, a_n$$

In gleicher Weise folgt aus (167):

$$(179)\qquad \frac{\partial g_{\alpha\beta}}{\partial x^{\varrho}} = 0, \qquad \alpha, \beta = a_1, \ldots, a_p.$$

Die Form ds^2 läßt sich somit schreiben:

$$(180)\qquad ds^2 = g_{\alpha\beta}\, dx^{\alpha}\, dx^{\beta} + g_{\varrho\sigma}\, dx^{\varrho}\, dx^{\sigma},$$

wo die $g_{\alpha\beta}$ nur von $x^{a_1}, \ldots, x^{a_p}$ und die $g_{\varrho\sigma}$ nur von $x^{a_{p+1}}, \ldots, x^{a_n}$ abhängen.

Da nun die V_n r Systeme von zueinander senkrechten geodätischen und parallelen Mannigfaltigkeiten enthält, so läßt sich die ds^2 also schreiben:

$$(181)\qquad ds^2 = g_{\alpha_1\beta_1}\, dx^{\alpha_1}\, dx^{\beta_1} + \ldots + g_{\alpha_v\beta_v}\, dx^{\alpha_v}\, dx^{\beta_v} + \ldots + g_{\alpha_r\beta_r}\, dx^{\alpha_r}\, dx^{\beta_r},$$
$$\alpha_1, \beta_1 = a_1, \ldots, a_{p_1};\ \alpha_2, \beta_2 = a_{p_1+1}, \ldots, a_{p_1+p_2};\ \ldots$$

wo die $g_{\alpha_v\beta_v}$ nur abhängen von den p_v Urvariablen x^{α_v}. Da nach Schläfli eine Differentialform $ds^2 = g_{\alpha_v\beta_v}\, dx^{\alpha_v}\, dx^{\beta_v}$ sich immer als Summe von höchstens $p_v + \frac{p_v(p_v-1)}{2}$ quadratischen Differentialen schreiben läßt, so läßt sich ds^2 schreiben als Summe von

$$p_1 + \ldots + p_r + \frac{p_1(p_1-1)}{2} + \ldots + \frac{p_r(p_r-1)}{2}$$
$$= n + \frac{p_1(p_1-1)}{2} + \ldots + \frac{p_r(p_r-1)}{2}$$

Differentialen. Die Zahl k ist somit in diesem Fall:

$$(182)\qquad k = \frac{p_1(p_1-1)}{2} + \ldots + \frac{p_r(p_r-1)}{2}$$

und also gleich dem Freiheitsgrad des geodätisch bewegten Bezugssystems.[1])

Der Freiheitsgrad gibt nur ein Maximum der Klassenzahl. So ist für eine in R_4 eingebettete Hypersphäre S_3 die Zahl $k = 1$, der Freiheitsgrad des geodätisch bewegten Bezugssystems ist aber $\frac{3\cdot 2}{1\cdot 2} = 3$, weil es in einer S_3 keine Systeme von zugleich geodätischen und parallelen Mannigfaltigkeiten gibt.

Aus der Gleichung (180) ergibt sich noch der Satz[2]):

Wenn eine V_n zwei gegenseitig senkrechte Systeme von ∞^{n-p} bzw. ∞^{p} geodätischen und parallelen V_p und V_{n-p} enthält, wird eine Figur in einer V_p durch die V_{n-p} auf alle anderen V_p kongruent projiziert[2]).

---

[1]) Vgl. auch Rimini, 1904, 9, S. 40 (V_3 in R_4). — [2]) Schouten, 1918, 11, S. 21.

Legt man in eine der V_p eine geodätische Linie $\mathbf{i}_1$, so wird diese nach obigem Satze durch die zur V_p senkrechten V_{n-p} auf die andren V_p wieder als eine geodätische Linie $\mathbf{i}_1$ projiziert. Legt man in der dadurch entstandenen V_{n-p+1} $n-p$ gegenseitig senkrechte Kongruenzen $\mathbf{i}_2, \ldots, \mathbf{i}_{n-p+1}$ in der projizierenden V_{n-p}, so bilden sie mit der Kongruenz $\mathbf{i}_1$ ein $(n-p+1)$-faches Orthogonalnetz. Sodann gilt für jede zur V_{n-p+1} senkrechte Kongruenz $\mathbf{i}_u$ in der V_p die Gleichung

$$(181) \qquad \nabla \mathbf{i}_u \overset{2}{\cdot} \mathbf{i}_x \mathbf{i}_y = 0, \qquad x, y = 1, \ldots, n-p+1$$

weil die V_{n-p} und die Kongruenz $\mathbf{i}_1$ geodätisch sind und die Kongruenz $\mathbf{i}_u$ V_{n-p+1}-normal ist[1]). Die V_{n-p+1} ist also geodätisch.

Ist eine beliebige geodätische Linie der V_n gegeben, so liegt sie immer in einer solchen geodätischen V_{n-p+1}. Denn man kann immer eine solche V_{n-p+1} finden, mit welcher diese geodätische Linie ein Linienelement gemeinschaftlich hat, sodann aber liegt sie ganz in dieser V_{n-p+1}. Es folgt daraus der Satz[2]):

Enthält eine V_n ein System von ∞^{n-p} geodätischen V_p und dazu senkrecht ein System von ∞^p geodätischen V_{n-p}, und wird eine geodätische Linie der V_n mittels dieser V_{n-p} bzw. V_p auf die V_p bzw. V_{n-p} projiziert, so sind die Projektionen wieder geodätische Linien.

Die gegebene geodätische Linie der V_n schneidet die projizierenden V_{n-p} alle unter demselben Winkel.

11. Das Krümmungsgebiet und das Krümmungsgebilde einer V_m in V_n.

Es sei die Lage von $\mathbf{i}$ in einem Punkte P der V_m in bezug auf die m beliebigen gegenseitig orthogonalen Kongruenzen $\mathbf{i}_a$ festgelegt durch die Gleichung:

$$(182) \qquad \mathbf{i} = \sum_a \mathbf{i}_a \cos \alpha_a .$$

Wird dann $\mathbf{i}$ in V_m geodätisch verlängert, so ist:

$$(183) \qquad \mathbf{u} = \mathbf{u}'' = \mathbf{i}\,\mathbf{i} \overset{2}{\cdot} \overset{3}{\mathbf{H}} = \sum_{ab} \cos \alpha_a \cos \alpha_b \, \mathbf{i}_a \mathbf{i}_b \overset{2}{\cdot} \overset{3}{\mathbf{H}} .$$

Die $\frac{m(m+1)}{2}$ Vektoren $\mathbf{i}_a \mathbf{i}_b \overset{2}{\cdot} \overset{3}{\mathbf{H}}$ bestimmen eine $R_{m'}$ und es ist sowohl $m' \leqq \frac{m(m+1)}{2}$ als $m' \leqq n - m$. Diese $R_{m'}$ bestimmt mit der V_m zusammen eine $R_{m+m'}$ [3]), das *Krümmungsgebiet* der V_m in P. In diesem Krümmungsgebiet spielt sich alles ab, was sich auf Krümmungen erster Ordnung in V_m in P bezieht. Es gilt also der Satz (vgl. S. 89):

---

[1]) Rimini, 1904, 9, S. 40 ($p=2$, $n=3$). — [2]) Schouten, 1918, 11, S. 23. — [3]) Del Pezzo, 1886, 3 (V_m in R_n); Levi, 1908, 4, S. 60 (V_2 in R_n). Artom, 1912, 1 (V_2 in R_n).

Der absolute Krümmungsvektor einer geodätischen Linie einer V_m liegt in jedem Punkte in einer $R_{m'}$ senkrecht zur V_m. Eine Kurve, deren absoluter Krümmungsvektor in jedem ihrer Punkte in dieser $R_{m'}$ liegt, ist eine geodätische Linie.

Nehmen wir zunächst an, es sei $m' = \frac{m(m+1)}{2}$. Sodann liegt der Endpunkt von $\mathbf{u}''$ in einer $R_{m'-1}$ durch den Endpunkt des Radiusvektors $\mathbf{D}$. Der Endpunkt beschreibt eine V_{m-1}, das *Krümmungsgebilde*, welches durch die m' Gleichungen

$$u_v'' = \sum_{a,b} \cos\alpha_a \cos\alpha_b H_{abv}, \tag{184}$$

mit den m Parametern $\cos\alpha_a$ und der Beziehung

$$\sum_a \cos^2\alpha_a = 1 \tag{185}$$

charakterisiert ist. Der Punkt vom Radiusvektor $\mathbf{D}$ ist der Schwerpunkt des Krümmungsgebildes[1]). Eine beliebige $R_{m'-m+1}$ in der $R_{m'}$ senkrecht zur V_m ist durch $m-1$ lineare Gleichungen zwischen den u_v'' gegeben. Fügt man diese Gleichungen zu (184), so ergeben sich m Gleichungen zweiten Grades für die $\cos\alpha_a$ der Schnittpunkte. Da zu jeder positiven Wurzel eine gleich große negative gehört, und diese beiden Wurzeln zum nämlichen Punkte der V_{m-1} gehören, so ergeben sich 2^{m-1} Schnittpunkte, und das Krümmungsgebilde ist also vom Grade 2^{m-1}.

Wir haben also den Satz erhalten:

Hat die Dimensionenzahl $m + m'$ des Krümmungsgebietes den maximalen Wert $m + \frac{m(m+1)}{2}$, so bildet $\mathbf{u}''$ einen m-dimensionalen Kegelmantel in der $R_{m'}$, senkrecht zur V_m im Krümmungsgebiet, und sein Endpunkt beschreibt eine V_{m-1} 2^{m-1}-ten Grades, die in einer $R_{m'-1}$ in der $R_{m'}$ liegt und deren Schwerpunkt den Radiusvektor $\mathbf{D}$ hat.

Zwischen den ∞^{m-1} Richtungen in der V_m in P und den ∞^{m-1} Punkten des Krümmungsgebildes besteht eine ein-eindeutige Zuordnung. Die Richtungen der V_m, die den extremen Längen von $\mathbf{u}''$ entsprechen, sind die *Hauptkrümmungsrichtungen der V_m*[2]). Im allgemeinen geht das Krümmungsgebilde nicht durch P und es gibt also keine Haupttangentenrichtungen erster Ordnung.

Ist $m' < \frac{m(m+1)}{2}$ $\left(\text{was stets der Fall ist, wenn } \frac{m(m+1)}{2} > n - m\right)$, aber $m' \geq m$, so bleibt der für $m' = \frac{m(m+1)}{2}$ abgeleitete Satz gültig mit der einzigen Ausnahme, daß die V_{m-1} im allgemeinen nicht mehr in

---

[1]) Levi, 1908, 4, S. 60 (V_2 in R_n). — [2]) Nicht zu verwechseln mit den Hauptrichtungen des Tensors ${}^2\mathbf{H}$ von § 7.

einer $R_{m'-1}$ in $R_{m'}$ liegt; und es besteht im allgemeinen auch noch eine ein-eindeutige Zuordnung zwischen den Richtungen der V_m und den Punkten des Krümmungsgebildes. Dieses Gebilde enthält jetzt aber Punkte, die mehreren Richtungen der V_m zugleich entsprechen. Es gibt im allgemeinen noch keine Haupttangentenrichtungen erster Ordnung.

Wird $m' = m - 1$, so degeneriert das Krümmungsgebilde zur $R_{m'}$ senkrecht zu V_m im Krümmungsgebiet. Jedem Punkte dieser $R_{m'}$ entsprechen

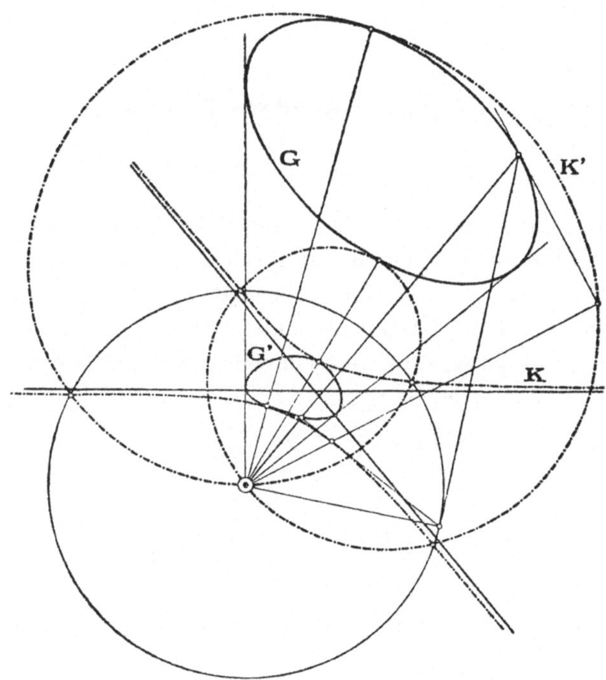

Fig. 3.
Verschiedene Krümmungsgebilde für V_2 in V_4.

2^{m-1} Richtungen der V_m. Es gibt also auch 2^{m-1} Haupttangentenrichtungen erster Ordnung.

Wird $m' < m - 1$, so degeneriert das Krümmungsgebilde zur $R_{m'}$ senkrecht zu V_m im Krümmungsgebiet. Jedem Punkte dieser $R_{m'}$ entsprechen nun aber $\infty^{m-1-m'}$ Richtungen der V_m und es gibt $\infty^{m-1-m'}$ Haupttangentenrichtungen erster Ordnung.

Es sind in der Literatur noch verschiedene andere Gebilde zur Charakterisierung der Krümmung verwendet worden. Statt des Krümmungsgebildes G kann man den Ort des Krümmungsmittelpunktes G' nehmen, der aus G durch Inversion in bezug auf P erhalten wird. Für $m = 2$, $V_n = R_4$ nennt Kommerell[1]) die Kurve K in der $R_2 \perp V_2$, deren Fuß-

[1]) Kommerell, 1897, 7, S. 22; 1905, 4, S. 554.

punktkurve G' ist, ihre „Charakteristik". Durch Inversion von K in bezug auf P entsteht eine vierte Kurve K', die wieder Fußpunktkurve von G ist. Kühne[1]) nimmt für V_m in R_n den Ort der Schnittgebilde der $R_{n-m} \perp V_m$ in P mit den benachbarten R_{n-m} und nennt diesen Ort die „Krümmungsspur". Eine beliebige Normale auf V_m schneidet die Krümmungsspur in m Punkten, die den m extremen Werten der Projektion von $\mathbf{u}''$ auf diese Normale entsprechen. Für V_2 in R_4 ist die Krümmungsspur identisch mit der Kurve K' (Fig. 3)[2]).

12. Der Umbilikalvektor. Besondere Punkte und Richtungen.

Ist $m' = \frac{m(m+1)}{2}$, so geht die $R_{m'-1}$, welche das Krümmungsgebilde enthält, und die durch die $m' - 1$ Vektoren $\mathbf{i}_a \mathbf{i}_b \overset{2}{\cdot} \overset{3}{\mathbf{H}}$, $(\mathbf{i}_a \mathbf{i}_b - \mathbf{i}_b \mathbf{i}_a) \overset{2}{\cdot} \overset{3}{\mathbf{H}}$, $a \neq b$ bestimmt wird, im allgemeinen nicht durch P. Der Vektor $\mathbf{U}$, der sich von P bis zu dieser $R_{m'-1}$ und senkrecht zu ihr erstreckt, heißt der *Umbilikalvektor* der V_m. Ist $\mathbf{D}$ senkrecht zu $R_{m'-1}$, so ist $\mathbf{U} = \mathbf{D}$. Für $\mathbf{U}$ gelten, weil die Projektion aller erzwungenen Krümmungsvektoren auf $\mathbf{U}$ konstant $= U$ ist, die Gleichungen:

$$(186) \qquad \mathbf{i}_a \overset{1}{\cdot} \nabla \mathbf{i}_a \overset{1}{\cdot} \mathbf{U} = \text{Konstante},$$

oder

$$(187) \qquad \mathbf{i}_a \mathbf{i}_a \overset{2}{\cdot} \nabla \mathbf{U} = \text{Konstante},$$

für beliebige a.

Mithin ist der Teil von $\nabla \mathbf{U}$, der innerhalb V_m liegt, bis auf einen Faktor gleich ${}^2\mathbf{g}'$.

Für eine Minimalmannigfaltigkeit ist $\mathbf{U} = 0$. Die Umkehrung dieses Satzes gilt nicht; auch für $m' < m$ wird $\mathbf{U} = 0$. Ein besonderer Fall tritt ein, wenn das Krümmungsgebilde sich in einen Punkt zusammenzieht. $\overset{3}{\mathbf{H}}$ hat dann die Form

$$(188) \qquad \overset{3}{\mathbf{H}} = {}^2\mathbf{g}' \mathbf{D}.$$

Ein Punkt, wo dies zutrifft, heißt ein *Umbilikalpunkt* oder *Nabelpunkt* der V_m. Das Krümmungsgebiet hat in einem solchen Punkt $m + 1$ Dimensionen. Die Umkehrung dieses Satzes gilt nicht. Punkte, wo das Krümmungsgebiet $m + 1$ Dimensionen hat, heißen *axial*. In einem axialen Punkte haben die Vektoren der erzwungenen Krümmung aller hindurchgehenden Kurven also dieselbe Richtung senkrecht zur V_m.

---

[1]) Kühne, 1904, 7. — [2]) Vgl. Levi, 1908, 4, S. 68, Fußnote.

Punkte, wo das Krümmungsgebiet $m+2$ Dimensionen hat, heißen *planar*. In einem planaren Punkte liegen die Vektoren der erzwungenen Krümmung aller hindurchgehenden Kurven also in einer R_2 senkrecht zur V_m [1]).

Wir betrachten jetzt eine beliebige V_m und legen die Vektoren $\mathbf{i}_u$, $u=m+1,\ldots,m+m'$, zueinander senkrecht im Krümmungsgebiet und $\perp V_m$. Sind $\mathbf{i}_p$ und $\mathbf{i}_q$ zwei Kongruenzen der V_m, so ist mit Rücksicht auf (41) der *absolute Krümmungsvektor von* $\mathbf{i}_p$ *in bezug auf* $\mathbf{i}_q$ (vgl. S. 77):

(189) $$\mathbf{u}_{pq} = \mathbf{i}_p \overset{1}{\cdot} \nabla \mathbf{i}_q$$

und der *relative Krümmungsvektor von* $\mathbf{i}_p$ *in bezug auf* $\mathbf{i}_q$:

(190) $$\mathbf{u}'_{pq} = \mathbf{i}_p \overset{1}{\cdot} \nabla' \mathbf{i}_q.$$

Nun ist nach (143):

(191) $$\mathbf{u}_{pq} = \mathbf{u}'_{pq} + \mathbf{i}_p \mathbf{i}_q \overset{2}{\cdot} \overset{3}{\mathbf{H}}.$$

Schreibt man also

(192) $$\mathbf{u}''_{pq} = \mathbf{i}_p \mathbf{i}_q \overset{2}{\cdot} \overset{3}{\mathbf{H}} = \mathbf{i}_q \mathbf{i}_p \overset{2}{\cdot} \overset{3}{\mathbf{H}} = \mathbf{u}''_{qp},$$

so ist:

(193) $$\mathbf{u}_{pq} = \mathbf{u}'_{pq} + \mathbf{u}''_{pq}.$$

$\mathbf{u}''_{pq}$ heißt der *Vektor der gegenseitigen erzwungenen Krümmung von* $\mathbf{i}_p$ *und* $\mathbf{i}_q$ *in bezug auf* V_m [2]). $\mathbf{u}''_{pq}$ ändert sich nicht bei Vertauschung von $\mathbf{i}_p$ und $\mathbf{i}_q$. Es gilt also der Satz:

Der absolute Krümmungsvektor einer Kongruenz in V_m *in bezug auf eine zweite Kongruenz in* V_m *ist gleich der Summe des relativen Krümmungsvektors und des Vektors der gegenseitigen erzwungenen Krümmung in bezug auf* V_m.

Ist der Vektor der gegenseitigen erzwungenen Krümmung zweier Kongruenzen Null, so heißen ihre Richtungen *in* V_m *konjugiert*. Die Bedingungen sind gegeben durch die m' Gleichungen:

(194) $$\mathbf{i}_p \mathbf{i}_q \overset{2}{\cdot} \nabla \mathbf{i}_u = 0.$$

Ist $\mathbf{i}_p$ gegeben, so bestimmt jede dieser Gleichungen eine R_{m-1} als Ort der gesuchten Richtung $\mathbf{i}_q$. Im allgemeinen gibt es also zu jeder Richtung der V_m $\infty^{m-m'-1}$ konjugierte Richtungen für $m' < m-1$ und eine einzige für $m' = m-1$. Für $m' = m$ gibt es zu einer beliebigen Richtung im allgemeinen keine konjugierte; die $m-1$ ersten Gleichungen bestimmen aber im allgemeinen eine involutorische Verwandtschaft $(m-1)$-ter Ord-

---

[1]) Die Namen axial und planar rühren von Levi her, 1908, 4, S. 61 (V_2 in R_n). — [2]) Ricci, 1902, 12, S. 360 nennt den Betrag dieses Vektors „curvatura intermedia o mista relativa a V_n della due congruenze". Die geodätische Torsion der Kurven einer Kongruenz in einer V_2 in V_3 ist ein besonderer Fall.

nung zwischen den Richtungen der V_m. Die m-te Gleichung bestimmt eine Korrelation in der V_m. Die Richtungen, denen konjugierte Richtungen entsprechen, liegen also im allgemeinen auf einem V_{m-1}-Kegel ($m-1$)-ter Ordnung, der durch die Verwandtschaft und die Korrelation bestimmt ist. Die konjugierten Richtungen bilden auf dem Mantel dieses Kegels eine Involution. Für $m' > m$ gibt es im allgemeinen keine Richtungen, denen konjugierte entsprechen.

Die *selbstkonjugierten* Richtungen sind identisch mit den Richtungen der Haupttangentenkurven erster Ordnung (vgl. S. 93) und sind gegeben durch die Gleichung:

$$\mathbf{i}\,\mathbf{i} \overset{2}{\cdot} \overset{3}{\mathbf{H}} = 0, \tag{195}$$

die gleichbedeutend mit den m' Gleichungen:

$$\mathbf{i}\,\mathbf{i} \overset{2}{\cdot} \nabla \mathbf{i}_e = 0 \tag{196}$$

ist. Jede dieser Gleichungen bestimmt in der V_m einen quadratischen Kegel. Auch hieraus folgt das schon auf S. 105 erhaltene Resultat, daß es $\infty^{m'-m-1}$ selbstkonjugierte Richtungen gibt für $m' < m-1$, 2^{m-1} für $m' = m-1$ und keine einzige für $m' > m-1$.

13. Die höheren Krümmungen einer V_1 in V_m in V_n.

Ist $\mathbf{i}$ eine Kurve der V_m, so gilt nach (130):

$$\frac{d\,\mathbf{i}}{ds} = (\mathbf{i}\,.\,\nabla')\,\mathbf{i} + \mathbf{i}\,\mathbf{i} \overset{2}{\cdot} \overset{3}{\mathbf{H}} = \frac{d'\,\mathbf{i}}{ds} + \mathbf{i}\,\mathbf{i} \overset{2}{\cdot} \overset{3}{\mathbf{H}}. \tag{197}$$

Infolge (143) und (191) ist also:

$$\frac{d^2\mathbf{i}}{ds^2} = \frac{d'^2\mathbf{i}}{ds^2} + 3\,\mathbf{i}\,\frac{d'\,\mathbf{i}}{ds} \overset{2}{\cdot} \overset{3}{\mathbf{H}} + \mathbf{i}\,\mathbf{i}\,\mathbf{i} \overset{3}{\cdot} \overset{4}{\mathbf{H}}, \tag{198}$$

wo

$$\overset{4}{\mathbf{H}} = \overset{6}{\mathbf{g}'} \overset{3}{\cdot} \nabla \overset{3}{\mathbf{H}}. \tag{199}$$

Ebenso ist:

$$\begin{aligned}\frac{d^3\mathbf{i}}{ds^3} = \frac{d'^3\mathbf{i}}{ds^3} &+ 3\left(\frac{d'\,\mathbf{i}}{ds}\,\frac{d'\,\mathbf{i}}{ds} + 4\,\mathbf{i}\,\frac{d'^2\,\mathbf{i}}{ds^2}\right) \overset{2}{\cdot} \overset{3}{\mathbf{H}} \\ &+ \left(5\,\mathbf{i}\,\frac{d'\,\mathbf{i}}{ds}\,\mathbf{i} + \mathbf{i}\,\mathbf{i}\,\frac{d'\,\mathbf{i}}{ds}\right) \overset{3}{\cdot} \overset{4}{\mathbf{H}} + \mathbf{i}\,\mathbf{i}\,\mathbf{i}\,\mathbf{i} \overset{4}{\cdot} \overset{5}{\mathbf{H}},\end{aligned} \tag{200}$$

wo

$$\overset{5}{\mathbf{H}} = \overset{8}{\mathbf{g}'} \overset{4}{\cdot} \nabla \overset{4}{\mathbf{H}}. \tag{201}$$

Allgemein ist

$$\frac{d^p\mathbf{i}}{ds^p} - \frac{d'^p\mathbf{i}}{ds^p} - \mathbf{i}^{p+1} \overset{p+1}{\cdot} \overset{p+2}{\mathbf{H}},$$

wo

$$\overset{p+2}{\mathbf{H}} = {}^{(p+1)}\mathbf{g}'\ {}_{p+1}\,\nabla\overset{p+1}{\mathbf{H}}, \tag{202}$$

eine Summe von Gliedern, die alle einen oder mehrere der Faktoren $\frac{d'\mathbf{i}}{ds}, \ldots, \frac{d'^{p-1}\mathbf{i}}{ds^{p-1}}$ und einen der Faktoren $\overset{3}{\mathbf{H}}, \overset{4}{\mathbf{H}}, \ldots, \overset{p+1}{\mathbf{H}}$ enthalten.

Ist $\mathbf{i}$ in V_m geodätisch, so werden alle Differentialquotienten von $\mathbf{i}$ in V_m Null, und es ist:

$$\frac{d^p\mathbf{i}}{ds^p} = \mathbf{i}^{p+1}\ {}_{p+1}\!\!\cdot\ \overset{p+2}{\mathbf{H}}. \tag{203}$$

Verlangt man nun, daß die Krümmungen von $\mathbf{i}$ in V_n von der p-ten Krümmung an verschwinden, so ist dazu notwendig und hinreichend, daß:

$$\mathbf{i} \frown \frac{d\mathbf{i}}{ds} \frown \ldots \frown \frac{d^p\mathbf{i}}{ds^p} = 0, \tag{204}$$

oder

$$\mathbf{i}^{\frac{(p+1)(p+2)}{2}}\ \frac{(p+1)(p+2)}{2}\!\!\cdot\ (\mathbf{a}_1\overset{3}{\mathbf{H}} \overset{1}{\cdot} \mathbf{a}_2\overset{4}{\mathbf{H}} \overset{1}{\cdot} \mathbf{a}_3 \ldots \overset{p+2}{\mathbf{H}} \overset{1}{\cdot} \mathbf{a}_{p+1})\,(\mathbf{a}_1 \frown\!\cdots\!\frown \mathbf{a}_{p+1}) = 0, \tag{205}$$

wo ${}^2\mathbf{g} = \mathbf{a}_1\mathbf{a}_1 = \mathbf{a}_2\mathbf{a}_2 = \ldots = \mathbf{a}_{p+1}\mathbf{a}_{p+1}$ ist. Sollen also die Krümmungen in V_n von der p-ten an für jede in V_m geodätische Kurve verschwinden, so ist die notwendige und hinreichende Bedingung (vgl. Abschn. I (98)):

$$\begin{aligned} {}^{(p+1)(p+2)}\mathbf{g}'\ \frac{(p+1)(p+2)}{2}\!\!\cdot\ \{\mathbf{a}_1 \smile (\overset{3}{\mathbf{H}} \overset{1}{\cdot} \mathbf{a}_2) \smile (\overset{4}{\mathbf{H}} \overset{1}{\cdot} \mathbf{a}_3) \smile \ldots \smile (\overset{p+2}{\mathbf{H}} \overset{1}{\cdot} \mathbf{a}_{p+1})\} \circ \\ \circ (\mathbf{a}_1 \frown\!\cdots\!\frown \mathbf{a}_{p+1}) = 0. \end{aligned} \tag{206}$$

Mannigfaltigkeiten dieser Art könnte man *infrageodätisch* $(p-1)$*-ter Ordnung* nennen. Das einfachste Beispiel einer infrageodätischen Mannigfaltigkeit erster Ordnung ist eine Kugel in R_3. Nach dem S. 90 bewiesenen Satz ist jede V_{n-1} in V_n mit lauter Nabelpunkten infrageodätisch erster Ordnung, da jede in einer solchen V_{n-1} geodätische Linie als Hauptkrümmungslinie aufgefaßt werden kann.

14. Die Krümmungsgebiete und Haupttangentenrichtungen höherer Ordnung einer V_m in V_n.

Das Krümmungsgebiet der V_m in P enthält alle möglichen Richtungen von $\frac{d\mathbf{i}}{ds}$ und ist also bestimmt durch die $m + \frac{m(m+1)}{2}$ Vektoren $\mathbf{i}_a, \mathbf{i}_a\mathbf{i}_b \overset{2}{\cdot} \overset{3}{\mathbf{H}}$, die im allgemeinsten Falle linear unabhängig sind. Ebenso sind nach (198) alle möglichen Richtungen von $\frac{d^2\mathbf{i}}{ds^2}$ in dem Gebiet enthalten, welches durch die im allgemeinsten Falle linear unabhängigen $m + \frac{m(m+1)}{2} + \frac{m^2(m+1)}{2}$ Vektoren $\mathbf{i}_a, \mathbf{i}_a\mathbf{i}_b \overset{2}{\cdot} \overset{3}{\mathbf{H}}, \mathbf{i}_a\mathbf{i}_b\mathbf{i}_c \overset{3}{\cdot} \overset{4}{\mathbf{H}}$ usw. bestimmt ist. Wir nennen dieses Gebiet das *Krümmungsgebiet zweiter Ordnung* der V_m in P.

Man kann nun für eine Kurve $\mathbf{i}$ der V_m verlangen, daß ihr oskulierender $(p+1)$-Vektor in der V_m liegt. Die Kurve heißt dann eine *Haupttangentenkurve p-ter Ordnung.* (Vgl. S. 80). Dazu ist notwendig und hinreichend, daß $\frac{d^u \mathbf{i}}{ds^u}$, $u = 1, \ldots, p$ in der V_m liegt. Es müssen also folgende Bedingungen erfüllt sein:

$$\frac{d^u \mathbf{i}}{ds^u} \cdot \mathbf{i}_e = 0, \qquad \begin{array}{l} u = 1, \ldots, p \\ e = m+1, \ldots, n. \end{array} \tag{207}$$

Diese Gleichungen sind äquivalent mit:

$$\mathbf{i} \cdot \frac{d^u \mathbf{i}_e}{ds^u} = 0, \tag{208}$$

oder auch (vgl. S. 80) mit:

$$\mathbf{i}^{u+1} \overset{u+1}{\cdot} \nabla^u \mathbf{i}_e = 0. \tag{209}$$

Die erste Bedingung ist also:

$$\sum_e \mathbf{i}\,\mathbf{i} \overset{2}{\cdot} (\nabla \mathbf{i}_e)\, \mathbf{i}_e = \sum_e \mathbf{i}\,\mathbf{i} \overset{2}{\cdot} \nabla \mathbf{i}_e \mathbf{i}_e = -\,\mathbf{i}\,\mathbf{i} \overset{2}{\cdot} \nabla\, {}^2\mathbf{g}' = 0. \tag{210}$$

Ist die erste Bedingung erfüllt, so lautet die zweite Bedingung:

$$\sum_e \mathbf{i}\,\mathbf{i}\,\mathbf{i} \overset{3}{\cdot} (\nabla\nabla \mathbf{i}_e)\, \mathbf{i}_e = \sum \mathbf{i}\,\mathbf{i}\,\mathbf{i} \overset{3}{\cdot} \nabla\nabla \mathbf{i}_e \mathbf{i}_e = -\,\mathbf{i}\,\mathbf{i}\,\mathbf{i} \overset{3}{\cdot} \nabla\nabla\, {}^2\mathbf{g}' = 0. \tag{211}$$

Die Bedingungen lassen sich also mit Rücksicht auf (137) auch schreiben:

$$\mathbf{i}^{u+1} \overset{u+1}{\cdot} \overset{u+2}{\mathbf{G}} = 0, \tag{212}$$

wo:

$$\overset{u+2}{\mathbf{G}} = \nabla^u\, {}^2\mathbf{g}'. \tag{213}$$

Hat das Krümmungsgebiet p-ter Ordnung $m + m' + \ldots + m^{(p)}$ Dimensionen, so bestimmt die erste der Gleichungen (212) m' quadratische V_{m-1}-Kegel in der V_m, die zweite $m' + m''$ V_{m-1}-Kegel dritten Grades usw. Ist also:

$$m - (p\,m' + (p-1)\,m'' + \ldots + m^{(p)}) = \alpha, \tag{214}$$

so existieren für $\alpha > 1$ im allgemeinen $\infty^{\alpha-1}$ Haupttangentenrichtungen p-ter Ordnung, für $\alpha = 1$ $2^{m'} + 3^{m'+m''} + \ldots + (p+1)^{m'+\ldots+m^{(p)}}$ und für $\alpha < 1$ keine einzige.

15. V_1 in V_{m_2} in V_{m_1} in V_n.

Eine V_{m_2} liege in einer V_{m_1} in V_n. Werden die Kongruenzen $\mathbf{i}_u$, $u = 1, \ldots, m_2$ so gewählt, daß V_{m_2} gebildet wird von Kurven $\mathbf{i}_u$ und ist:

$$(215)\qquad \begin{cases} \mathbf{a}_1' = \sum\limits_u a_u \mathbf{i}_u + \sum\limits_x a_x \mathbf{i}_x \\ \mathbf{a}_2' = \sum\limits_u a_u \mathbf{i}_u, \end{cases}$$

wo der Index x die Werte $m_2 + 1, \ldots, m_1$ durchläuft, so sind:

$$(216)\qquad {}^2\mathbf{g}_1' = \mathbf{a}_1' \mathbf{a}_1', \qquad {}^2\mathbf{g}_2' = \mathbf{a}_2' \mathbf{a}_2'$$

die Fundamentaltensoren der V_{m_1} bzw. V_{m_2}. Sind ∇_1' und ∇_2' die Differentialoperatorkerne der V_{m_1} bzw. V_{m_2}, so ist nach (138)

$$(217)\qquad \overset{3}{\mathbf{H}}{}_2' = -\sum_u \overset{4}{\mathbf{g}}{}_2' \overset{2}{\cdot} \nabla_1' \mathbf{i}_u \mathbf{i}_u = \sum_u \overset{4}{\mathbf{g}}{}_2' \overset{2}{\cdot} \nabla_1' {}^2\mathbf{g}_1'$$

der Krümmungsaffinor der V_{m_2} in bezug auf V_{m_1} und

$$(218)\qquad \mathbf{v}_2' = \mathbf{i}\,\mathbf{i} \overset{2}{\cdot} \overset{3}{\mathbf{H}}{}_2'$$

der Vektor der erzwungenen Krümmung von $\mathbf{i}$ in bezug auf V_{m_1}.

Nun ist für ein beliebiges Vektorfeld $\mathbf{w}$ in V_{m_2} nach (127)

$$(219)\qquad \nabla_2' \mathbf{w} = \overset{4}{\mathbf{g}}{}_2' \overset{2}{\cdot} \nabla_1' \mathbf{w} = \overset{4}{\mathbf{g}}{}_2' \overset{2}{\cdot} \nabla \mathbf{w},$$

wo ∇ der Differentialoperatorkern der V_n und

$$(220)\qquad \overset{4}{\mathbf{g}}{}_2' = \mathbf{a}_2' \mathbf{b}_2' \mathbf{b}_2' \mathbf{a}_2'$$

ist. Daraus folgt:

$$(221)\qquad \begin{aligned} \overset{3}{\mathbf{H}}{}_2' &= -\sum_u \overset{4}{\mathbf{g}}{}_2' \overset{2}{\cdot} \nabla_1' \mathbf{i}_x \mathbf{i}_x = -\overset{6}{\mathbf{g}}{}_1' \overset{3}{\cdot} \Big\{ \sum_{x,e} \overset{4}{\mathbf{g}}{}_2' \overset{2}{\cdot} (\nabla \mathbf{i}_x \mathbf{i}_x + \nabla \mathbf{i}_e \mathbf{i}_e) \Big\} \\ &= \overset{6}{\mathbf{g}}{}_1' \overset{3}{\cdot} \overset{3}{\mathbf{H}}{}_2^0 ; \end{aligned}$$

wo $\overset{3}{\mathbf{H}}{}_2^0$ den Krümmungsaffinor der V_{m_2} in bezug auf V_n darstellt. Aus (218) und (219) folgt ferner:

$$(222)\qquad \mathbf{v}_2' = {}^2\mathbf{g}_1' \overset{2}{\cdot} \mathbf{v}_2^0,$$

wo $\mathbf{v}_2^0$ den Vektor der erzwungenen Krümmung von $\mathbf{i}$ als Kurve der V_{m_2} in bezug auf V_n darstellt.

Ist $\mathbf{D}_2'$ der mittlere Krümmungsvektor der V_{m_2} in bezug auf V_{m_1}:

$$(223)\qquad \mathbf{D}_2' = \frac{1}{m_2} {}^2\mathbf{g}_2' \overset{2}{\cdot} \overset{3}{\mathbf{H}}{}_2',$$

so folgt schließlich aus (221):

$$\mathbf{D}_2' = {}^2\mathbf{g}_1' \overset{1}{\cdot} \mathbf{D}_2^0, \tag{224}$$

wo $\mathbf{D}_2^0$ den mittleren Krümmungsvektor der V_{m_2} in bezug auf V_n darstellt. Wir können also den Satz aussprechen:

Der Krümmungsaffinor, der Vektor der erzwungenen Krümmung einer Kurve und der mittlere Krümmungsvektor einer V_{m_2} in V_{m_1} in V_n in bezug auf die V_{m_1} sind die V_{m_1}-Komponenten der gleichartigen Größen in bezug auf die V_n[1].

Offenbar sind $\overset{3}{\mathbf{H}}{}_2'$, $\mathbf{u}_2'$ und $\mathbf{D}_2'$ invariant bei allen gegebenenfalls möglichen Verbiegungen der V_{m_1} in V_n, welche den betrachteten Punkt und die m_1-Richtung der V_{m_1} in diesem Punkt unverändert lassen[2].

Der Krümmungsaffinor der V_{m_1} ist:

$$\overset{3}{\mathbf{H}}{}_1^0 = -\sum_e \overset{4}{\mathbf{g}}{}_1' \overset{2}{\cdot} \nabla \mathbf{i}_e \mathbf{i}_e. \tag{225}$$

Es ist also:

$$\overset{3}{\mathbf{H}}{}_2^0 = -\sum_x \overset{4}{\mathbf{g}}{}_2' \overset{2}{\cdot} \nabla \mathbf{i}_x \mathbf{i}_x - \sum_e \overset{4}{\mathbf{g}}{}_2' \overset{2}{\cdot} \nabla \mathbf{i}_e \mathbf{i}_e = \overset{3}{\mathbf{H}}{}_2' + \overset{4}{\mathbf{g}}{}_2' \overset{2}{\cdot} \overset{3}{\mathbf{H}}{}_1^0, \tag{226}$$

$\overset{4}{\mathbf{g}}{}_2' \overset{2}{\cdot} \overset{3}{\mathbf{H}}{}_1^0$, ist der Krümmungsaffinor jeder V_{m_2}, welche die gegebene V_{m_2} im betrachteten Punkte berührt und in diesem Punkte in V_{m_1} geodätisch ist.

Ist $\mathbf{v}_1^0$ der Vektor der erzwungenen Krümmung von $\mathbf{i}$ als Kurve der V_{m_1} in der V_n betrachtet, und $\mathbf{D}_1^0$ der mittlere Krümmungsvektor der V_{m_1}, so folgt aus (222):

$$\mathbf{v}_2^0 = \mathbf{v}_2' + \mathbf{v}_1^0, \tag{227}$$

und aus (226)

$$\begin{aligned} \mathbf{D}_2^0 &= \frac{1}{m_2}\, {}^2\mathbf{g}_2' \overset{2}{\cdot} \overset{3}{\mathbf{H}}{}_2^0 = \frac{1}{m_2}\, {}^2\mathbf{g}_2' \overset{2}{\cdot} \overset{3}{\mathbf{H}}{}_2' + \frac{1}{m_2}\, {}^2\mathbf{g}_2' \overset{2}{\cdot} \overset{3}{\mathbf{H}}{}_1^0 \\ &= \mathbf{D}_2' + \mathbf{D}_1^0 + \frac{1}{m_2}\left({}^2\mathbf{g}_2' - {}^2\mathbf{g}_1'\right) \overset{2}{\cdot} \overset{3}{\mathbf{H}}{}_1^0. \end{aligned} \tag{228}$$

$\frac{1}{m_2}\, {}^2\mathbf{g}_2' \overset{2}{\cdot} \overset{3}{\mathbf{H}}{}_1^0$ ist der mittlere Krümmungsvektor jeder V_{m_2}, welche die V_{m_2} im betrachteten Punkte berührt und in diesem Punkte in V_{m_1} einen mittleren Krümmungsvektor Null hat, insbesondere also jeder V_{m_2} im betrachteten Punkte berührenden V_{m_2}, die in V_{m_1} Minimalmannigfaltigkeit ist.

---

[1]) Killing, 1885, 2, S. 245, für $\mathbf{D}$ (V_{m-1} in V_m in S_n); Berzolari, 1898, 2, S. 700, für $\mathbf{D}$ (V_{m_2} in V_{m_1} in S_n). — [2]) Berzolari 1898, 2, S. 773, für $\mathbf{D}$ (V_{m_2} in V_{m_1} in S_n).

Liegt V_{m_p} in $V_{m_{p-1}}$ in $V_{m_{p-2}}$ usw. in V_{m_1} und ist $\overset{3}{\mathbf{H}}{}_p^{(q)}$ der Krümmungsaffinor der V_{m_p} in V_{m_q}, wo $V_{m_0} = V_n$, so folgt aus (226):

$$(229) \qquad \overset{3}{\mathbf{H}}{}_p^0 = \overset{3}{\mathbf{H}}{}_p^{(p-1)} + \overset{4}{\mathbf{g}}{}_p' \overset{2}{\cdot} \overset{3}{\mathbf{H}}{}_{p-1}^0 = \overset{3}{\mathbf{H}}{}_p^{(p-1)} + \overset{4}{\mathbf{g}}{}_p' \overset{3}{\cdot} (\overset{3}{\mathbf{H}}{}_{p-1}^{(p-2)} + \overset{4}{\mathbf{g}}{}_{p-1}' \overset{2}{\cdot} \overset{3}{\mathbf{H}}{}_{p-2}^0$$

$$= \sum_u \overset{4}{\mathbf{g}}{}_p' \overset{2}{\cdot} \overset{3}{\mathbf{H}}{}_u^{(u-1)}$$

und aus (229) für den mittleren Krümmungsvektor $\mathbf{D}_p^0$ der V_{m_p} in bezug auf V_n:

$$(230) \qquad \mathbf{D}_p^0 = {}^2\mathbf{g}_p' \overset{2}{\cdot} \sum_u^{1,\ldots,p} \overset{3}{\mathbf{H}}{}_u^{(u-1)} .$$

Ist $\mathbf{v}_p^{(q)}$ der Vektor der erzwungenen Krümmung von $\mathbf{i}$, als Kurve der V_{m_p} in V_{m_q} aufgefaßt, so ist nach (222):

$$(231) \qquad \mathbf{v}_p^0 = \sum_u^{1,\ldots,p} \mathbf{v}_u^{(u-1)},$$

oder

$$(232) \qquad \mathbf{u} = \mathbf{u}_p' + \sum_u^{1,\ldots,p} \mathbf{v}_u^{(u-1)},$$

wo $\mathbf{u}_p'$ den relativen Krümmungsvektor von $\mathbf{i}$ in bezug auf V_{m_p} darstellt.

Ist die Dimensionenzahl $m + m'$ des Krümmungsgebietes einer V_m in V_n kleiner als n, so kann man in jedem Punkte der V_m eine q-Richtung $q \leqq n - m - m'$ senkrecht zum Krümmungsgebiet wählen und diese in mannigfacher Weise in der V_n derart fortsetzen, daß eine V_{m+q} entsteht. In dieser V_{m+q} hat dann $\overset{3}{\mathbf{H}}$ keine Komponente, und die gegebene V_m ist also in dieser V_{m+q} geodätisch. Es ergibt sich also der Satz:

Ist die Dimensionenzahl $m + m'$ des Krümmungsgebietes einer V_m in V_n kleiner als n, so gibt es für jeden Wert von $q \leqq n - m - m'$ unendlich viele V_{m+q}, in bezug auf welche die V_m geodätisch ist[1]).

Ist in V_m eine bestimmte Kongruenz $\mathbf{i}$ gegeben, und ist $n > m + 1$, so kann man in jedem Punkte der V_m eine q-Richtung, $q \leqq n - m - 1$, senkrecht zu V_m und zu $\mathbf{u}''$ wählen und diese in mannigfacher Weise in der V_m derart fortsetzen, daß eine V_{m+q} entsteht. In dieser V_{m+q} hat dann $\mathbf{u}''$ keine Komponente und es ergibt sich also der Satz:

Ist $n > m + 1$, so gibt es für jeden Wert von $q \leqq n - m - 1$ unendlich viele V_{m+q}, in welchen die Kurven einer gegebenen Kongruenz geodätische Linien sind.

In derselben Weise beweist man, indem man die q-Richtung senkrecht zu $\mathbf{D}$ wählt:

[1]) Das einfachste Beispiel ist der Ort der Binormalen einer Kurve in R_3.

Ist $n > m+1$, so gibt es für jeden Wert von $q \leqq n-m-1$ unendlich viele V_{m+q}, in bezug auf welche die V_m eine Minimalmannigfaltigkeit ist[1]).

Wird die zu jedem Punkte der V_m gehörige Richtung von $\mathbf{D}$ in beliebiger Weise in der V_m derart fortgesetzt, daß eine V_{m+1} entsteht, so hat in bezug auf diese V_{m+1} die V_m einen mittleren Krümmungsvektor maximaler Länge[2]).

Wird die zu jedem Punkte der V_m gehörige Richtung des Umbilikalvektors $\mathbf{U}$ in beliebiger Weise derart in der V_n fortgesetzt, daß eine V_{m+1} entsteht, so hat in bezug auf diese die V_m lauter Umbilikalpunkte. Es ergibt sich also der Satz:

Ist der Umbilikalvektor einer V_m nicht Null, so gibt es unendlich viele V_{m+1}, in bezug auf welche die V_m eine Mannigfaltigkeit mit lauter Umbilikalpunkten ist.

16. V_m in V_n mit lauter axialen Punkten. — Übertragung der Eigenschaften der V_{n-1} auf V_m.

Für eine V_m in V_n mit lauter axialen Punkten (S. 106) ist:

$$\overset{3}{\mathbf{H}} = -\overset{4}{\mathbf{g}}{}' \overset{2}{\cdot} (\nabla \mathbf{i}_{m+1}) \mathbf{i}_{m+1}. \tag{233}$$

Wir setzen nun

$$\overset{4}{\mathbf{g}}{}' \overset{2}{\cdot} \nabla \mathbf{i}_{m+1} = {}^2\mathbf{h}, \tag{234}$$

und legen die Kongruenzen $\mathbf{i}_a$ in die Hauptrichtungen von ${}^2\mathbf{h}$. Dann ist:

$$\overset{3}{\mathbf{H}} = -{}^2\mathbf{h}\,\mathbf{i}_{m+1} = -\sum_a h_{aa} \mathbf{i}_a \mathbf{i}_a \mathbf{i}_{m+1}, \quad h_{ab} = 0, \; a \neq b. \tag{235}$$

Für $\mathbf{i}_a$ gilt:

$$\frac{d\mathbf{i}_a}{ds_b} = \mathbf{i}_b \overset{1}{\cdot} \nabla \mathbf{i}_a = \sum_c (\mathbf{i}_c \mathbf{i}_b \overset{2}{\cdot} \nabla \mathbf{i}_a) \mathbf{i}_c - h_{ab} \mathbf{i}_{m+1} \tag{236}$$

und

$$\frac{d^2 \mathbf{i}_a}{ds_c\, ds_b} = \sum_d \left\{ \frac{d}{ds_c} (\mathbf{i}_d \mathbf{i}_b \overset{2}{\cdot} \nabla \mathbf{i}_a) \right\} \mathbf{i}_d + \sum_{c,u} (\mathbf{i}_d \mathbf{i}_b \overset{2}{\cdot} \nabla \mathbf{i}_a) \{ (\mathbf{i}_u \mathbf{i}_c \overset{2}{\cdot} \nabla \mathbf{i}_d) \mathbf{i}_u - h_{dc} \mathbf{i}_{m+1} \} - \frac{dh_{ab}}{ds_c} \mathbf{i}_{m+1} - h_{ab} \frac{d\mathbf{i}_{m+1}}{ds_c} \text{ [3]}). \tag{237}$$

[1]) Kommerell, 1897, 7, S. 32 (V_2 in R_4). — [2]) Kommerell, 1897, 7, S. 32, (V_2 in R_4). Berzolari, 1898, 2, S. 696, nennt für V_m in S_n die durch die tangierende S_m und $\mathbf{D}$ bestimmte S_{m+1} „spazio osculatore" und D die Krümmung der V_m. Berzolari betrachtet nicht die Krümmungen einer V_m in bezug auf eine V_{m+q} durch V_m, sondern er projiziert V_m auf eine S_{m+q} durch die tangierende S_m und betrachtet dann die Krümmungen dieser Projektion. Seine „curvatura tangenziale" ist D_2^1 (also für V_m in V_{m+q}), seine „curvature normale" ist D_1^0 (also für V_{m+q} in V_n). — [3]) In dieser und der folgenden Formel durchläuft auch u die Werte $1, \ldots, m$.

Nun hängt in

$$(238)\qquad \frac{d^2\mathbf{i}_a}{d s_b d s_c} - \frac{d^2\mathbf{i}_a}{d s_c d s_b} = (\mathbf{i}_b \overset{1}{:} \nabla \mathbf{i}_c - \mathbf{i}_c \overset{1}{:} \nabla \mathbf{i}_b) \overset{1}{:} \nabla \mathbf{i}_a + (\mathbf{i}_c \frown \mathbf{i}_b) \overset{2}{:} \overset{4}{\mathbf{K}} \overset{1}{:} \mathbf{i}_a .$$

der erste Term rechts nur von $\mathbf{i}_1, \ldots, \mathbf{i}_{m+1}$ ab, während im Falle einer umgebenden S_n der zweite Term rechts nur von $\mathbf{i}_1, \ldots, \mathbf{i}_m$ abhängt.

Die wichtigste Folgerung, die sich daraus ableiten läßt, ergibt sich für $a = b,\ b \neq c$; $h_{aa} \frac{d\mathbf{i}_{m+1}}{d s_c}$ erscheint dann als eine Summe von Termen, die nur $\mathbf{i}_1, \ldots, \mathbf{i}_{m+1}$ enthalten. Ist nun der Tensor ${}^2\mathbf{h}$ vom Range m und also keine seiner Bestimmungszahlen Null, so enthält $\frac{d\mathbf{i}_{m+1}}{d s_c}$ für jede beliebige Richtung nur $\mathbf{i}_1, \ldots, \mathbf{i}_{m+1}$ und es ist also:

$$(239)\qquad \nabla(\mathbf{i}_1 \frown \cdots \frown \mathbf{i}_{m+1}) = 0 .$$

Dies besagt, daß die V_m in einer in S_n geodätischen S_{m+1} liegt. Die S_{m+1} entsteht, wenn die Richtungen von $\mathbf{i}_{m+1}$ in S_n geodätisch verlängert werden. Es ergibt sich also der Satz:

Eine V_m in S_n mit lauter axialen Punkten liegt entweder in einer in S_n geodätischen S_{m+1} oder der Tensor ${}^2\mathrm{h}$ hat einen Rang $< m$[1]).

Alle abgeleiteten Sätze über die Krümmung einer V_{n-1} in V_n gelten selbstverständlich m. m. auch in einem axialen Punkte einer V_m.

Ist eine beliebige V_m gegeben, so kann man jedem Punkte eine zu V_m senkrechte Richtung $\mathbf{i}_{m+1}$ zuordnen und diese Richtungen in der V_n in mannigfacher Weise derart fortsetzen, daß eine V_{m+1} gebildet wird. In bezug auf die so entstehende V_{m+1} hat dann die V_m m zueinander senkrechte Hauptkrümmungsrichtungen und m Hauptkrümmungsradien. In einem Punkte einer V_m kann man also auch stets von den Hauptkrümmungsrichtungen und Hauptkrümmungsradien in bezug auf eine beliebige zu V_m senkrechte Richtung sprechen. In besonderen Fällen kann eine bestimmte Normale auf V_m ausgezeichnet sein. Dies ist z. B. der Fall, wenn eine Kongruenz $\mathbf{i}$ in der V_m gegeben ist. Die ausgezeichnete Richtung ist dann die Richtung von $\mathbf{u}''$. Es ergeben sich dann ähnliche Schlüsse wie für V_m mit lauter axialen Punkten.

17. Erweiterung des Meusnierschen Satzes für V_{p-1} in V_{n-1} in V_n.

In einem Punkte P einer V_{n-1} sei eine $(p-1)$-Richtung gegeben. Wir verlängern die ∞^p Richtungen, die diese $(p-1)$-Richtung mit $\mathbf{i}_n$ bestimmt, zu einer in P geodätischen V_p, und ebenso die ∞^p Rich-

[1]) Für V_2 in R_n rührt dieses Theorem von Segre her, 1907, 2, S. 571, für V_2 in R_4 vgl. Levi, 1908, 4, S. 77.

tungen, die diese $(p-1)$-Richtung bestimmt mit einer zu ihr senkrechten Richtung $\mathfrak{j}$, die mit $\mathfrak{i}_n$ einen Winkel φ einschließt, zu einer in P geodätischen V_p, die wir zur Unterscheidung V_p' nennen. V_{n-1} schneide V_p in V_{p-1} und V_p' in V_{p-1}'; beide Schnittgebilde enthalten die $(p-1)$-Richtung in P. In V_{p-1} bzw. V_{p-1}' legen wir die zueinander senkrechten in V_{p-1} bzw. V_{p-1}' geodätischen Kongruenzen $\mathfrak{i}_u$ bzw. $\mathfrak{j}_u$, $u=1,\ldots,p-1$ durch P. In P sei $\mathfrak{i}_u=\mathfrak{j}_u$. Die erste Normale von $\mathfrak{i}_u$ liegt in V_p, da V_p in V_n geodätisch ist, und steht senkrecht zu V_{p-1}, da $\mathfrak{i}_u$ in V_{p-1} geodätisch ist. Sie hat also die Richtung von $\mathfrak{i}_n$ und ist zugleich erste Normale in bezug auf V_p. Ebenso hat die erste Normale von $\mathfrak{j}_u$ sowohl in bezug auf V_n als auf V_p' die Richtung von $\mathfrak{j}$. Nach der auf S. 93 abgeleiteten Erweiterung des Satzes von Meusnier verhalten sich die absoluten Krümmungen der Kurven $\mathfrak{i}_u$ und $\mathfrak{j}_u$ nun wie $\cos\varphi:1$. Man kann die $\mathfrak{i}_u$ in die Hauptkrümmungsrichtungen der V_{p-1} in bezug auf V_p legen; die $\mathfrak{j}_u$ liegen dann gleichzeitig in den Hauptkrümmungsrichtungen der V_{p-1}' in V_p', da die extremen Werte in V_{p-1} und V_{p-1}' sich entsprechen.

Das Produkt der Hauptkrümmungen nennen wir, anschließend an eine für eine V_{p-1} in R_p bisweilen angewandte Bezeichnung, die *Kroneckersche Krümmung*[1]) der V_{p-1} in bezug auf V_p. Wir haben somit den Satz erhalten:

Die Kroneckerschen Krümmungen der V_{p-1} in bezug auf V_p und die Kroneckersche Krümmung von V_{p-1}' in bezug auf V_p' verhalten sich wie $\cos^{p-1}\varphi:1$[2]).

Neben diese Verallgemeinerung des Meusnierschen Satzes tritt eine Verallgemeinerung des Eulerschen Satzes:

Die Kroneckersche Krümmung der V_{p-1}, welche von einer zur V_{n-1} senkrechten V_p ausgeschnitten wird, ist gleich der Summe der $\binom{n-1}{p-1}$ Produkte, welche man bekommt, indem man auf alle mögliche Weisen $p-1$ der Hauptkrümmungen mit den Quadraten der Kosinus der Winkel multipliziert, welche von der gegebenen V_p mit der V_p gebildet werden, welche $\frac{p}{n}$-senkrecht zur V_{n-1} durch die Haupt-R_{p-1} der Indikatrix gelegt ist, die zu den $p-1$ Hauptkrümmungen gehört[3])[4]).

---

[1]) Kronecker, 1869, 4, S. 695, siehe z. B. Killing, 1885, 2, S. 210 (V_{n-1} in S_n). — [2]) Berzolari, V_{n-1} in S_n (1897, 2, S. 286, $p=n-1$; 1898, 3, S. 5, p beliebig). — [3]) Berzolari, 1898, 3, S. 6 (V_{n-1} in S_n); der Beweis ist dort nachzuschlagen. — [4]) Andre Erweiterungen des Meusnierschen Satzes finden sich bei Levi, 1908, 4, S. 46 und 55 und Bompiani, 1913, 1. Über die Kroneckersche Krümmung einer V_{n-1} in R_n siehe auch Mehmke, 1891, 2, vgl. auch Craig, 1881, 1.

18. V_2 in V_n.

Gilt für eine Richtung

$$\mathbf{i} = \mathbf{i}_1 \cos\alpha + \mathbf{i}_2 \sin\alpha, \tag{240}$$

so ist, wenn mit Rücksicht auf (192) $\mathbf{u}''_{ab} = \mathbf{i}_a \mathbf{i}_b \overset{2}{\cdot} \overset{3}{\mathbf{H}}$ geschrieben wird:

$$\begin{aligned} \mathbf{u}'' &= \mathbf{i}\,\mathbf{i} \overset{2}{\cdot} \overset{3}{\mathbf{H}} = \mathbf{i}_1 \mathbf{i}_1 \overset{2}{\cdot} \overset{3}{\mathbf{H}} \cos^2\alpha + 2\,\mathbf{i}_1 \mathbf{i}_2 \overset{2}{\cdot} \overset{3}{\mathbf{H}} \cos\alpha \sin\alpha + \mathbf{i}_2 \mathbf{i}_2 \overset{2}{\cdot} \overset{3}{\mathbf{H}} \sin^2\alpha \\ &= \mathbf{u}''_{11} \cos^2\alpha + 2\mathbf{u}''_{12} \sin\alpha \cos\alpha + \mathbf{u}''_{22} \sin^2\alpha \\ &= \mathbf{D} + \frac{1}{2}(\mathbf{u}''_{11} - \mathbf{u}''_{22}) \cos 2\alpha + \mathbf{u}''_{12} \sin 2\alpha. \end{aligned} \tag{241}$$

Die 3 Vektoren $\mathbf{u}''_{11}$, $\mathbf{u}''_{12}$ und $\mathbf{u}''_{22}$ sind im allgemeinen linear unabhängig. Das Krümmungsgebilde ist dann nach (241) eine Ellipse mit dem Mittelpunkt $\mathbf{D} = \frac{1}{2}(\mathbf{u}''_{11} + \mathbf{u}''_{22})$ und den halben konjugierten Durchmessern $\frac{1}{2}(\mathbf{u}''_{11} - \mathbf{u}''_{22})$ und $\mathbf{u}''_{12}$[1]), die *Krümmungsellipse.* Zwei zueinander senkrechte Richtungen in der V_2 entsprechen zwei sich diametral gegenüberliegenden Punkten der Ellipse.

Die Länge von $\mathbf{u}''$ ist:

$$\begin{aligned} u'' = \sqrt{\{}\mathbf{u}''_{11} \,.\, \mathbf{u}''_{11} \cos^4\alpha &+ 4\mathbf{u}''_{11} \,.\, \mathbf{u}''_{12} \sin\alpha \cos^3\alpha \\ &+ (2\mathbf{u}''_{11} \,.\, \mathbf{u}''_{22} + 4\mathbf{u}''_{12} \,.\, \mathbf{u}''_{12}) \sin^2\alpha \cos^2\alpha \\ &+ 4\mathbf{u}''_{12} \,.\, \mathbf{u}''_{22} \sin^3\alpha \cos\alpha + \mathbf{u}''_{22} \,.\, \mathbf{u}''_{22} \sin^4\alpha\}. \end{aligned} \tag{242}$$

Soll diese Länge einen extremen Wert haben, so muß der Differentialquotient nach α verschwinden und es ergibt sich daraus eine Gleichung vierten Grades in $\operatorname{tg}\alpha$. Es existieren also in der V_2 vier Hauptkrümmungsrichtungen[2]).

Zwei Richtungen

$$\begin{cases} \mathbf{i}_p = \mathbf{i}_1 \cos\alpha_p + \mathbf{i}_2 \sin\alpha_p \\ \mathbf{i}_q = \mathbf{i}_1 \cos\alpha_q + \mathbf{i}_2 \sin\alpha_q \end{cases} \tag{243}$$

sind konjugiert (S. 107), wenn

$$\begin{aligned} \mathbf{i}_p \mathbf{i}_q \overset{2}{\cdot} \overset{3}{\mathbf{H}} = \mathbf{u}''_{11} \cos\alpha_p \cos\alpha_q &+ \mathbf{u}''_{12}(\cos\alpha_p \sin\alpha_q + \sin\alpha_p \cos\alpha_q) \\ &+ \mathbf{u}''_{22} \sin\alpha_p \sin\alpha_q = 0. \end{aligned} \tag{244}$$

Dieser Fall kann nur eintreten, wenn $\mathbf{u}''_{11}$, $\mathbf{u}''_{12}$ und $\mathbf{u}''_{22}$ in derselben R_2 liegen. Die Ebene der Krümmungsellipse geht dann durch den betrachteten Punkt der V_2. Haben $\mathbf{u}''_{11}$, $\mathbf{u}''_{12}$ und $\mathbf{u}''_{22}$ nicht dieselbe Richtung, so ist der Punkt nach S. 107 in diesem Falle planar[3]). Das Krümmungsgebiet eines

---

[1]) Levi, 1908, 4, S. 60 (V_2 in R_n); Moore, 1914, 3, S. 95 (V_2 in R_n). — [2]) Kommerell, 1897, 7, S. 21 (V_2 in R_4); Levi, 1908, 4, S. 66 (V_2 in R_n). — [3]) V_2 in R_n mit lauter planaren Punkten sind untersucht von Segre, 1907, 2, S. 569 flg. und von Levi, 1908, 4, S. 81 flg. Segre spricht von „Flächen Φ“.

planaren Punktes ist eine R_4. Eine V_2 in V_4 hat lauter planare Punkte. Für einen planaren Punkt gibt die Gleichung (244) zwei bestimmte konjugierte Richtungen[1]) $\mathbf{i}_p$ und $\mathbf{i}_q$, die im allgemeinen verschieden sind. Wenn dann eine beliebige Richtung $\mathbf{i}$ in der V_2 in $\mathbf{i}_p$ und $\mathbf{i}_q$ ausgedrückt wird:

$$(245)\qquad \mathbf{i} = \lambda\,\mathbf{i}_p + \mu\,\mathbf{i}_q,$$

so gelten infolge (244) für die Krümmungsvektoren $\mathbf{u}''$, $\mathbf{u}_p''$ und $\mathbf{u}_q''$ von $\mathbf{i}, \mathbf{i}_p$ und $\mathbf{i}_q$ die Gleichungen:

$$(246)\qquad \mathbf{u}'' = \lambda^2\mathbf{u}_p'' + \mu^2\mathbf{u}_q''.$$

Sind $\mathbf{i}_p$ und $\mathbf{i}_q$ reell, so läßt sich der Krümmungsvektor zu jeder beliebigen reellen Richtung also linear mit positiven Koeffizienten in $\mathbf{u}_p''$ und $\mathbf{u}_q''$ ausdrücken. Dies ist nur möglich, wenn $\mathbf{u}_p''$ und $\mathbf{u}_q''$ in die Richtung der Tangenten fallen, die durch P an die Ellipse gezogen sind. Die konjugierten Richtungen sind also reell oder imaginär, je nachdem P außerhalb oder innerhalb der Ellipse liegt. Liegt P auf der Ellipse, so fallen die beiden konjugierten Richtungen zusammen und es gibt in der V_2 eine einzige Haupttangentenrichtung[2]). Ist die Ellipse zu einer Doppelgeraden degeneriert, so sind die konjugierten Richtungen gegenseitig senkrecht und zugleich Hauptkrümmungsrichtungen.

Da nach Abschn. II (62)

$$(247)\qquad \begin{aligned} \frac{d(\mathbf{i}_p \frown \mathbf{i}_q)}{ds_p} &= \mathbf{i}_p \overset{1}{\cdot} \nabla(\mathbf{i}_p \frown \mathbf{i}_q) = (\mathbf{i}_p \overset{1}{\cdot} \nabla\mathbf{i}_p) \frown \mathbf{i}_q + \mathbf{i}_p \frown (\mathbf{i}_p \overset{1}{\cdot} \nabla\mathbf{i}_q) \\ &= \mathbf{u}_p' \frown \mathbf{i}_q + (\mathbf{i}_p\mathbf{i}_p \overset{2}{\cdot} \overset{3}{\mathbf{H}}) \frown \mathbf{i}_q + \mathbf{i}_p \frown \mathbf{u}_{pq}' + \mathbf{i}_p \frown (\mathbf{i}_p\mathbf{i}_q \overset{2}{\cdot} \overset{3}{\mathbf{H}}) \\ &= \mathbf{u}_p' \frown \mathbf{i}_q + \mathbf{i}_p \frown \mathbf{u}_{pq}' + (\mathbf{i}_p\mathbf{i}_p \overset{2}{\cdot} \overset{3}{\mathbf{H}}) \frown \mathbf{i}_q, \end{aligned}$$

und $\mathbf{i}_p \frown \mathbf{u}_{pq}'$ dieselbe 2-Richtung hat als $\mathbf{i}_p \frown \mathbf{i}_q$, so haben $\mathbf{i}_p \frown \mathbf{i}_q$ und $\frac{d}{ds_p}(\mathbf{i}_p \frown \mathbf{i}_q)$ die Richtung $\mathbf{i}_q$ gemeinsam oder, wie man weniger genau sagen kann, zwei in der Richtung $\mathbf{i}_p$ „benachbarte" tangierende Bivektoren schneiden sich in der Richtung $\mathbf{i}_q$. Umgekehrt beweist man leicht, daß diese Eigenschaft nur bei konjugierten Richtungen auftritt[3]).

Haben $\mathbf{u}_{11}''$, $\mathbf{u}_{12}''$ und $\mathbf{u}_{22}''$ dieselbe Richtung, so ist nach S. 106 der Punkt axial. Das Krümmungsgebiet eines axialen Punktes ist eine R_3, $\overset{3}{\mathbf{H}}$ hat die Form:

$$(248)\qquad \overset{3}{\mathbf{H}} = -\,{}^2\mathbf{h}\,\mathbf{i}_3.$$

Die Krümmungsellipse ist zur doppelt zählenden Geraden in der Richtung von $\mathbf{i}_3$ degeneriert. Nach der auf S. 115 bewiesenen Eigenschaft[4]) liegt eine V_2

---

[1]) Segre, 1907, 2, S. 576 nennt die von diesen Richtungen gebildeten Kurven die *Charakteristiken* der V_2. — [2]) Levi nennt einen Punkt, wo dies zutrifft, *parabolisch* (1908, 4, S. 83). — [3]) Servant, 1902, 14, S. 99 (V_2 in R_4); Levi, 1908, 4, S. 82 (V_2 in R_n). — [4]) Vgl. Fußnote S. 115.

in S_n mit lauter axialen Punkten entweder in einer in S_n geodätischen S_3, oder ${}^2\mathbf{h}$ hat den Rang 1 (vgl. dazu S. 144).

Es gibt wieder 4 Hauptkrümmungsrichtungen, zwei dieser Richtungen sind aber selbstkonjugiert und bilden die Haupttangentenrichtungen; die beiden anderen sind die Hauptkrümmungsrichtungen in engerem Sinne.

Eine Minimalfläche hat, wenn sie nicht geodätisch ist, nur planare oder axiale Punkte. Ein planarer Punkt liegt im Mittelpunkt der Krümmungsellipse[1]). In einem axialen Punkt sind die beiden extremen Krümmungsvektoren entgegengesetzt gleich. Eine Übersicht über die möglichen V_2 in V_n mit planaren oder axialen Punkten gibt Fig. 4.

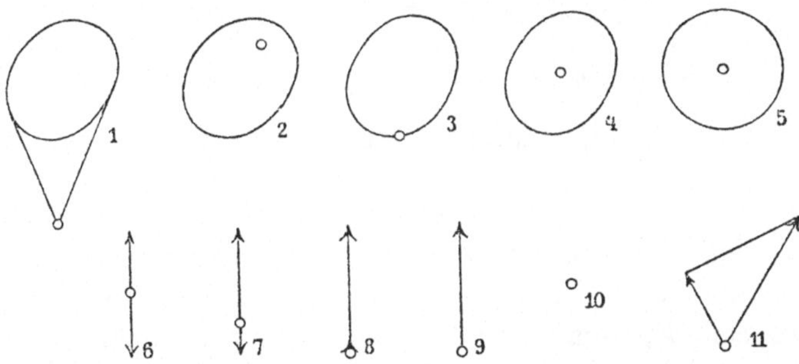

Fig. 4. 1. Allgemein planar (hyperbolisch)[2]). 2. Allgemein planar (elliptisch)[2]). 3. Parabolisch. 4. Minimalfläche. 5. Fläche, vgl. Fußnote[1]). 6. Minimalfläche axial. 7. Allgemein axial. 8. ${}^2\mathbf{h}$ Rang 1. 9. Nabelpunkt. 10. Geodätisch. 11. Planar degeneriert.

19. V_3 in V_n.

Gilt für eine Richtung:

$$\mathbf{i} = \mathbf{i}_1 \cos\alpha_1 + \mathbf{i}_2 \cos\alpha_2 + \mathbf{i}_3 \cos\alpha_3 , \tag{249}$$

so ist, wenn wiederum $\mathbf{u}''_{ab} = \mathbf{i}_a \mathbf{i}_b \overset{2}{\cdot} \overset{3}{\mathbf{H}}$ gesetzt wird:

$$\begin{aligned} \mathbf{u}'' &= \mathbf{i}_1 \mathbf{i}_2 \overset{2}{\cdot} \overset{3}{\mathbf{H}} \cos^2\alpha_1 + \mathbf{i}_2 \mathbf{i}_2 \overset{2}{\cdot} \overset{3}{\mathbf{H}} \cos^2\alpha_2 + \mathbf{i}_3 \mathbf{i}_3 \overset{2}{\cdot} \overset{3}{\mathbf{H}} \cos^2\alpha_3 \\ &\quad + 2\,\mathbf{i}_2 \mathbf{i}_3 \overset{2}{\cdot} \overset{3}{\mathbf{H}} \cos\alpha_2 \cos\alpha_3 + 2\,\mathbf{i}_3 \mathbf{i}_1 \overset{2}{\cdot} \overset{3}{\mathbf{H}} \cos\alpha_3 \cos\alpha_1 \\ &\quad + 2\,\mathbf{i}_1 \mathbf{i}_2 \overset{2}{\cdot} \overset{3}{\mathbf{H}} \cos\alpha_1 \cos\alpha_2 \\ &= \mathbf{u}''_{11} \cos^2\alpha_1 + \text{cycl.} + 2\,\mathbf{u}''_{23} \cos\alpha_2 \cos\alpha_3 + \text{cycl.} \\ &= \frac{1}{3}(\mathbf{u}''_{11} + \mathbf{u}''_{22} + \mathbf{u}''_{33}) + \frac{1}{3}(\mathbf{u}''_{11} - \mathbf{u}''_{22})(3\cos^2\alpha_1 - 1) \\ &\quad + \frac{1}{3}(\mathbf{u}''_{22} - \mathbf{u}''_{33})(1 - 3\cos^2\alpha_3) + (2\,\mathbf{u}''_{23} \cos\alpha_2 \cos\alpha_3 + \text{cycl.}). \end{aligned} \tag{250}$$

---

[1]) Eisenhart hat gezeigt, daß die notwendige und hinreichende Bedingung, damit eine V_2 in R_4 durch die Gleichung $u + iv = f(x + iy)$ gegeben werden kann, darin besteht, daß die Krümmungsellipse ein Kreis ist (1912, 4, S. 224). Kwietniewski, 1902, 11 und Kommerell, 1905, 4, S. 586, hatten schon bewiesen, daß diese Bedingung notwendig ist. Kwietniewski nennt diese V_2 in R_4 *Äquigonen*, weil die berührenden R_2 untereinander *gleichwinklig* sind. Zwei R_2 heißen gleichwinklig, wenn jeder Vektor in der einen R_2 mit seiner Projektion auf die andre R_2 denselben Winkel einschließt. — [2]) Nach Kommerell, 1897, 7.

Die 6 Vektoren $\mathbf{u}''_{11}$, $\mathbf{u}''_{22}$, $\mathbf{u}''_{33}$, $\mathbf{u}''_{23}$, $\mathbf{u}''_{31}$, $\mathbf{u}''_{12}$ sind im allgemeinen linear unabhängig. Das Krümmungsgebilde ist dann eine V_2 vierten Grades in einer R_5 durch den Punkt mit dem Radiusvektor

$$\mathbf{D} = \frac{1}{3}(\mathbf{u}''_{11} + \mathbf{u}''_{22} + \mathbf{u}''_{33}), \tag{251}$$

die durch die fünf Vektoren $\mathbf{u}''_{11} - \mathbf{u}''_{22}$, $\mathbf{u}''_{22} - \mathbf{u}''_{33}$, $\mathbf{u}''_{23}$, $\mathbf{u}''_{31}$ und $\mathbf{u}''_{12}$ bestimmt wird.

Setzt man

$$\alpha_3 = \frac{\pi}{2}, \qquad \alpha_2 = \frac{\pi}{2} - \alpha_1, \tag{252}$$

so ist

$$\begin{aligned} \mathbf{u}'' &= \mathbf{u}''_{11}\cos^2\alpha + \mathbf{u}''_{22}\sin^2\alpha_1 + 2\,\mathbf{u}''_{12}\sin\alpha_1\cos\alpha_1 \\ &= \frac{1}{2}(\mathbf{u}''_{11} + \mathbf{u}''_{22}) + \frac{1}{2}(\mathbf{u}''_{11} - \mathbf{u}''_{22})\cos 2\alpha_1 + \mathbf{u}''_{12}\sin 2\alpha_1, \end{aligned} \tag{253}$$

und der Endpunkt von $\mathbf{u}''$ beschreibt also eine Ellipse mit dem Mittelpunkt $\frac{1}{2}(\mathbf{u}''_{11} + \mathbf{u}''_{22})$ und den halben konjugierten Durchmessern $\frac{1}{2}(\mathbf{u}''_{11} - \mathbf{u}''_{22})$ und $\mathbf{u}''_{12}$. Da die Lage von $\mathbf{i}_1$, $\mathbf{i}_2$ und $\mathbf{i}_3$ ganz beliebig ist, liegen auf der charakteristischen V_2 somit ∞^2 Ellipsen. Jeder 2-Richtung in der V_3 entspricht eine solche Ellipse, und zwei gegenseitig senkrechten Richtungen der V_3 entsprechen zwei sich diametral gegenüberliegende Punkte einer solchen Ellipse.

Zwei Richtungen

$$\left\{\begin{aligned} \mathbf{i}_p &= \mathbf{i}_1\cos\alpha_p + \mathbf{i}_2\cos\beta_p + \mathbf{i}_3\cos\gamma_p, \\ \mathbf{i}_q &= \mathbf{i}_1\cos\alpha_q + \mathbf{i}_2\cos\beta_q + \mathbf{i}_3\cos\gamma_q \end{aligned}\right. \tag{254}$$

sind konjugiert, wenn

$$\begin{aligned} \mathbf{i}_p\mathbf{i}_q \overset{2}{\cdot} \overset{3}{\mathbf{H}} &= \mathbf{u}''_{11}\cos\alpha_p\cos\alpha_q + \text{cycl.} \\ &\quad + \mathbf{u}''_{23}(\cos\beta_p\cos\gamma_q + \cos\gamma_p\cos\beta_q) + \text{cycl.} = 0. \end{aligned} \tag{255}$$

Dieser Fall kann nur eintreten, wenn $\mathbf{u}''_{11}$, $\mathbf{u}''_{22}$, $\mathbf{u}''_{33}$, $\mathbf{u}''_{23}$, $\mathbf{u}''_{31}$ und $\mathbf{u}''_{12}$ in derselben R_5 liegen. Die R_5, welche das Krümmungsgebilde enthält, geht dann also durch P. Bestehen zwischen den fünf Vektoren $\mathbf{u}''_{22} - \mathbf{u}''_{33}$ usw. zwei lineare Beziehungen, so reduziert sich die R_5 des Krümmungsgebildes zu einer R_3, und die charakteristische V_2 zu einer Steinerschen Fläche, welche bekanntlich die einzige Fläche vierter Ordnung in R_3 ist, die ∞^2 Ellipsen enthält. Für $n = 6$ ist dies immer der Fall; die R_3 geht dann überdies durch P. Der Punkt mit dem Radiusvektor $\mathbf{D}$ ist der Schwerpunkt der Fläche.

Legen wir in dieser R_3 ein rechtwinkliges Koordinatensystem $\mathbf{i}_4$, $\mathbf{i}_5$, $\mathbf{i}_6$ mit den Koordinaten x_4, x_5, x_6, dessen Ursprung den Radiusvektor $\mathbf{D}$ hat, so ist das Krümmungsgebilde in bezug auf dieses Koordinatensystem nach (250) gegeben durch die Gleichungen:

$$(256)\quad \begin{cases} x_4 = p_{114}\cos^2\alpha_1 + \text{cycl.} + 2p_{234}\cos\alpha_2\cos\alpha_3 + \text{cycl.} \\ x_5 = p_{115}\cos^2\alpha_1 + \text{cycl.} + 2p_{235}\cos\alpha_2\cos\alpha_3 + \text{cycl.} \\ x_6 = p_{116}\cos^2\alpha_1 + \text{cycl.} + 2p_{236}\cos\alpha_2\cos\alpha_3 + \text{cycl.}, \end{cases}$$

wo

$$(257)\quad \left.\begin{cases} p_{114} = \frac{1}{3}(2u''_{114} - u''_{224} - u''_{334}) \\ p_{234} = u''_{234}, \end{cases}\right\} \text{cycl.}\ 1, 2, 3;\ 4, 5, 6$$

oder, anders geschrieben:

$$(258)\quad \begin{cases} x_4 = p_{114}y_1^2 + \text{cycl.} + 2p_{234}y_2y_3 + \text{cycl.} \\ x_5 = p_{115}y_1^2 + \text{cycl.} + 2p_{235}y_2y_3 + \text{cycl.} \\ x_6 = p_{116}y_1^2 + \text{cycl.} + 2p_{236}y_2y_3 + \text{cycl.} \\ 1 = y_1^2 + y_2^2 + y_3^2. \end{cases}$$

Die vier quadratischen Formen bilden, abgesehen von konstanten Faktoren, ein dreifach unendliches lineares System. In einem allgemeinen System dieser Art existieren bekanntlich gerade drei Formen, welche die zweifaktorigen Produkte dreier Linearformen sind[1]). Diese drei Formen $z_2 z_3$, $z_3 z_1$, $z_1 z_3$ lassen sich linear in x_4, x_5, x_6 ausdrücken:

$$(259)\quad \begin{cases} z_2 z_3 = \lambda_{14}x_4 + \lambda_{15}x_5 + \lambda_{16}x_6 + \lambda_{17} \\ z_3 z_1 = \lambda_{24}x_4 + \lambda_{25}x_5 + \lambda_{26}x_6 + \lambda_{27} \\ z_1 z_2 = \lambda_{34}x_4 + \lambda_{35}x_5 + \lambda_{36}x_6 + \lambda_{37}. \end{cases}$$

Im allgemeinen ist also:

$$(260)\quad \begin{cases} x_4 = \mu_{41}z_2z_3 + \mu_{42}z_3z_1 + \mu_{43}z_1z_2 + \mu_{44} \\ x_5 = \mu_{51}z_2z_3 + \mu_{52}z_3z_1 + \mu_{53}z_1z_2 + \mu_{54} \\ x_6 = \mu_{61}z_2z_3 + \mu_{62}z_3z_1 + \mu_{63}z_1z_2 + \mu_{64}. \end{cases}$$

Setzen wir nun:

$$(261)\quad \begin{cases} \mu_{41}\mathbf{i}_4 + \mu_{51}\mathbf{i}_5 + \mu_{61}\mathbf{i}_6 = \mathbf{e}_\alpha \\ \mu_{42}\mathbf{i}_4 + \mu_{52}\mathbf{i}_5 + \mu_{62}\mathbf{i}_6 = \mathbf{e}_\beta \\ \mu_{43}\mathbf{i}_4 + \mu_{53}\mathbf{i}_5 + \mu_{63}\mathbf{i}_6 = \mathbf{e}_\gamma \\ \mu_{44}\mathbf{i}_4 + \mu_{54}\mathbf{i}_5 + \mu_{64}\mathbf{i}_6 = \mathbf{E}, \end{cases}$$

so ist nach (250):

$$(262)\quad \mathbf{u}'' - \mathbf{D} = \mathbf{E} + z_2z_3\mathbf{e}_\alpha + z_3z_1\mathbf{e}_\beta + z_1z_2\mathbf{e}_\gamma.$$

---

[1]) In der Geometrie der Kegelschnitte korrespondieren diese Linearformen mit den Diagonalen des Cliffordschen selbstkonjugierten vollständigen Vierseits, das durch vier Kegelschnitte bestimmt ist (Enc. der Math. Wiss. IIIC 15, S. 147).

Einem bestimmten System z_1, z_2, z_3 entspricht in projektiver Weise eine bestimmte Richtung **i** in der V_3. Man kann also drei Vektoren $\mathbf{e}_1$, $\mathbf{e}_2$ und $\mathbf{e}_3$ in der V_3 wählen, so daß stets:

(263) $$\mathbf{i} = z_1\,\mathbf{e}_1 + z_2\,\mathbf{e}_2 + z_3\,\mathbf{e}_3 .$$

Ist nun $\mathbf{e}'_1$, $\mathbf{e}'_2$, $\mathbf{e}'_3$ das zu $\mathbf{e}_1$, $\mathbf{e}_2$, $\mathbf{e}_3$ reziproke System:

(264) $$\mathbf{e}_u \cdot \mathbf{e}'_v = \begin{cases} 0 & \text{für } u \neq v \\ 1 & \text{,, } u = v, \end{cases} \qquad u, v = 1, 2, 3.$$

so ist:

(265) $$\mathbf{u}'' = \mathbf{D} + \mathbf{E} + \mathbf{i}\,\mathbf{i}^{\,2}_{\cdot}\,\{(\mathbf{e}'_2 \smile \mathbf{e}'_3)\,\mathbf{e}_\alpha + (\mathbf{e}'_3 \smile \mathbf{e}'_1)\,\mathbf{e}_\beta + (\mathbf{e}'_1 \smile \mathbf{e}'_2)\,\mathbf{e}_\gamma\},$$

und $\overset{3}{\mathbf{H}}$ hat die Form:

(266) $$\overset{3}{\mathbf{H}} = {}^2\mathbf{g}'(\mathbf{D} + \mathbf{E}) + (\mathbf{e}'_2 \smile \mathbf{e}'_3)\,\mathbf{e}_\alpha + (\mathbf{e}'_3 \smile \mathbf{e}'_1)\,\mathbf{e}_\beta + (\mathbf{e}'_1 \smile \mathbf{e}'_2)\,\mathbf{e}_\gamma .$$

Hat **i** die Richtung von $\mathbf{e}_1$, $\mathbf{e}_2$ oder $\mathbf{e}_3$, so wird $\mathbf{u}'' = \mathbf{D} + \mathbf{E}$. Der Punkt $\mathbf{D} + \mathbf{E}$ ist also der dreifache Punkt der Steinerschen Fläche. Für $\mathbf{i} = \lambda\,\mathbf{e}_2 + \mu\,\mathbf{e}_3$ wird $\mathbf{u}'' = \mathbf{D} + \mathbf{E} + \lambda\mu\,\mathbf{e}_\alpha$. Umgekehrt entsprechen dem Werte $\mathbf{u}'' = \mathbf{D} + \mathbf{E} + \nu\,\mathbf{e}_\alpha$ zwei Werte von **i**, die sich aus den Gleichungen:

(267) $$\begin{cases} \lambda\mu = \nu \\ \lambda^2\,\mathbf{e}_2 \,.\, \mathbf{e}_2 + 2\lambda\mu\,\mathbf{e}_2 \,.\, \mathbf{e}_3 + \mu^2\,\mathbf{e}_3 \,.\, \mathbf{e}_3 = 0 \end{cases}$$

bestimmen lassen. Die Gerade $\mathbf{u}'' = \mathbf{D} + \mathbf{E} + \nu\,\mathbf{e}_\alpha$ ist also eine Doppelgerade der Fläche.

Aus (153) und (247) folgt:

(268) $$\mathbf{D} = \mathbf{D} + \mathbf{E} + \frac{1}{3}\,{}^2\mathbf{g}'\,{}^{2}_{\cdot}\,(\mathbf{e}'_2\,\mathbf{e}'_3\,\mathbf{e}_\alpha + \mathbf{e}'_3\,\mathbf{e}'_1\,\mathbf{e}_\beta + \mathbf{e}'_1\,\mathbf{e}'_2\,\mathbf{e}_\gamma),$$

so daß

(269) $$\mathbf{E} = -\frac{1}{3}\{(\mathbf{e}'_2 \,.\, \mathbf{e}'_3)\,\mathbf{e}_\alpha + (\mathbf{e}'_3 \,.\, \mathbf{e}'_1)\,\mathbf{e}_\beta + (\mathbf{e}'_1 \,.\, \mathbf{e}'_2)\,\mathbf{e}_\gamma\}.$$

Daraus geht hervor, daß **E** dann und nur dann verschwindet, wenn $\mathbf{e}_1$, $\mathbf{e}'_2$ und $\mathbf{e}'_3$ und also auch $\mathbf{e}_1$, $\mathbf{e}_2$ und $\mathbf{e}_3$ zueinander senkrecht sind. Dann und nur dann fällt der Schwerpunkt der Steinerschen Fläche in den dreifachen Punkt.

Im allgemeinen enthält die R_3 dann noch keine Haupttangentenrichtungen. Eine Haupttangentenrichtung tritt erst auf, wenn die Steinersche Fläche durch den betrachteten Punkt der V_3 geht. Zwei Haupttangentenrichtungen sind vorhanden, wenn dieser Punkt in einer Doppelgeraden liegt, drei, wenn der Punkt mit dem dreifachen Punkt der Fläche zusammenfällt, also wenn $\mathbf{D} + \mathbf{E} = 0$. Zu den durch zwei Haupttangentenrichtungen bestimmten ∞^1 Richtungen gehören dann Vektoren erzwungener Krümmung, die alle die Richtung einer Doppelgeraden haben[1]).

---

[1]) Vgl. über V_3 in R_n auch Sisam, 1911, 7; Cartan, 1919, 13; 1919, 14; 1919, 15; 1919, 16.

IV. Krümmungseigenschaften der V_m in V_n, die sich auf die Riemann-Christoffelschen Affinoren beziehen[1]).

1. V_m in V_n, Beziehungen der Riemann-Christoffelschen Affinoren.

Der Riemann-Christoffelsche Affinor ist für die V_n:

$$(1) \qquad \overset{4}{\mathbf{K}} = 2\{\nabla(\mathbf{a}.\mathbf{c})\} \frown \{\nabla(\mathbf{b}.\mathbf{c})\}(\mathbf{a} \frown \mathbf{b})$$

(siehe II (125)) und für eine V_m in V_n:

$$(2) \qquad \overset{4}{\mathbf{K}}{}' = 2\{\nabla'(\mathbf{a}'.\mathbf{c}')\} \frown \{\nabla'(\mathbf{b}'.\mathbf{c}')\}(\mathbf{a}' \frown \mathbf{b}').$$

Die Zerlegung von **a**, **b** und **c** nach III (121) lehrt:

$$(3) \qquad \begin{aligned} \overset{8}{\mathbf{g}}{}' \overset{4}{\cdot} \overset{4}{\mathbf{K}} = {} & 2\overset{4}{\mathbf{g}}{}' \overset{2}{\cdot} \{\nabla(\mathbf{a}'.\mathbf{c}')\} \frown \{\nabla(\mathbf{b}'.\mathbf{c}')\}(\mathbf{a}' \frown \mathbf{b}') \\ & + 2\overset{4}{\mathbf{g}}{}' \overset{2}{\cdot} \{\nabla(\mathbf{a}'.\mathbf{c}')\} \frown \{\nabla(\mathbf{b}''.\mathbf{c}'')\}(\mathbf{a}' \frown \mathbf{b}') \\ & + 2\overset{4}{\mathbf{g}}{}' \overset{2}{\cdot} \{\nabla(\mathbf{a}''.\mathbf{c}'')\} \frown \{\nabla(\mathbf{b}'.\mathbf{c}')\}(\mathbf{a}' \frown \mathbf{b}') \\ & + 2\overset{4}{\mathbf{g}}{}' \overset{2}{\cdot} \{\nabla(\mathbf{a}''.\mathbf{c}'')\} \frown \{\nabla(\mathbf{b}''.\mathbf{c}'')\}(\mathbf{a}' \frown \mathbf{b}'). \end{aligned}$$

Der erste der vier Terme rechts ist gleich $\overset{4}{\mathbf{K}}{}'$, der zweite und der dritte sind einander gleich, da sie durch Vertauschung von **a** mit **b** ineinander übergehen. Die drei letzten Terme lassen sich alle in $\overset{3}{\mathbf{H}}$ ausdrücken. Denn einerseits ist nach Abschn. III (129):

$$(4) \qquad \overset{3}{\mathbf{H}} = \overset{4}{\mathbf{g}}{}' \overset{2}{\cdot} (\nabla \mathbf{c}')\mathbf{c}'' = \overset{4}{\mathbf{g}}{}' \overset{2}{\cdot} \{\nabla(\mathbf{a}'.\mathbf{c}')\}\mathbf{a}\mathbf{c}'' = {}^{2}\mathbf{g}' \overset{1}{\cdot} \{\nabla(\mathbf{a}'.\mathbf{c}')\}\mathbf{a}'\mathbf{c}'',$$

andererseits ist nach Abschn. III (134) auch:

$$(5) \qquad \begin{aligned} \overset{3}{\mathbf{H}} & = -\overset{4}{\mathbf{g}}{}' \overset{2}{\cdot} \{(\nabla \mathbf{c}'')\mathbf{c}''\} = -\overset{4}{\mathbf{g}}{}' \overset{2}{\cdot} \{\nabla(\mathbf{a}''.\mathbf{c}'')\}\mathbf{a}\mathbf{c}' \\ & = -{}^{2}\mathbf{g}' \overset{1}{\cdot} \{\nabla(\mathbf{a}''.\mathbf{c}'')\}\mathbf{a}'\mathbf{c}'' = -{}^{2}\mathbf{g}' \overset{1}{\cdot} \{\nabla(\mathbf{b}''.\mathbf{d}'')\}\mathbf{b}'\mathbf{d}''. \end{aligned}$$

---

[1]) Die Paragraphen 1—4 dieses Abschnittes sind teilweise zuerst veröffentlicht in Schouten-Struik, 1921, 9.

Schreibt man nun:

$$(6)\qquad \overset{3}{\mathbf{H}} = \mathbf{H}_1 \mathbf{H}_1 \mathbf{H}_2 = {}'\mathbf{H}_1\, {}'\mathbf{H}_1\, {}'\mathbf{H}_2\,,$$

was erlaubt ist, da $\overset{3}{\mathbf{H}}$ nach S. 94 in den beiden ersten Faktoren symmetrisch ist, so ist nach (4) und (5):

$$(7)\qquad \begin{aligned}&(\mathbf{H}_1 \frown {}'\mathbf{H}_1)(\mathbf{H}_1 \frown {}'\mathbf{H}_1)\mathbf{H}_2 \,.\, {}'\mathbf{H}_2\\ &= -\overset{4}{\mathbf{g}}{}' \overset{2}{\cdot} \{\nabla(\mathbf{a}'.\mathbf{c}')\} \frown \{\nabla(\mathbf{b}''.\mathbf{d}'')\}(\mathbf{a}' \frown \mathbf{b}')\mathbf{c}''.\mathbf{d}''\\ &= -\overset{4}{\mathbf{g}}{}' \overset{2}{\cdot} \{\nabla(\mathbf{a}'.\mathbf{c}')\} \frown \{\nabla(\mathbf{b}''.\mathbf{c}'')\}(\mathbf{a}' \frown \mathbf{b}'),\end{aligned}$$

und auch nach (5):

$$(8)\qquad \begin{aligned}&(\mathbf{H}_1 \frown {}'\mathbf{H}_1)(\mathbf{H}_1 \frown {}'\mathbf{H}_1)\mathbf{H}_2 \,.\, {}'\mathbf{H}_2\\ &= \overset{4}{\mathbf{g}}{}' \overset{2}{\cdot} \{\nabla(\mathbf{a}''.\mathbf{c}'')\} \frown \{\nabla(\mathbf{b}''.\mathbf{d}'')\}(\mathbf{a}' \frown \mathbf{b}')\mathbf{c}''.\mathbf{d}''\\ &= \overset{4}{\mathbf{g}}{}' \overset{2}{\cdot} \{\nabla(\mathbf{a}''.\mathbf{c}'')\} \frown \{\nabla(\mathbf{b}''.\mathbf{c}'')\}(\mathbf{a}' \frown \mathbf{b}').\end{aligned}$$

Demzufolge ist:

$$(9)\qquad \boxed{\overset{8}{\mathbf{g}}{}' \overset{4}{\cdot} \overset{4}{\mathbf{K}} = \overset{4}{\mathbf{K}}{}' - 2(\mathbf{H}_1 \frown {}'\mathbf{H}_1)(\mathbf{H}_1 \frown {}'\mathbf{H}_1)\,\mathbf{H}_2 \,.\, {}'\mathbf{H}_2}\,,$$

in Koordinaten:

$$g'^{\,\dots\,\nu\mu\lambda\varkappa}_{\alpha\beta\gamma\delta}\, K_{\varkappa\lambda\mu\nu} = K'_{\alpha\beta\gamma\delta} - H_{\alpha\gamma\varrho} H_{\beta\delta\varrho} + H_{\beta\gamma\varrho} H_{\alpha\delta\varrho}\,.$$

Dies ist der für V_m in V_n verallgemeinerte *Gaußsche Krümmungssatz*[1]).

Da (siehe Abschn. III (138)):

$$(10)\qquad \overset{3}{\mathbf{H}} = -\sum_e {}^2\mathbf{h}_e\, \mathbf{i}_e\,,$$

wo

$$(11)\qquad \overset{4}{\mathbf{g}}{}' \overset{2}{\cdot} \nabla\, \mathbf{i}_e = {}^2\mathbf{h}_e = \mathbf{h}_e \mathbf{h}_e = {}'\mathbf{h}_e\, {}'\mathbf{h}_e$$

gesetzt ist (Abschn. III (39)), so kann man (9) auch in folgender Weise schreiben:

$$(12)\qquad \boxed{\overset{8}{\mathbf{g}}{}' \overset{4}{\cdot} \overset{4}{\mathbf{K}} = \overset{4}{\mathbf{K}}{}' - 2\sum_e (\mathbf{h}_e \frown {}'\mathbf{h}_e)(\mathbf{h}_e \frown {}'\mathbf{h}_e)}\,,$$

in Koordinaten:

$$(12\text{a})\qquad g'^{\,\dots\,\nu\mu\lambda\varkappa}_{\alpha\beta\gamma\delta}\, K_{\varkappa\lambda\mu\nu} = K'_{\alpha\beta\gamma\delta} - \sum_e (h_{e\alpha\gamma} h_{e\beta\delta} - h_{e\alpha\delta} h_{e\beta\gamma})\,.$$

---

1) Lipschitz, 1870, 1, S. 292 (V_m in V_n); Voß, 1880, 5, S. 139 (V_m in V_n); Ricci, 1902, 11, S. 359 (V_m in V_n); Kühne, 1903, 6, S. 309 (V_m in V_n); vgl. auch Bianchi, 1887, 2, S. 227 (V_2 in S_3); Bianchi, 1899, 2, S. 602 (V_{n-1} in V_n); Servant, 1901, 7 (V_2 in S_3), 1902, 13 (V_2 in R_4).

Für V_{n-1} in V_n wird aus (12):

$$(13)\qquad \overset{8}{\mathbf{g}}'\overset{4}{\vdots}\overset{4}{\mathbf{K}} = \overset{4}{\mathbf{K}}' - 2(\mathbf{h} \frown {}'\mathbf{h})(\mathbf{h} \frown {}'\mathbf{h})^{1)}.$$

Der zweite Term rechts wird u. a. Null, wenn die V_m in P geodätisch ist. Es gilt also der Satz:

Der Riemann-Christoffelsche Affinor einer in einer V_n in einem Punkte geodätischen V_m ist in diesem Punkte die V_m-Komponente des Riemann-Christoffelschen Affinors der V_n.

Für eine V_m mit lauter axialen Punkten wird der zweite Term rechts auch Null, wenn der Rang des zur ausgezeichneten normalen Richtung gehörigen Tensors ${}^2\mathbf{h}$ eins ist.

Ist die V_n eine S_n (vgl. Abschn. II (149)):

$$\overset{4}{\mathbf{K}} = 2K_0\,{}^2\mathbf{g} \frown\!\!\frown {}^2\mathbf{g},$$

so geht der Term links für eine in P geodätische V_m über in:

$$(14)\qquad \overset{8}{\mathbf{g}}'\overset{4}{\vdots}\overset{4}{\mathbf{K}} = 2K_0\,{}^2\mathbf{g}' \frown\!\!\frown {}^2\mathbf{g}'.$$

In diesem Falle ist also $2(\mathbf{H}_1 \frown {}'\mathbf{H}_1)(\mathbf{H}_1 \frown {}'\mathbf{H}_1)\,\mathbf{H}_2 . {}'\mathbf{H}_2$ nur von der Maßbestimmung der V_m, von der m-Richtung der V_m im betrachteten Punkte und von K_0 abhängig[2]). Ist die V_n eine S_n und enthält die V_m lauter Nabelpunkte, so folgt aus (12), daß die V_m eine S_m ist. Insbesondere gilt dies also auch, wenn die V_m geodätisch ist. Man vergleiche weiter Abschn. IV, § 8 und 9.

Für eine S_{n-1} in S_n folgt aus (13), wenn die $\mathbf{i}_a$, $a = 1, \ldots, n-1$, in die Hauptkrümmungsrichtungen der S_{n-1} gelegt werden:

$$(15)\qquad \begin{aligned} 2(K_0' - K_0)(\mathbf{a}' \frown \mathbf{b}')(\mathbf{a}' \frown \mathbf{b}') &= 2(\mathbf{h} \frown {}'\mathbf{h})(\mathbf{h} \frown {}'\mathbf{h}) \\ &= 2\sum_{ab} h_{aa} h_{bb} (\mathbf{i}_a \frown \mathbf{i}_b)(\mathbf{i}_a \frown \mathbf{i}_b). \end{aligned}$$

Aus dieser Gleichung folgt:

$$(16)\qquad K_0' - K_0 = h_{aa} h_{bb}.$$

Da diese Gleichung für $K_0' \neq K$ und $n > 3$ die Lösung hat:

$$(17)\qquad h_{aa} = +\sqrt{K_0' - K_0} \quad \text{oder} \quad h_{aa} = -\sqrt{K_0' - K_0}, \quad K_0' \neq K_0,$$

und für $K_0' = K$:

$$(18)\qquad h_{aa} = 0 \ \text{oder}\ h_{11} = \ldots = h_{a-1\,a-1} = h_{a+1\,a+1} = \ldots = h_{n-1\,n-1} = 0, \quad h_{aa} \neq 0,$$

so folgen die Sätze:

---

1) Diese Formel tritt als Formel (195) auf bei Schouten, 1918, 10, S. 73. — 2) Voß, 1880, 5, S. 172.

Eine S_{n-1} in S_n $(n>3)$ hat lauter Nabelpunkte, wenn $K_0' \neq K$. Wenn $K_0' = K$, so ist die S_{n-1} geodätisch oder der zweite Fundamentaltensor hat den Rang eins.

Eine V_{n-1} in S_n mit lauter Nabelpunkten ist eine S_{n-1}. Wenn die V_{n-1} geodätisch ist oder wenn der zweite Fundamentaltensor den Rang eins hat, so ist die V_{n-1} eine S_{n-1} mit $K_0' = K_0$ [1]).

2. Absolute, relative und erzwungene Krümmung einer V_m in V_n.

Wird (12) vierfach überschoben mit $-\frac{1}{m(m-1)}\mathbf{a}'\mathbf{b}'\mathbf{b}'\mathbf{a}'$, so entsteht nach Abschn. II (159) und (160):

$$-\frac{1}{m(m-1)}\overset{4}{\mathbf{g}}'\overset{4}{\cdot}\overset{4}{\mathbf{K}} = K_0' + \frac{2}{m(m-1)}\overset{4}{\mathbf{g}}'\overset{4}{\cdot}\sum_e(\mathbf{h}_e \frown {}'\mathbf{h}_e)(\mathbf{h}_e \frown {}'\mathbf{h}_e). \tag{19}$$

Die Größe links ist die Krümmung einer V_m, welche die gegebene in P berührt und in diesem Punkte geodätisch ist, insbesondere also von der V_m, gebildet von den in P geodätischen Linien, welche die gegebene V_m in P berühren. Wir nennen diese Größe *die erzwungene Krümmung K_z* der V_m [2]):

$$K_z = -\frac{1}{m(m-1)}\overset{4}{\mathbf{g}}'\overset{4}{\cdot}\overset{4}{\mathbf{K}}. \tag{20}$$

K_0' ist das mittlere Riemannsche Krümmungsmaß (Abschn. II (160)), der V_m als eine Mannigfaltigkeit für sich betrachtet, oder die *absolute Krümmung* der V_m. Sie ist invariant bei eventuell möglichen Biegungen der V_m in der V_n. Der letzte Term mit negativem Vorzeichen ist die Krümmung, welche die V_m haben würde, wenn die Maßbestimmung der V_n euklidisch wäre, oder die *relative Krümmung K_r* der V_m:

$$K_r = \frac{-2}{m(m-1)}\overset{4}{\mathbf{g}}'\overset{4}{\cdot}\sum_e(\mathbf{h}_e \frown {}'\mathbf{h}_e)(\mathbf{h}_e \frown {}'\mathbf{h}_e). \tag{21}$$

Es gilt also der Satz:

Die absolute Krümmung einer V_m in V_n ist eine Biegungsinvariante und gleich der Summe der relativen und der erzwungenen Krümmung [3]).

Ist die V_n eine S_n:

$$\overset{4}{\mathbf{K}} = 2K_0\,{}^2\mathbf{g} \frown {}^2\mathbf{g},$$

[1]) Spezielle Untersuchungen über V_2 in S_3 findet man u. a. bei Bianchi, 1894, 1; 1896, 2; 1899, 3; Whitehead, 1898, 11; Fubini, 1904, 5. — [2]) Man könnte die erzwungene Krümmung in einem Punkte einer V_m in V_n also auch das Riemannsche Krümmungsmaß der V_n in bezug auf eine bestimmte m-Richtung nennen, vgl. S. 68. — [3]) Ricci, 1902, 11, S. 361 (V_m in V_n). Auch die Namen absolute und relative Krümmung rühren von Ricci her.

so ist nach Abschn. II (160):

$$(22)\qquad K_z = -\frac{2}{m(m-1)}\overset{4}{\mathrm{g}}'\overset{4}{\cdot}K_0(\mathbf{a}\frown\mathbf{b})(\mathbf{a}\frown\mathbf{b}) = K_0$$

und K_z ist also von der Lage und der Maßbestimmung der V_m unabhängig. In dem Falle ist also auch K_r eine Biegungsinvariante. Überhaupt ist K_r in P eine Biegungsinvariante für alle Biegungen der V_m, bei denen $\overset{8}{\mathrm{g}}'\overset{4}{\cdot}\overset{4}{\mathbf{K}}$ invariant ist, insbesondere also für die Biegungen, bei welchen die m-Richtung der V_m in P sich nicht ändert. Die relative Krümmung der V_m in bezug auf die V_{m+1}, welche durch die in irgendeiner Weise in V_n fortgesetzte Richtung $\mathbf{i}_e$ gebildet wird, ist:

$$(23)\qquad K_{re} = \frac{-2}{m(m-1)}\overset{4}{\mathrm{g}}'\overset{4}{\cdot}(\mathbf{h}_e\frown{}'\mathbf{h}_e)(\mathbf{h}_e\frown{}'\mathbf{h}_e).$$

Es ist also:

$$(24)\qquad K_r = \sum_e K_{re},$$

in Worten:

Werden durch eine V_m in beliebiger Weise $n-m$ zueinander $\frac{1}{m+1}$-senkrechte V_{m+1} gelegt, so ist die relative Krümmung der V_m in bezug auf V_n die Summe der relativen Krümmungen in bezug auf diese V_{m+1}[1]).

3. Die Beziehungen der relativen Krümmung zu den Hauptkrümmungsradien und die einfachsten Biegungsinvarianten.

Für $m = n-1$ ist, wenn ${}^2\mathbf{h} = \mathbf{h}\,\mathbf{h} = {}'\mathbf{h}\,{}'\mathbf{h} = \dots$ ist:

$$\begin{aligned}(25)\; K_r &= \frac{-2}{(n-1)(n-2)}\overset{4}{\mathrm{g}}'\overset{4}{\cdot}(\mathbf{h}\frown{}'\mathbf{h})(\mathbf{h}\frown{}'\mathbf{h})\\ &= \frac{-2}{(n-1)(n-2)}\sum_{\substack{a,b\\a\neq b}}\mathbf{i}_a\mathbf{i}_b\mathbf{i}_b\mathbf{i}_a\overset{4}{\cdot}(\mathbf{h}\frown{}'\mathbf{h})(\mathbf{h}\frown{}'\mathbf{h})\\ &= \frac{-1}{2(n-1)(n-2)}\sum_{\substack{a,b\\a\neq b}}\mathbf{i}_a\mathbf{i}_b\mathbf{i}_b\mathbf{i}_a\overset{4}{\cdot}(\mathbf{h}'\mathbf{h}\mathbf{h}'\mathbf{h}-{}'\mathbf{h}\mathbf{h}\mathbf{h}'\mathbf{h}-\mathbf{h}'\mathbf{h}'\mathbf{h}\mathbf{h}+{}'\mathbf{h}\mathbf{h}'\mathbf{h}\mathbf{h})\\ &= \frac{-1}{(n-1)(n-2)}\sum_{a,b}(\mathbf{i}_a\mathbf{i}_b\overset{2}{\cdot}\nabla\mathbf{i}_n)(\mathbf{i}_b\mathbf{i}_a\overset{2}{\cdot}\nabla\mathbf{i}_n)-(\mathbf{i}_a\mathbf{i}_a\overset{2}{\cdot}\nabla\mathbf{i}_n)(\mathbf{i}_b\mathbf{i}_b\overset{2}{\cdot}\nabla\mathbf{i}_n).\end{aligned}$$

Wählt man die $\mathbf{i}_a$ in den Hauptkrümmungsrichtungen, so wird nach Abschn. III (85):

$$(26)\qquad \begin{cases}\mathbf{i}_a\mathbf{i}_b\overset{2}{\cdot}\nabla\mathbf{i}_n = 0, & a\neq b,\\ \mathbf{i}_a\mathbf{i}_a\overset{2}{\cdot}\nabla\mathbf{i}_n = -\dfrac{1}{R_a}.\end{cases}$$

---

[1]) Killing, 1885, 2, S. 247 (V_m in S_n); Berzolari, 1898, 2, S. 697 (V_m in S_n); beide Autoren arbeiten mit Projektionen; Ricci, 1902, 12, S. 361 (V_m in V_n); Hovestadt, 1880, 2 (V_2 in R_n).

und es ist:

$$(27)\qquad K_r = \frac{1}{(n-1)(n-2)} \sum_{a,b}^{a \neq b} \frac{1}{R_a R_b},$$

in Worten:

Die relative Krümmung einer V_{n-1} in V_n ist der algebraische Mittelwert der zweifaktorigen Produkte ungleichnamiger Hauptkrümmungen.

Für eine V_{n-1} in S_n ist diese Summe also eine Biegungsinvariante, für eine V_{n-1} in V_n mit $K_a = 0$ ist sie der negativen erzwungenen Krümmung gleich. Für beliebige Werte von m ist:

$$(28)\quad K_r = \frac{-1}{m(m-1)} \sum_e \sum_{a,b}^{a \neq b} (\mathbf{i}_a \mathbf{i}_b \overset{2}{\cdot} \nabla \mathbf{i}_e)(\mathbf{i}_b \mathbf{i}_a \overset{2}{\cdot} \nabla \mathbf{i}_e) - (\mathbf{i}_a \mathbf{i}_a \overset{2}{\cdot} \nabla \mathbf{i}_e)(\mathbf{i}_b \mathbf{i}_b \overset{2}{\cdot} \nabla \mathbf{i}_e).$$

Wählt man nun die $\mathbf{i}_a$ für jeden Wert von e verschieden und jedesmal in den Hauptkrümmungsrichtungen in bezug auf die Normale $\mathbf{i}_e$, so ist:

$$(29)\qquad K_r = \frac{1}{m(m-1)} \sum_e \sum_{a,b}^{a \neq b} \frac{1}{R_{ea} R_{eb}},$$

in Worten:

Die relative Krümmung einer V_m in V_n ist die Summe der algebraischen Mittelwerte der zweifaktorigen Produkte ungleichnamiger Hauptkrümmungen in bezug auf $n-m$ beliebige zueinander senkrechte Normalen der V_m.

Für eine V_m in S_n ist also diese Summe eine Biegungsinvariante und für eine V_m in V_n ist sie in P invariant bei allen Biegungen, bei welchen $\overset{8}{\mathbf{g}}{}' \overset{4}{\cdot} \overset{4}{\mathbf{K}}$ in P invariant ist, insbesondere bei allen Biegungen, bei welchen die m-Richtung der V_m in P sich nicht ändert. Für eine V_m in V_n mit $K_a = 0$ ist sie der negativen erzwungenen Krümmung gleich.

4. Andere Biegungsinvarianten einer V_m in V_n.

Wir betrachten nun die Summe der vierfaktorigen Produkte der Hauptkrümmungen in bezug auf die Normale $\mathbf{i}_e$. Es ist nach Abschn. I (50):

$$
\begin{aligned}
(30)\quad \overset{8}{\mathbf{g}}{}' \overset{8}{\cdot} \mathbf{h}_e^{4\frown} \mathbf{h}_e^{4\frown} &= \overset{8}{\mathbf{g}}{}' \overset{8}{\cdot} (\mathbf{h}_e \frown {}'\mathbf{h}_e \frown {}''\mathbf{h}_e \frown {}'''\mathbf{h}_e)(\mathbf{h}_e \frown {}'\mathbf{h}_e \frown {}''\mathbf{h}_e \frown {}'''\mathbf{h}_e) \\
&= \sum_{abcd} (\mathbf{i}_a \widehat{\mathbf{i}_b \mathbf{i}_c} \mathbf{i}_d)(\mathbf{i}_d \widehat{\mathbf{i}_c \mathbf{i}_b} \mathbf{i}_a) \overset{8}{\cdot} \mathbf{h}_e {}'\mathbf{h}_e {}''\mathbf{h}_e {}'''\mathbf{h}_e \mathbf{h}_e {}'\mathbf{h}_e {}''\mathbf{h}_e {}'''\mathbf{h}_e \\
&= \frac{1}{24} \sum_{abcd}^{a,b,c,d \neq} (\mathbf{i}_a \mathbf{i}_a \overset{2}{\cdot} \nabla \mathbf{i}_e)(\mathbf{i}_b \mathbf{i}_b \overset{2}{\cdot} \nabla \mathbf{i}_e)(\mathbf{i}_c \mathbf{i}_c \overset{2}{\cdot} \nabla \mathbf{i}_e)(\mathbf{i}_d \mathbf{i}_d \overset{2}{\cdot} \nabla \mathbf{i}_e) \\
&= \frac{1}{24} \sum_{abcd}^{a,b,c,d \neq} \frac{1}{R_{ea} R_{eb} R_{ec} R_{ed}}.
\end{aligned}
$$

In derselben Weise läßt sich zeigen, daß für die Summe der α-faktorigen Produkte der Hauptkrümmungen, $\alpha \leqq m$, in bezug auf die Normale $\mathbf{i}_e$, für welche Summe wir das Zeichen $\sigma_{\alpha e}$ einführen, gilt:

$$(31) \qquad \sigma_{\alpha e} = (-1)^{\frac{\alpha(\alpha-1)}{2}} \overset{2\alpha}{\mathbf{g}}{}' \overset{2\alpha}{\cdot} \mathbf{h}_e^{\alpha\frown} \mathbf{h}_e^{\alpha\frown}.$$

Wir bilden nun die Größenreihe:

$$(32) \qquad \begin{cases} \overset{6}{\mathbf{H}} = (\mathbf{H}_1 \frown {}'\mathbf{H}_1)(\mathbf{H}_1 \frown {}'\mathbf{H}_1)\, \mathbf{H}_2\, {}'\mathbf{H}_2 \\ \overset{9}{\mathbf{H}} = (\mathbf{H}_1 \frown {}'\mathbf{H}_1 \frown {}''\mathbf{H}_1)(\mathbf{H}_1 \frown {}'\mathbf{H}_1 \frown {}''\mathbf{H}_1)\, \mathbf{H}_2\, {}'\mathbf{H}_2\, {}''\mathbf{H}_2 \\ \overset{3\alpha}{\mathbf{H}} = \mathbf{H}_1^{\alpha\frown} \mathbf{H}_1^{\alpha\frown} \mathbf{H}_2^{\alpha}. \end{cases}$$

Bei Ausführung der Potenzierungen sind gleichberechtigte Faktorensysteme $\mathbf{H}_1 \mathbf{H}_1 \mathbf{H}_2$, ${}'\mathbf{H}_1\, {}'\mathbf{H}_1\, {}'\mathbf{H}_2$ usw. einzuführen. $\overset{3\alpha}{\mathbf{H}}$ ist in den letzten α Faktoren symmetrisch, eben weil alle α gleichberechtigt sind und enthält in diesen Faktoren nur die Einheiten $\mathbf{i}_e$, $e = m+1, \ldots, n$. Dann ist:

$$(33) \qquad \mathbf{h}_e^{\alpha\frown} \mathbf{h}_e^{\alpha\frown} = \overset{3\alpha}{\mathbf{H}} \overset{\alpha}{\cdot} \mathbf{i}_e^{\alpha}$$

und

$$(34) \qquad \sigma_{\alpha e} = (-1)^{\frac{\alpha(\alpha-1)}{2}} \overset{2\alpha}{\mathbf{g}}{}' \overset{2\alpha}{\cdot} \overset{3\alpha}{\mathbf{H}} \overset{\alpha}{\cdot} \mathbf{i}_e^{\alpha}.$$

Der algebraische Mittelwert $\bar{\sigma}_{\alpha e}$ der zu sämtlichen möglichen Richtungen von $\mathbf{i}_e$ gehörigen Werte von $\sigma_{\alpha e}$ wird erhalten, indem $\overset{2\alpha}{\mathbf{g}}{}' \overset{2\alpha}{\cdot} \overset{3\alpha}{\mathbf{H}}$ überschoben wird mit dem algebraischen Mittelwert aller Größen $\mathbf{i}_e^{\alpha}$. Nun berechnet sich leicht, daß letzterer Mittelwert, für α ungerade und > 1, Null ist und für gerades α, $\alpha = 2\mu$, bis auf einen Zahlenfaktor gleich $({}^2\mathbf{g} - {}^2\mathbf{g}')^{\mu\smile}$ ist, wo $\mu\smile$ die μ-fache symmetrische Multiplikation der Größe mit sich selbst bedeutet. Es ist z. B.

$$(35) \qquad \begin{cases} \text{Mittelwert } \mathbf{i}_e\mathbf{i}_e\mathbf{i}_e\mathbf{i}_e = \dfrac{3}{(n-m)^2 - 2(n-m)} ({}^2\mathbf{g} - {}^2\mathbf{g}')^{2\smile} \\ \text{Mittelwert } \mathbf{i}_e\mathbf{i}_e\mathbf{i}_e\mathbf{i}_e\mathbf{i}_e\mathbf{i}_e = \dfrac{15}{(n-m)^3 + 6(n-m)^2 - 8(n-m)} ({}^2\mathbf{g} - {}^2\mathbf{g}')^{3\smile}. \end{cases}$$

Da $\overset{3\alpha}{\mathbf{H}}$ in den letzten α Faktoren symmetrisch ist, so ist:

$$(36) \qquad \bar{\sigma}_{2\mu e} = \lambda_\mu \overset{4\mu}{\mathbf{g}}{}' \overset{4\mu}{\cdot} \overset{6\mu}{\mathbf{H}} \overset{2\mu}{\cdot} {}^2\mathbf{g}^{\mu},$$

wo λ_μ ein nur von $n - m$ abhängiger Zahlenfaktor ist und ${}^2\mathbf{g}^{\mu}$ durch jede Permutation 2μ der idealen Faktoren der μ Faktoren ${}^2\mathbf{g}$ ersetzt werden darf. Nun läßt $\overset{6\mu}{\mathbf{H}} \overset{2\mu}{\cdot} {}^2\mathbf{g}^{\mu}$ sich aus den idealen Faktoren von $\overset{6}{\mathbf{H}} \overset{2}{\cdot} {}^2\mathbf{g}$ aufbauen. Da aber nach (9):

$$(37) \qquad 2\overset{6}{\mathbf{H}} \overset{2}{\cdot} {}^2\mathbf{g} = -\overset{8}{\mathbf{g}}{}' \overset{4}{\cdot} \overset{4}{\mathbf{K}} + \overset{4}{\mathbf{K}}{}',$$

so ist auch $\overset{6\mu}{\mathbf{H}}\,{}^{2\mu}\!\cdot\,{}^{2}\mathbf{g}^{\mu}$ nur von $\overset{8}{\mathbf{g}}'\,{}^{4}\!\cdot\,\overset{4}{\mathbf{K}}$ und $\overset{4}{\mathbf{K}}'$ abhängig. $\sigma_{2\mu e}$ ist also nur von ${}^{2}\mathbf{g}'$, $\overset{8}{\mathbf{g}}'\,{}^{4}\!\cdot\,\overset{4}{\mathbf{K}}$ und $\overset{4}{\mathbf{K}}'$ abhängig und zeigt demnach dieselbe Invarianz wie K_r. Wir wählen nun $\alpha+\beta$ gerade, $\alpha+\beta=2\mu$, und betrachten die aus $\overset{3\alpha}{\mathbf{H}}$ und $\overset{3\beta}{\mathbf{H}}$ gebildete Größe:

$$\overset{6\mu}{\mathbf{J}} = \mathbf{H}_1^{\alpha\frown}\mathbf{L}_1^{\beta\frown}\mathbf{H}_1^{\alpha\frown}\mathbf{L}_1^{\beta\frown}\mathbf{H}_2^{\alpha}\mathbf{L}_2^{\beta}, \tag{38}$$

wo $\mathbf{L}$ gleichberechtigt ist mit $\mathbf{H}$. Bei Ausführung der Potenzierung sind α gleichberechtigte Sätze $\mathbf{H}_1, \mathbf{H}_1, \mathbf{H}_2$; $'\mathbf{H}_1, '\mathbf{H}_1, '\mathbf{H}_2$ usw. und ebenso β Sätze $\mathbf{L}_1, \mathbf{L}_1, \mathbf{L}_2$; $'\mathbf{L}_1, '\mathbf{L}_1, '\mathbf{L}_2$ usw. einzuführen. Dann ist:

$$\mathbf{h}_e^{\alpha\frown}\,'\mathbf{h}_e^{\beta\frown}\,'\mathbf{h}_e^{\alpha\frown}\,'\mathbf{h}_e^{\beta\frown} = \overset{6\mu}{\mathbf{J}}\,{}^{2\mu}\!\cdot\,\mathbf{i}_e^{2\mu}, \tag{39}$$

und

$$\sigma_{\alpha e}\,\sigma_{\beta e} = (-1)^{\frac{\alpha(\alpha-1)}{2}+\frac{\beta(\beta-1)}{2}}\,\overset{4\mu}{\mathbf{g}}'\,{}^{4\mu}\!\cdot\,\overset{6\mu}{\mathbf{J}}\,{}^{2\mu}\!\cdot\,\mathbf{i}_e^{2\mu}. \tag{40}$$

Der Mittelwert sämtlicher Größen $\sigma_{\alpha e}\,\sigma_{\beta e}$, $\overline{\sigma_{\alpha e}\,\sigma_{\beta e}}$, ist also gleich:

$$\overline{\sigma_{\alpha e}\,\sigma_{\beta e}} = (-1)^{\frac{\alpha(\alpha-1)}{2}+\frac{\beta(\beta-1)}{2}}\,\overset{4\mu}{\mathbf{g}}'\,{}^{4\mu}\!\cdot\,\overset{6\mu}{\mathbf{J}}\,{}^{2\mu}\!\cdot\,(\mathbf{i}_e^{2\mu})_m, \tag{41}$$

wo $(\mathbf{i}_e^{2\mu})_m$ der Mittelwert sämtlicher Größen $\mathbf{i}_e^{2\mu}$ ist.

Zur Umgestaltung dieses Ausdruckes betrachten wir die ideale Größe:

$$\overset{2\mu}{\mathbf{P}} = ({}^{(\beta)}\mathbf{a} \frown\cdots\frown {}'\mathbf{a})\,({}^{(\alpha)}\mathbf{b} \frown\cdots\frown {}'\mathbf{b}), \tag{42}$$

wo die $\mathbf{a}$ und $\mathbf{b}$ gleichberechtigte ideale Faktoren von:

$$ {}^{2}\mathbf{g} = {}'\mathbf{a}\,{}'\mathbf{a} = \ldots = {}^{(\beta)}\mathbf{a}\,{}^{(\beta)}\mathbf{a} = {}'\mathbf{b}\,{}'\mathbf{b} = \ldots = {}^{(\alpha)}\mathbf{b}\,{}^{(\alpha)}\mathbf{b} \tag{43}$$

sind. Diese Größe entsteht aus:

$${}^{(\beta)}\mathbf{a}\ldots{}'\mathbf{a}\,{}^{(\alpha)}\mathbf{b}\ldots{}'\mathbf{b},$$

indem zwei bestimmte Sätze von α bzw. β idealen Faktoren durch ihr alternierendes Produkt ersetzt werden. Eine solche Operation heißt eine *einfache Alternation* ${}_{\alpha,\beta}A$ [1]). Allgemein ersetzt eine einfache Alternation ${}_{s_1,\ldots,s_t}A$ t bestimmte Sätze von $s_1, s_2, \ldots, s_t$ Faktoren durch ihr alternierendes Produkt. $s_1, s_2, \ldots, s_t$ heißt die *Permutationszahl* der Alternation. Jede Alternation ist offenbar eine Summe von Vielfachen von Permutationen. Die Alternationen mit verschiedener Permutationszahl können nach der Größe ihrer Permutationszahl geordnet werden und erhalten dann einen Index rechts, z. B. ist für $2\mu=6$:

$$\left\{\begin{array}{llll} {}_0A = A_1 & {}_2A = A_2 & {}_{2,2}A = A_3 & {}_{2,2,2}A = {}_{3.2}A = A_6 \\ {}_3A = A_5 & {}_{3,2}A = A_6 & {}_{3,3}A = {}_{2,3}A = A_7 & {}_4A = A_8 \\ {}_{4,2}A = A_9 & {}_5A = A_{10} & {}_6A = A_{11}\,. & \end{array}\right. \tag{44}$$

---

1) Für die Theorie dieser Operatoren und ihre Anwendung auf die Reihenentwicklung von Größen und Formen siehe Schouten, 1919, 11.

Die Anzahl der verschiedenen möglichen Permutationszahlen sei k. Für $2\mu = 6$ ist also $k = 11$. Die verschiedenen Alternationen mit derselben Permutationszahl können durch einen Index oben rechts unterschieden werden. Z. B. gibt es für $2\mu = 6$ 15 verschiedene Alternationen ${}_{3.2}A$:

$$ {}_{3.2}A^{(1)}, \ldots, {}_{3.2}A^{(15)}. $$

Die Summe aller Alternationen A_u mit derselben Permutationszahl, dividiert durch ihre Anzahl, heißt die *allgemeine Alternation* $\mathbf{A}_u$. Es kann nun gezeigt werden, daß es k Operatoren ${}_uI$ gibt, so daß:

$$ (45) \qquad {}_uI\,{}_vI = \begin{cases} {}_uI & \text{für} \quad u = v \\ 0 & \text{für} \quad u \neq v, \end{cases} $$

und

$$ (46) \qquad {}_uI\,A_v = A_v\,{}_uI = \begin{cases} \neq 0 & \text{für} \quad 1 < v \leqq u \\ 0 & \text{für} \quad v > u, \end{cases} $$

während die Summe aller ${}_uI$ der Einheitsoperator ist.

$\bar{A}_v$ kann als Vielfachsumme der Operatoren ${}_vI, \ldots, {}_kI$ geschrieben werden:

$$ (47) \qquad \bar{A}_v = \sum_{w}^{v,\ldots,k} \frac{1}{\delta_{vw}}\,{}_uI, \qquad v > 1. $$

Sei nun:

$$ (48) \qquad {}_{\beta,\alpha}A = A_v, \quad {}_{\beta,\alpha}\bar{A} = \bar{A}_v $$

und

$$ (49) \qquad {}_{\mu.2}\bar{A} = \bar{A}_u, $$

so ist für $\alpha + \beta > 4$ und $\alpha + \beta = 4$, $\alpha \neq \beta$ sicher $u < v$. Für $u < v$ ist aber

$$ (50) \qquad \overset{2\mu}{\mathbf{P}} = A_v \overset{2\mu}{\mathbf{P}} = A_v \sum_{w}^{v,\ldots,k} {}_wI \overset{2\mu}{\mathbf{P}} = \sum_{w}^{v,\ldots,k} {}_wI\,A_v \overset{2\mu}{\mathbf{P}} $$

$$ = \bar{A}_u \sum_{w}^{v,\ldots,k} \delta_{uw}\,{}_wI\,A_v \overset{2\mu}{\mathbf{P}}, $$

während für $\alpha + \beta = 4$, $\alpha = \beta$, die Gleichung $u = v$ gilt:

$$ (51) \qquad {}_{\beta,\alpha}A = {}_{2.2}A. $$

$\overset{2\mu}{\mathbf{P}}$ ist also für $\alpha + \beta \geqq 4$ stets eine Summe von Größen, die alle in μ Sätzen von zwei Faktoren alternierend sind. Ihre Anzahl ist die Anzahl der einfachen Alternationen ${}_{\mu.2}A$. Wir verfolgen irgendeine dieser Größen und nennen den zugehörigen Operator, durch welchen diese Größe aus $\overset{2\mu}{\mathbf{P}}$ gebildet wird, O_γ:

$$(52)\quad \begin{cases} O_\gamma = A_u^{(\gamma)} \sum_w^{v,\ldots,k}{}' \delta_{uw\ w}I\, A_v \quad \text{für} \quad \alpha+\beta > 4, \quad \text{oder} \quad \alpha+\beta = 4, \quad u \neq v. \\ O_\gamma = A_v^{(\gamma)} \quad \text{für} \quad \alpha+\beta = 4, \; u = v. \end{cases}$$

Sodann ist

$$(53)\quad ({}^{(\beta)}\mathbf{a} \frown \ldots {}'\mathbf{a})({}^{(\alpha)}\mathbf{b} \frown \ldots {}'\mathbf{b})({}^{(\beta)}\mathbf{a} \frown \ldots {}'\mathbf{a})({}^{(\alpha)}\mathbf{b} \frown \ldots {}'\mathbf{b}) = \sum_\gamma (O_\gamma \overset{2\mu}{\mathbf{P}}) \overset{2\mu}{\mathbf{P}}.$$

Offenbar ist aber, da die $\mathbf{a}$ und $\mathbf{b}$ alle gleichberechtigt sind, für jede einfache Alternation:

$$(54)\quad (A_v \overset{2\mu}{\mathbf{P}}) \overset{2\mu}{\mathbf{P}} = \overset{2\mu}{\mathbf{P}} (A_v \overset{2\mu}{\mathbf{P}}) = (A_v \overset{2\mu}{\mathbf{P}})(A_v \overset{2\mu}{\mathbf{P}}),$$

und infolgedessen, da ${}_wI$ sich als Summe von Vielfachen von Alternationen schreiben läßt:

$$(55)\quad (O_\gamma \overset{2\mu}{\mathbf{P}}) \overset{2\mu}{\mathbf{P}} = (O_\gamma \overset{2\mu}{\mathbf{P}})(O_\gamma \overset{2\mu}{\mathbf{P}}).$$

Nun ist

$$(56)\quad \overline{\sigma \quad \sigma_{\beta e}} = (-1)^{\frac{\alpha(\alpha-1)}{2} + \frac{\beta(\beta-1)}{2}} \overset{2\mu}{\mathbf{P}} \overset{2\mu}{\mathbf{P}} \, {}^{4\mu}_{\cdot} \mathbf{H}_1^{\alpha\frown} \mathbf{L}_1^{\beta\frown} \mathbf{H}_1^{\alpha\frown} \mathbf{L}_1^{\beta\frown} \mathbf{H}_2^{\alpha} \mathbf{H}_2^{\beta} \, {}^{2\mu}_{\cdot} (\mathbf{i}_e^{2\,\mu})_m$$

$$= (-1)^{\frac{\alpha(\alpha-1)}{2} + \frac{\beta(\beta-1)}{2}} \overset{2\mu}{\mathbf{P}} \overset{2\mu}{\mathbf{P}} \, {}^{4\mu}_{\cdot} \mathbf{H}_1^{\alpha+\beta} \mathbf{H}_1^{\alpha+\beta} \mathbf{H}_2^{\alpha+\beta} \, {}^{2\mu}_{\cdot} {}^2\mathbf{g}^{\mu}$$

$$= (-1)^{\frac{\alpha(\alpha-1)}{2} + \frac{\beta(\beta-1)}{2}} \sum_\gamma (O_\gamma \overset{2\mu}{\mathbf{P}})(O_\gamma \overset{2\mu}{\mathbf{P}}) {}^{4\mu}_{\cdot} \mathbf{H}_1^{\alpha+\beta} \mathbf{H}_1^{\alpha+\beta} \mathbf{H}_2^{\alpha+\beta} \, {}^{2\mu}_{\cdot} {}^2\mathbf{g}^{\mu},$$

wo ${}^2\mathbf{g}^{\mu}$ in jedem Term durch jede beliebige Permutation der idealen Faktoren der μ Faktoren ${}^2\mathbf{g}^{\mu}$ ersetzt werden darf, da jeder Term für sich jetzt in den letzten 2μ Faktoren symmetrisch ist. Da ferner

$$(57)\quad O_\gamma \overset{2\mu}{\mathbf{P}} \, {}^{2\mu}_{\cdot} \mathbf{H}_1^{\alpha+\beta} = O_\gamma \overset{2\mu}{\mathbf{P}} \, {}^{2\mu}_{\cdot} A_u^{(\gamma)} \mathbf{H}_1^{\alpha+\beta}$$

und $A_u^{(\gamma)}$ eine Alternation mit μ Sätzen von zwei Faktoren ist, läßt sich jeder Term von $\overline{\sigma_{\alpha e}\,\sigma_{\alpha e}}$ aus den idealen Faktoren von μ Größen $\overset{6}{\mathbf{H}} \, {}^{2}_{\cdot} {}^2\mathbf{g}$ und 2μ Größen ${}^2\mathbf{g}'$ aufbauen. $\overline{\sigma_{\alpha e}\,\sigma_{\beta e}}$ ist also nur von ${}^2\mathbf{g}'$, $\overset{8}{\mathbf{g}'} \, {}^{4}_{\cdot} \overset{4}{\mathbf{K}}$ und $\overset{4}{\mathbf{K}'}$ abhängig. Zusammenfassend haben wir also den Satz erhalten:

Werden in einem bestimmten Punkte P einer V_m in V_n die Summen $\sigma_{\alpha e}$ der α-faktorigen Produkte ungleichnamiger Hauptkrümmungen der V_m in bezug auf eine bestimmte Normale $\mathbf{i}_e$ der V_m gebildet und *darauf die Mittelwerte* $\bar{\sigma}_{\alpha e}$ *und* $\overline{\sigma_{\alpha e}\sigma_{\beta e}}$, $\alpha+\beta \geqq 4$, *sämtlicher Größen* $\sigma_{\alpha e}$ *bzw.* $\sigma_{\alpha e}\sigma_{\beta e}$ *in bezug auf alle möglichen Normalenrichtungen, so sind* $\bar{\sigma}_{\alpha e}$ *und* $\overline{\sigma_{\alpha e}\sigma_{\beta e}}$ *für* α *bzw.* $\alpha+\beta$ *ungerade gleich Null und für* α *bzw.* $\alpha+\beta$ *gerade nur abhängig von der Maßbestimmung der* V_m *und von der* V_m*-Komponente* $\overset{8}{\mathbf{g}}{}' \overset{4}{\cdot} \overset{4}{\mathbf{K}}$ *des Riemann-Christoffelschen Affinors* $\overset{4}{\mathbf{K}}$ *der* V_n. *Diese Größen sind also für* V_m *in* S_n *Biegungsinvarianten und für* V_m *in* V_n *invariant bei allen Biegungen der* V_m *in* V_n, *welche* $\overset{8}{\mathbf{g}}{}' \overset{4}{\cdot} \overset{4}{\mathbf{K}}$ *invariant lassen, insbesondere bei allen Biegungen, bei welchen die m-Richtung der* V_m *in* P *sich nicht ändert*[1]).

Für V_{n-1} in V_n geht $\bar{\sigma}_{\alpha e}$ für gerades α über in σ_α. Für diesen Fall sind alle Größen σ_α für $n>3$ und alle Größen σ_α, für $\alpha>1$, $n=3$ nur von der Maßbestimmung der V_{n-1} und von $\overset{8}{\mathbf{g}}{}' \overset{4}{\cdot} \overset{4}{\mathbf{K}}$ abhängig. Dieser Satz kann für $n>3$ viel einfacher bewiesen werden. Nach (12) ist ${}^2\mathbf{h}$ der Vektortensor der zum Bivektortensor $\frac{1}{2}(\overset{4}{\mathbf{K}}{}' - \overset{8}{\mathbf{g}}{}' \overset{4}{\cdot} \overset{4}{\mathbf{K}})$ gehört. Nun ist aber ein Vektortensor dann und nur dann durch seinen zugehörigen Bivektortensor eindeutig bestimmt, wenn sein Rang größer ist als 2. (Vgl. S. 34.) Für $n>3$ ist also ${}^2\mathbf{h}$ im allgemeinen eindeutig bestimmt durch $\overset{4}{\mathbf{K}}{}' - \overset{8}{\mathbf{g}}{}' \overset{4}{\cdot} \overset{4}{\mathbf{K}}$ und damit auch alle Hauptkrümmungen und alle Größen σ_α. Daraus folgt für eine V_{n-1} in R_n, wo $\overset{4}{\mathbf{K}}{}' - \overset{8}{\mathbf{g}}{}' \overset{4}{\cdot} \overset{4}{\mathbf{K}}$ nur von der $(n-1)$-Richtung der V_{n-1} in P abhängt, der Beezsche Satz:

Eine V_{n-1} *in* R_n *kann im allgemeinen nicht verbogen werden*[2]).

Es sei nebenbei bemerkt, daß aus demselben Grunde eine V_m in R_n oder S_n mit lauter axialen Punkten im allgemeinen nicht so verbogen werden kann, daß ihre Punkte axial bleiben. Auch bei einer Verbiegung einer beliebigen V_m in V_n bleibt ein axialer Punkt im allgemeinen nicht axial.

---

[1]) Lipschitz hat zuerst 1870, 1, die Invarianz der $\bar{\sigma}_{\alpha e}$ für α gerade bewiesen für V_m in R_n, sodann 1876, 4, die der $\overline{\sigma_{\alpha e}\sigma_{\beta e}}$ für $\alpha+\beta$ gerade und $\geqq n+1$. Killing hat 1885, 2, S. 246 und flg. den Beweis geliefert für sämtliche $\bar{\sigma}_{\alpha e}$ und $\overline{\sigma_{\alpha e}\sigma_{\beta e}}$ für V_m in S_n, er gibt auch die geometrische Bedeutung dieser Ausdrücke. Puchta, 1892, 5, bewies die Invarianz von σ_α, $\alpha>1$ für V_{n-1} in R_n. Maschke hat 1906, 3, mit Hilfe seiner Symbolik die Invarianz von σ_{n-1} für V_{n-1} in R_n dargetan, Bates, 1911, 1, die von σ_α, $\alpha>1$, für V_{n-1} in R_n. Es ist Bates nicht gelungen, auch für V_m in V_n die $\bar{\sigma}_\alpha$ in ${}^2\mathbf{g}'$, $\overset{4}{\mathbf{K}}{}'$ und $\overset{8}{\mathbf{g}}{}' \overset{4}{\cdot} \overset{4}{\mathbf{K}}$ auszudrücken, er findet zwar Ausdrücke, diese enthalten aber noch die $n-m$ Funktionen, welche, Null gesetzt, die Gleichungen der V_m bilden. Auf die Invarianz von $\bar{\sigma}_{2e}$ in R_n haben hingewiesen Monro, 1878, 6, S. 175; Stäckel, 1894, 13, S. 110; Kühne, 1903, 6, S. 308; Hovestadt, 1880, 2. — [2]) Beez, 1875, 2, S. 374 u. 376 (V_{n-1} in R_n). Der Satz gilt natürlich auch in einer S_n. Über die V_{n-1} in R_n (oder S_n), die Biegung gestatten, siehe S. 144. Siehe auch Campbell, 1898, 12; Cesaro, 1895, 2 und 1901, 2, S. 316 flg., Kühne, 1902, 10, S. 263.

5. Bedingungen für eine V_m in V_n.

Liegt eine V_m in einer V_n, so zeigten wir in (12), daß

$$\boxed{\overset{8}{\mathbf{g}}{}' \overset{4}{\cdot} \overset{4}{\mathbf{K}} = \overset{4}{\mathbf{K}}{}' - 2\sum_e (\mathbf{h}_e \frown {}'\mathbf{h}_e)(\mathbf{h}_e \frown {}'\mathbf{h}_e).} \tag{12}$$

Erste Bedingung ist also, daß $\overset{4}{\mathbf{K}}{}' - \overset{8}{\mathbf{g}}{}' \overset{4}{\cdot} \overset{4}{\mathbf{K}}$ sich als Summe von $n-m$ einfachen Bivektortensoren schreiben läßt. Nun ist:

$$ {}^2\mathbf{h}_e = \overset{4}{\mathbf{g}}{}' \overset{2}{\cdot} \nabla \mathbf{i}_e \tag{11}$$

und die Integrabilitätssbedingungen dieser $n-m$ Gleichungen entstehen, wenn in

$$\overset{6}{\mathbf{g}}{}' \overset{3}{\cdot} 2(\nabla \frown \nabla)\mathbf{i}_e = \overset{6}{\mathbf{g}}{}' \overset{3}{\cdot} \overset{4}{\mathbf{K}} \overset{1}{\cdot} \mathbf{i}_e \tag{58}$$

die linke Seite in ${}^2\mathbf{h}_e$ ausgedrückt wird. Nun ist:

$$\begin{aligned} \nabla\nabla \mathbf{i}_e &= \nabla\{\nabla(\mathbf{a}\,.\,\mathbf{i}_e)\}\,\mathbf{a} \\ &= \{\nabla\nabla(\mathbf{a}\,.\,\mathbf{i}_e)\}\,\mathbf{a} + \{\nabla(\mathbf{a}\,.\,\mathbf{b})\}\{\nabla(\mathbf{a}\,.\,\mathbf{i}_e)\}\,\mathbf{b} \end{aligned} \tag{59}$$

und demnach:

$$2\overset{6}{\mathbf{g}}{}' \overset{3}{\cdot} (\nabla \frown \nabla)\mathbf{i}_e = 2\{\nabla'(\mathbf{a}\,.\,\mathbf{b})\} \frown \{\nabla'(\mathbf{a}\,.\,\mathbf{i}_e)\}\,\mathbf{b}'. \tag{60}$$

Ferner ist:

$$\left\{\begin{aligned} {}^2\mathbf{h}_e &= \overset{4}{\mathbf{g}}{}' \overset{2}{\cdot} \nabla \mathbf{i}_e = \{\nabla'(\mathbf{a}\,.\,\mathbf{i}_e)\}\,\mathbf{a}', \\ \nabla' \overset{1}{\urcorner}\, {}^2\mathbf{h}_e &= \{\nabla'(\mathbf{a}'\,.\,\mathbf{b}')\} \frown \{\nabla'(\mathbf{a}\,.\,\mathbf{i}_e)\}\,\mathbf{b}', \end{aligned}\right. \tag{61}$$

so daß

$$\overset{6}{\mathbf{g}}{}' \overset{3}{\cdot} (\nabla \frown \nabla)\mathbf{i}_e = \nabla' \overset{1}{\urcorner}\, {}^2\mathbf{h}_e + [\{\nabla'(\mathbf{a}\,.\,\mathbf{b})\} - \{\nabla'(\mathbf{a}'\,.\,\mathbf{b}')\}] \frown \{\nabla'(\mathbf{a}\,.\,\mathbf{i}_e)\}\,\mathbf{b}' \tag{62}$$

ist. Nun ist

$$\begin{aligned} &[\{\nabla'(\mathbf{a}\,.\,\mathbf{b})\} - \{\nabla'(\mathbf{a}'\,.\,\mathbf{b}')\}] \frown \{\nabla'(\mathbf{a}\,.\,\mathbf{i}_e)\}\,\mathbf{b}' \\ &= \sum_f \{\nabla'(a_f b_f)\} \frown \{\nabla' a_e\}\,\mathbf{b}' \\ &= \sum_{fab} \{(a_{fa} b_f + a_f b_{fa})\, a_{eb} - (a_{fb} b_f + a_f b_{fb})\, a_{ea}\}\, b_c (\mathbf{i}_a \frown \mathbf{i}_b)\, \mathbf{i}_c \\ &= \sum_{fab} \{a_f a_{eb} b_{fa} b_c - a_f a_{ea} b_{fb} b_c\} (\mathbf{i}_a \frown \mathbf{i}_b)\, \mathbf{i}_c\,{}^{1)} \\ &= \sum_{fab} \{(\mathbf{i}_f \mathbf{i}_b \overset{2}{\cdot} \nabla \mathbf{i}_e)(\mathbf{i}_c \mathbf{i}_a \overset{2}{\cdot} \nabla \mathbf{i}_f) - (\mathbf{i}_f \mathbf{i}_a \overset{2}{\cdot} \nabla \mathbf{i}_e)(\mathbf{i}_c \mathbf{i}_b \overset{2}{\cdot} \nabla \mathbf{i}_f)\} (\mathbf{i}_a \frown \mathbf{i}_b)\, \mathbf{i}_c \\ &= \sum_f [\mathbf{h}_f \frown \{{}^2\mathbf{g}' \overset{1}{\cdot} (\nabla \mathbf{i}_e) \overset{1}{\cdot} \mathbf{i}_f\}]\, \mathbf{h}_f. \end{aligned} \tag{63}$$

---

[1]) Da z. B. nach III (123) $a_{fa} b_f b_c = 0$.

Setzt man also

(64) $${}^2\mathbf{g}' \overset{1}{\cdot} (\nabla \mathbf{i}_e) \overset{1}{\cdot} \mathbf{i}_f = - {}^2\mathbf{g}' \overset{1}{\cdot} (\nabla \mathbf{i}_f) \overset{1}{\cdot} \mathbf{i}_e = \mathbf{v}_{ef},$$

so werden die Integrabilitätsbedingungen erhalten aus (11) und

(65) $$\boxed{2\,\nabla' \overset{1}{\neg}\, {}^2\mathbf{h}_e + 2 \sum_f (\mathbf{h}_f \frown \mathbf{v}_{ef}) \mathbf{h}_f = \overset{6}{\mathbf{g}}' \overset{3}{\cdot} \overset{4}{\mathbf{K}} \overset{1}{\cdot} \mathbf{i}_e},$$

in Koordinaten:

(65a) $$\nabla'_\alpha h_{e\beta\gamma} - \nabla'_\beta h_{e\alpha\gamma} + \sum_f (h_{f\alpha\gamma} v_{ef\beta} - h_{f\beta\gamma} v_{ef\alpha}) = 2\, g'^{\;\cdot\cdot\;\mu\lambda\varkappa}_{\alpha\beta\gamma} K_{\varkappa\lambda\mu e}.$$

Dies ist die für V_m in V_n erweiterte *Codazzische Formel*[1]).

Diese Integrabilitätsbedingungen setzten aber die Existenz von $\frac{(n-m)(n-m-1)}{2}$ Vektoren $\mathbf{v}_{ef}$ $(e \neq f)$ voraus, und es muß noch die Bedingung für diese Existenz zugefügt werden, um ein auch hinreichendes System von Bedingungen zu erhalten. Aus (61) folgt:

(66) $$\begin{aligned} \nabla' \frown \mathbf{v}_{ef} &= \overset{4}{\mathbf{g}}' \overset{2}{\cdot} \nabla \frown \{(\nabla \mathbf{i}_e) \overset{1}{\cdot} \mathbf{i}_f\} \\ &= \frac{1}{2} \overset{4}{\mathbf{g}}' \overset{2}{\cdot} \overset{4}{\mathbf{K}} \overset{2}{\cdot} \mathbf{i}_e \mathbf{i}_f + \overset{4}{\mathbf{g}}' \overset{2}{\cdot} \{(\nabla \mathbf{i}_f) \overset{1}{\cdot} \mathbf{a}\} \frown \{(\nabla \mathbf{i}_e) \overset{1}{\cdot} \mathbf{a}\} \\ &= \frac{1}{2} \overset{4}{\mathbf{g}}' \overset{2}{\cdot} \overset{4}{\mathbf{K}} \overset{2}{\cdot} \mathbf{i}_e \mathbf{i}_f + \sum_g \overset{4}{\mathbf{g}}' \overset{2}{\cdot} \{(\nabla \mathbf{i}_f) \overset{1}{\cdot} \mathbf{i}_g\} \frown \{(\nabla \mathbf{i}_e) \overset{1}{\cdot} \mathbf{i}_g\} \\ &\quad + \sum_a ({}^2\mathbf{h}_f \overset{1}{\cdot} \mathbf{i}_a) \frown ({}^2\mathbf{h}_e \overset{1}{\cdot} \mathbf{i}_a), \end{aligned}$$

so daß:

(67) $$\boxed{\nabla' \frown \mathbf{v}_{ef} = \frac{1}{2} \overset{4}{\mathbf{g}}' \overset{2}{\cdot} \overset{4}{\mathbf{K}} \overset{2}{\cdot} \mathbf{i}_e \mathbf{i}_f + \sum_g \mathbf{v}_{fg} \frown \mathbf{v}_{eg} + (\mathbf{h}_f \frown {}'\mathbf{h}_e) \mathbf{h}_f \cdot {}'\mathbf{h}_e},$$

in Koordinaten:

(67a) $$\begin{aligned} \nabla'_\alpha v_{ef\beta} - \nabla'_\beta v_{ef\alpha} = g'^{\;\cdot\cdot\cdot\;\varkappa\lambda}_{\alpha\beta} K_{\varkappa\lambda fe} + \sum_g (v_{eg\alpha} v_{eg\beta} - v_{fg\beta} v_{eg\alpha}) \\ + h_{f\alpha\gamma} h_{e\beta\gamma} - h_{f\beta\gamma} h_{e\alpha\gamma}. \end{aligned}$$

Die Koexistenz der Gleichungen (12), (65) *und* (67) *ist also notwendig dafür, daß eine gegebene* V_m *in einer gegebenen* V_n *liegt.*

Für V_{n-1} in V_n besteht kein Vektor $\mathbf{v}_{ef}$, (67) existiert dort also nicht und (65) geht über in:

(68) $$\boxed{2\,\nabla' \overset{1}{\neg}\, {}^2\mathbf{h} = \overset{6}{\mathbf{g}}' \overset{3}{\cdot} \overset{4}{\mathbf{K}} \overset{1}{\cdot} \mathbf{i}_n}.$$

Wir haben somit mit Rücksicht auf (13) den Satz erhalten:

---

[1]) Vgl. z. B. Bianchi, 1899, 2, S. 91; Darboux, 1889, 2, S. 369.

Für eine V_{n-1} in einer V_n gilt:

1. $\overset{4}{\mathbf{K}}{}' - \overset{8}{\mathbf{g}}{}' \overset{4}{\cdot} \overset{4}{\mathbf{K}}$ *ist ein einfacher Bivektortensor,*
2. *der zu diesem Bivektortensor gehörige Tensor* $^2\mathbf{h}$ *genügt der Gleichung* (68).

Ist die V_n eine S_n, so geht (12) über in

$$\overset{4}{\mathbf{K}}{}' - 2K_0\,{}^2\mathbf{g}' \frown {}^2\mathbf{g}' = 2\sum_e (\mathbf{h}_e \frown {}'\mathbf{h}_e)(\mathbf{h}_e \frown {}'\mathbf{h}_e), \tag{69}$$

(65) in:

$$\nabla' \overset{1}{\lrcorner}\, {}^2\mathbf{h}_e + \sum_f (\mathbf{h}_f \frown \mathbf{v}_{ef})\,\mathbf{h}_f = 0 \tag{70}$$

und (67) in:

$$\nabla' \frown \mathbf{v}_{ef} = \sum_g \mathbf{v}_{fg} \frown \mathbf{v}_{eg} + (\mathbf{h}_f \frown {}'\mathbf{h}_e)\,\mathbf{h}_f \cdot {}'\mathbf{h}_e \,. \tag{71}$$

Wir haben also den Satz erhalten:

Damit eine gegebene V_m in einer S_n untergebracht werden kann, ist notwendig und hinreichend, daß:

1. $\frac{1}{2}\overset{4}{\mathbf{K}}{}' - 2K_0\,{}^2\mathbf{g}' \frown {}^2\mathbf{g}'$ *sich als Summe von $n - m$ einfachen Bivektortensoren schreiben läßt,*

2. *es in der V_m $\frac{(n-m)(n-m-1)}{2}$ Vektoren $\mathbf{v}_{ef}$ gibt, die zusammen mit den zu dem Bivektortensor gehörigen Tensoren $^2\mathbf{h}_e$ den Gleichungen* (70) *und* (71) *genügen.*

Für $m = n - 1$ verschwindet (71) und geht (70) über in

$$\nabla' \overset{1}{\lrcorner}\, {}^2\mathbf{h} = 0, \tag{72}$$

in Koordinaten

$$\nabla'_{[\alpha}\, h_{\beta]\gamma} = 0 \text{ [1]}. \tag{72a}$$

Dies ist somit die Codazzische Formel für V_{n-1} in S_n (und R_n)[2].

---

[1] Ricci schreibt u. a.: $b_{rst} = b_{rts}$, z. B. Ricci, 1898, 10, S. 85. — [2] Für V_m in V_n sind die vollständigen Bedingungen (12), (66) und (67) zuerst angegeben von Kühne, 1903, 6. Voß, 1880, 5, S. 139, gibt zuerst (12) und (63) für V_m in V_n, Ricci, 1902, 12, gibt beide Formeln für V_m in V_n in absolutem Differentialkalkül. Für V_m in R_n treten (12), (66) und (67) schon auf bei Ricci, 1888, 7. Auch die folgenden Autoren geben Spezialfälle der obigen Formeln: Ricci 1884, 1 (V_{n-1} in R_n); Hoppe, 1886, 2 (V_{n-1} in R_n); Cesaro, 1894, 3 (V_3 in R_4); 1894, 5 (V_{n-1} in R_n); 1895, 2 (V_{n-1} in R_n); 1901, 2, S. 287 (V_3 in R_4), S. 305 (V_{n-1} in R_n); 1904, 2, S. 665 (V_2 in S_3); Lovett, 1901, 5 (V_{n-1} in R_n); Servant, 1901, 7 (V_2 in S_3); James, 1903, 5 (V_3 in R_4). Formel (68) tritt auf als Formel (202) bei Schouten, 1918, 10, S. 74.

6. Die Gleichung $\nabla \mathbf{i}_n = \overset{2}{\mathbf{p}}$.

Die Integrabilitätsbedingungen der Gleichung:

$$\nabla \mathbf{i}_n = \overset{2}{\mathbf{p}} \tag{73}$$

werden nach Abschn. II § 12 erhalten aus den Gleichungen (73) und

$$\overset{4}{\mathbf{K}} \overset{1}{\cdot} \mathbf{i}_n = 2 \nabla \overset{1}{\urcorner} \overset{2}{\mathbf{p}}. \tag{74}$$

Wenn

$$\overset{2}{\mathbf{p}} = \sum_{i,j} p_{ij} \mathbf{i}_i \mathbf{i}_j \qquad i, j = 1, 2, \ldots, n \tag{75}$$

ist, so wird diese Gleichung:

$$\begin{aligned} \overset{4}{\mathbf{K}} \overset{1}{\cdot} \mathbf{i}_n &= 2 \sum_{ij} \{(\nabla p_{ij}) \frown \mathbf{i}_i\} \mathbf{i}_j + p_{ij} [\{(\nabla a_i) \frown \mathbf{a}\} \mathbf{i}_j + \{(\nabla a_j) \frown \mathbf{i}_i\} \mathbf{a}] \\ &= 2 \sum_{ij} \{(\nabla p_{ij}) \frown \mathbf{i}_i\} \mathbf{i}_j + 2 \sum_{ijkl} [p_{ij} [\{(\nabla \mathbf{i}_i) \overset{2}{\cdot} \mathbf{i}_l \mathbf{i}_k\} (\mathbf{i}_k \frown \mathbf{i}_l) \mathbf{i}_j \\ &\qquad + \{(\nabla \mathbf{i}_j) \overset{2}{\cdot} \mathbf{i}_l \mathbf{i}_k\} (\mathbf{i}_k \frown \mathbf{i}_i) \mathbf{i}_l] \\ &= 2 \sum_{ijk} (\mathbf{i}_i \overset{1}{\cdot} \nabla p_{jk}) (\mathbf{i}_i \frown \mathbf{i}_j) \mathbf{i}_k + 2 \sum_{ijkl} [p_{lk} (\nabla \mathbf{i}_l) \overset{2}{\cdot} \mathbf{i}_j \mathbf{i}_i \\ &\qquad + p_{jl} (\nabla \mathbf{i}_l) \overset{2}{\cdot} \mathbf{i}_k \mathbf{i}_i] (\mathbf{i}_i \frown \mathbf{i}_j) \mathbf{i}_k; \\ & \qquad i, j, k, l = 1, 2, \ldots, n. \end{aligned} \tag{76}$$

Überschiebung mit $\mathbf{i}_k \mathbf{i}_j \mathbf{i}_i$ ergibt:

$$\begin{aligned} K_{ijkn} = \mathbf{i}_k \mathbf{i}_j \mathbf{i}_i \overset{3}{\cdot} \overset{4}{\mathbf{K}} \overset{1}{\cdot} \mathbf{i}_n &= \mathbf{i}_i \overset{1}{\cdot} \nabla p_{jk} + \sum_l p_{lk} (\nabla \mathbf{i}_l) \overset{2}{\cdot} \mathbf{i}_j \mathbf{i}_i \\ &+ \sum_l p_{jl} (\nabla \mathbf{i}_l) \overset{2}{\cdot} \mathbf{i}_k \mathbf{i}_i - \mathbf{i}_j \overset{1}{\cdot} \nabla p_{ik} - \sum_l p_{lk} (\nabla \mathbf{i}_l) \overset{2}{\cdot} \mathbf{i}_i \mathbf{i}_j \\ &- \sum_l p_{il} (\nabla \mathbf{i}_l) \overset{2}{\cdot} \mathbf{i}_k \mathbf{i}_j, \end{aligned} \tag{77}$$

oder

$$\begin{aligned} K_{ijkn} = \mathbf{i}_k \mathbf{i}_j \mathbf{i}_i \overset{3}{\cdot} \overset{4}{\mathbf{K}} \overset{1}{\cdot} \mathbf{i}_n &= \mathbf{i}_i \overset{1}{\cdot} \nabla p_{jk} - \mathbf{i}_j \overset{1}{\cdot} \nabla p_{ik} \\ &+ \sum_l p_{jl} (\nabla \mathbf{i}_l) \overset{2}{\cdot} \mathbf{i}_k \mathbf{i}_i - \sum_l p_{il} (\nabla \mathbf{i}_l) \overset{2}{\cdot} \mathbf{i}_k \mathbf{i}_j \\ &+ \sum_l p_{lk} \{(\nabla \mathbf{i}_l) \overset{2}{\cdot} \mathbf{i}_j \mathbf{i}_i - (\nabla \mathbf{i}_l) \overset{2}{\cdot} \mathbf{i}_i \mathbf{i}_j\}. \end{aligned} \tag{78}$$

Das erste Glied der Gleichung (78) verschwindet (außer in dem trivialen Fall, wo $k = n$ oder $i = j$), wie sich leicht berechnet:

1. in einer R_n, wo $\overset{4}{\mathbf{K}} = 0$, für alle Werte von i, j, k,

2. in einer S_n, wo $\overset{4}{\mathbf{K}} = 2 K_0 (\mathbf{a} \frown \mathbf{b})(\mathbf{a} \frown \mathbf{b})$, wenn drei der vier Indizes i, j, k, n ungleich sind,

3. in einer V_n, $n > 2$, wo

$$\overset{4}{\mathbf{K}} = \frac{4}{n-2} (\mathbf{a} \frown \mathbf{L})(\mathbf{a} \frown \mathbf{L}), \tag{79}$$

in welcher Formel ${}^2\mathbf{L} = \mathbf{L}\mathbf{L}$ ein beliebiger Tensor ist, wenn die vier Indizes i, j, k, n ungleich sind (vgl. S. 151).

Für $n > 3$ ist (79), wie wir S. 150 näher erläutern, die notwendige und hinreichende Bedingung dafür, *daß eine V_3 konform auf eine R_3 abbildbar ist.*

Für $n = 3$ ist $\overset{4}{\mathbf{K}}$ immer in die Form (79) zu bringen[1]. (Die Bedingung, daß eine V_3 konform auf eine R_3 abbildbar ist, wird S. 152 gegeben.)

Eine auf eine R_n konform abbildbare V_n heißt *konformeuklidisch* und soll durch C_n bezeichnet werden. Jede V_2 ist eine C_2.

Umgekehrt, verschwindet $\overset{4}{\mathbf{K}}$ für alle Werte der Indizes, so ist die V_n eine R_n (S. 64); verschwindet $\overset{4}{\mathbf{K}}$ immer, wenn drei orthogonale Indizes ungleich sind, so ist die V_n eine S_n; und verschwindet für $n > 3$ $\overset{4}{\mathbf{K}}$ immer, wenn vier orthogonale Indizes ungleich sind, so ist die V_n eine C_n[2].

Wir betrachten noch den besonderen, S. 139 zu verwendenden Fall:

$$\overset{2}{\mathbf{p}} = {}^2\mathbf{p} = \sum_i p_{ii} \mathbf{i}_i \mathbf{i}_i . \qquad i = 1, 2, \ldots, n \tag{80}$$

Dann entstehen aus (78) für die orthogonalen Bestimmungszahlen:

$$\begin{aligned} K_{ijkn} = \mathbf{i}_k \mathbf{i}_j \mathbf{i}_i \overset{3}{\cdot} \overset{4}{\mathbf{K}} \overset{1}{\cdot} \mathbf{i}_n &= p_{jj} (\nabla \mathbf{i}_j) \overset{2}{\cdot} \mathbf{i}_k \mathbf{i}_i - p_{ii} (\nabla \mathbf{i}_j) \overset{2}{\cdot} \mathbf{i}_k \mathbf{i}_j \\ &\quad + p_{kk} \{(\nabla \mathbf{i}_k) \overset{2}{\cdot} \mathbf{i}_j \mathbf{i}_i - (\nabla \mathbf{i}_k) \overset{2}{\cdot} \mathbf{i}_i \mathbf{i}_j\} \\ &= (p_{kk} - p_{jj})(\nabla \mathbf{i}_k) \overset{2}{\cdot} \mathbf{i}_j \mathbf{i}_i \\ &\quad - (p_{kk} - p_{ii})(\nabla \mathbf{i}_k) \overset{2}{\cdot} \mathbf{i}_i \mathbf{i}_j , \qquad i, j, k \neq \end{aligned} \tag{81a}$$

$$\begin{aligned} K_{ijin} &= - \mathbf{i}_j \overset{1}{\cdot} \nabla p_{ii} + p_{jj} (\nabla \mathbf{i}_j) \overset{2}{\cdot} \mathbf{i}_i \mathbf{i}_i + p_{ii} (\nabla \mathbf{i}_i) \overset{2}{\cdot} \mathbf{i}_j \mathbf{i}_i \\ &= - \mathbf{i}_j \overset{1}{\cdot} \nabla p_{ii} + (p_{jj} - p_{ii})(\nabla \mathbf{i}_j) \overset{2}{\cdot} \mathbf{i}_i \mathbf{i}_i . \qquad i \neq j \end{aligned} \tag{81b}$$

7. V_n in V_{n+1} mit einem zweiten Fundamentaltensor m-ten Ranges, $m \leqq n$.

Es sei $\mathbf{i}_{n+1}$ eine geodätische Kongruenz senkrecht zu einer V_n in einer V_{n+1}, ∇^0 der zur V_{n+1} gehörige Differentialoperatorkern und der zweite Fundamentaltensor der V_n,

$${}^2\mathbf{h} = \nabla^0 \mathbf{i}_{n+1}, \tag{82}$$

---

[1] Z. B. Ricci-Levi-Civita, 1901, 6, S. 142, der Tensor $\alpha^{(rs)}$ korrespondiert nicht mit ${}^2\mathbf{L}$, sondern mit ${}^2\mathbf{G}$. — [2] Schouten, 1921, 7, S. 84.

sei vom Range $m \leqq n$. Sind dann $\mathbf{i}_a$, $a = 1, \ldots, m$, Kongruenzen in den m Hauptrichtungen von $\overset{2}{\mathbf{h}}$ senkrecht zum Nullgebiet von $\overset{2}{\mathbf{h}}$, und $\mathbf{i}_e$, $e = m + 1, \ldots, n$, beliebige zueinander senkrechte Kongruenzen im Nullgebiet, so ist:

$$\overset{2}{\mathbf{h}} = \sum_a h_{aa} \mathbf{i}_a \mathbf{i}_a. \tag{83}$$

Aus (82) und (83) ergibt sich:

$$\begin{cases} (\nabla^0 \mathbf{i}_{n+1}) \overset{1}{\cdot} \mathbf{i}_e = -(\nabla^0 \mathbf{i}_e) \overset{1}{\cdot} \mathbf{i}_{n+1} = 0, \\ \mathbf{i}_e \overset{1}{\cdot} \nabla^0 \mathbf{i}_{n+1} = 0. \end{cases} \tag{84}$$

Die Integrabilitätsbedingungen von (84) werden erhalten aus (84) und:

$$2 \overset{6}{\mathbf{g}} \overset{3}{\cdot} \nabla^0 \overset{1}{\neg} \overset{2}{\mathbf{h}} = \overset{6}{\mathbf{g}} \overset{3}{\cdot} 2(\nabla^0 \frown \nabla^0) \mathbf{i}_{n+1} = \overset{6}{\mathbf{g}} \overset{3}{\cdot} \overset{4}{\mathbf{K}}{}^0 \overset{1}{\cdot} \mathbf{i}_{n+1}. \tag{85}$$

Hier ist $\overset{2}{\mathbf{g}}{}^{\cdot}$ der Fundamentaltensor der V_n und $\overset{4}{\mathbf{K}}{}^0$ der Riemann-Christoffelsche Affinor der V_{n+1}.

Substitution von $\overset{2}{\mathbf{h}}$ in die Gleichungen für die V_{n+1}, die mit (81a) für V_n korrespondieren, ergibt, wenn man beachtet, daß für $i, j, k = 1, \ldots, n$ immer nach Abschn. III (127):

$$\mathbf{i}_j \mathbf{i}_k \overset{2}{\cdot} \nabla^0 \mathbf{i}_i = \mathbf{i}_j \mathbf{i}_k \overset{2}{\cdot} \nabla \mathbf{i}_i \tag{86}$$

die folgenden Gleichungen:

$$\begin{aligned} K^0_{abc(n+1)} &= \mathbf{i}_c \mathbf{i}_b \mathbf{i}_a \overset{3}{\cdot} \overset{4}{\mathbf{K}}{}^0 \overset{1}{\cdot} \mathbf{i}_{n+1} = (h_{cc} - h_{bb})(\nabla \mathbf{i}_c) \overset{2}{\cdot} \mathbf{i}_b \mathbf{i}_a \\ &\quad - (h_{cc} - h_{aa})(\nabla \mathbf{i}_e) \overset{2}{\cdot} \mathbf{i}_a \mathbf{i}_b, \qquad a, b, c \neq \end{aligned} \tag{87}$$

$$\begin{aligned} K^0_{abe(n+1)} &= \mathbf{i}_e \mathbf{i}_b \mathbf{i}_a \overset{3}{\cdot} \overset{4}{\mathbf{K}}{}^0 \overset{1}{\cdot} \mathbf{i}_{n+1} \\ &= -h_{bb}(\nabla \mathbf{i}_e) \overset{2}{\cdot} \mathbf{i}_b \mathbf{i}_a + h_{aa}(\nabla \mathbf{i}_e) \overset{2}{\cdot} \mathbf{i}_a \mathbf{i}_b, \qquad a, b \neq \end{aligned} \tag{88}$$

$$\begin{aligned} K^0_{aeb(n+1)} &= \mathbf{i}_b \mathbf{i}_e \mathbf{i}_a \overset{3}{\cdot} \overset{4}{\mathbf{K}}{}^0 \overset{1}{\cdot} \mathbf{i}_{n+1} \\ &= h_{bb}(\nabla \mathbf{i}_b) \overset{2}{\cdot} \mathbf{i}_e \mathbf{i}_a - (h_{bb} - h_{aa})(\nabla \mathbf{i}_b) \overset{2}{\cdot} \mathbf{i}_a \mathbf{i}_e, \qquad a, b \neq \end{aligned} \tag{89}$$

$$K^0_{afe(n+1)} = \mathbf{i}_e \mathbf{i}_f \mathbf{i}_a \overset{3}{\cdot} \overset{4}{\mathbf{K}}{}^0 \overset{1}{\cdot} \mathbf{i}_{n+1} = h_{aa}(\nabla \mathbf{i}_e) \overset{2}{\cdot} \mathbf{i}_a \mathbf{i}_f, \qquad e \neq f \tag{90}$$

$$K^0_{efa(n+1)} = \mathbf{i}_a \mathbf{i}_f \mathbf{i}_e \overset{3}{\cdot} \overset{4}{\mathbf{K}}{}^0 \overset{1}{\cdot} \mathbf{i}_{n+1} = h_{aa} \{(\nabla \mathbf{i}_a) \overset{2}{\cdot} \mathbf{i}_f \mathbf{i}_e - (\nabla \mathbf{i}_a) \overset{2}{\cdot} \mathbf{i}_e \mathbf{i}_f\}, \quad e \neq f \tag{91}$$

$$K^0_{gfe(n+1)} = \mathbf{i}_e \mathbf{i}_f \mathbf{i}_g \overset{3}{\cdot} \overset{4}{\mathbf{K}}{}^0 \overset{1}{\cdot} \mathbf{i}_{n+1} = 0, \qquad e, f, g \neq \tag{92}$$

Substitution von $\overset{2}{\mathbf{h}}$ in die Gleichungen für die V_{n+1}, die mit (81b) für V_n korrespondieren, ergibt:

$$\begin{aligned} K^0_{aba(n+1)} &= \mathbf{i}_a \mathbf{i}_b \mathbf{i}_a \overset{3}{\cdot} \overset{4}{\mathbf{K}}{}^0 \overset{1}{\cdot} \mathbf{i}_{n+1} \\ &= -\mathbf{i}_b \overset{1}{\cdot} \nabla h_{aa} + (h_{bb} - h_{aa})(\nabla \mathbf{i}_b) \overset{2}{\cdot} \mathbf{i}_a \mathbf{i}_a, \qquad a \neq b \end{aligned} \tag{93}$$

$$K^0_{eae(n+1)} = \mathbf{i}_e \mathbf{i}_a \mathbf{i}_e \overset{3}{\cdot} \overset{4}{\mathbf{K}}{}^0 \overset{1}{\cdot} \mathbf{i}_{n+1} = -h_{aa}(\nabla \mathbf{i}_a) \overset{2}{\cdot} \mathbf{i}_e \mathbf{i}_e \tag{94}$$

$$K^0_{aea(n+1)} = \mathbf{i}_a \mathbf{i}_e \mathbf{i}_a \overset{3}{\cdot} \overset{4}{\mathbf{K}}{}^0 \overset{1}{\cdot} \mathbf{i}_{n+1} = -\mathbf{i}_e \overset{1}{\cdot} \nabla h_{aa} - h_{aa}(\nabla \mathbf{i}_e) \overset{2}{\cdot} \mathbf{i}_a \mathbf{i}_a \tag{95}$$

$$K^0_{efe(n+1)} = \mathbf{i}_e \mathbf{i}_f \mathbf{i}_e \overset{3}{\cdot} \overset{4}{\mathbf{K}}{}^0 \overset{1}{\cdot} \mathbf{i}_{n+1} = 0, \qquad e \neq f \tag{96}$$

Jede dieser Gleichungen ist der Ausdruck einer geometrischen Eigenschaft.

In einer C_{n+1} lehrt (90) für $m \leqq n-2$:

$$(97) \qquad (\nabla \mathbf{i}_a)\overset{2}{\cdot}\mathbf{i}_e\mathbf{i}_f = 0, \qquad e \neq f,$$

also bilden die Nullrichtungen $\infty^m_1 V_{n-m}$. Weil $\mathbf{i}_e$ und $\mathbf{i}_f$ ganz beliebig sind, und nach (94) $(\nabla \mathbf{i}_a)\overset{2}{\cdot}\mathbf{i}_e\mathbf{i}_e$ nur in einer S_{n+1} immer verschwindet, folgt:

Die Nullrichtungen einer V_n in C_{n+1} bilden $\infty^m V_{n-m}$, welche in V_n lauter Nabelpunkte besitzen; die Nullrichtungen einer V_n in S_{n+1} bilden ∞^m in V_n geodätische V_{n-m}.

Da nach (84):

$$(98) \qquad (\nabla^0 \mathbf{i}_{n+1})\overset{2}{\cdot}\mathbf{i}_e\mathbf{i}_e = 0,$$

so bilden die Nullrichtungen einer V_n in S_{n+1} *auch ∞^m in S_{n+1} geodätische V_{n-m} und somit* (nach der Bemerkung S. 125) $\infty^m S_{n-m}$[1]).

Die Gleichung (96) hat nur einen Sinn, wenn $m \leqq n-2$ ist; die Gleichung (92), wenn $m \leqq n-3$ ist. In diesen Fällen enthalten (92) und (96) eine Bedingung für $\overset{4}{\mathbf{K}}{}^0$: nämlich, daß die $gfe(n+1)$-, bzw. die $efe(n+1)$-Komponente für jede beliebige Wahl der gegenseitig senkrechten Richtungen $\mathbf{i}_e, \mathbf{i}_f, \mathbf{i}_g$ verschwinden muß. Daraus folgt der Satz:

Es ist immer möglich, in einer V_{n+1} durch jeden Punkt in jeder beliebigen Lage V_n mit einem zweiten Fundamentaltensor vom Range $m = n-1$ zu legen. Damit durch jeden Punkt in jeder beliebigen Lage V_n mit zweitem Fundamentaltensor vom Range $m = n-2$, bzw. $m \leqq n-3$ möglich sind, ist notwendig und hinreichend, daß die V_{n+1} eine C_{n+1}, bzw. S_{n+1} ist.

Insbesondere gilt für $m = 0$:

In einer S_{n+1} und nur in einer S_{n+1} ist durch jeden Punkt in jeder beliebigen Lage eine geodätische V_n möglich[2]).

Wenn die Kongruenz $\mathbf{i}_a$ in V_n geodätisch ist, so folgt in einer S_{n+1} aus (93) und (95):

$$(99) \qquad \begin{cases} \mathbf{i}_b \overset{1}{\cdot} \nabla h_{aa} = 0, & b \neq a \\ \mathbf{i}_e \overset{1}{\cdot} \nabla h_{aa} = 0, & \end{cases}$$

und h_{aa} ändert sich also nur längs der Kongruenz $\mathbf{i}_a$.

Umgekehrt, ändert sich h_{aa} nur längs der Kongruenz $\mathbf{i}_a$ für V_n in S_{n+1} für alle Werte von a im Falle, daß $m = n$ und alle h_{aa} ungleich sind, so ist infolge (93):

$$(100) \qquad \mathbf{i}_a\mathbf{i}_a \overset{2}{\cdot} \nabla \mathbf{i}_b = 0,$$

---

[1]) Für V_2 in R_3 besagt dies, daß eine V_2 mit der Gaußschen Krümmung Null eine Regelfläche ist, vgl. Abschn. IV, § 9, und z. B. Bianchi, 1899, 2, S. 106. — [2]) Beltrami, 1868, 1; Schläfli, 1871, 4. Der Satz lautet bei diesen Autoren: *In einer S_n und nur in einer S_n können die geodätischen Linien durch lineare Gleichungen in den Urvariablen dargestellt werden.* Vgl. auch Enriquez, 1902, 4; Lüroth, 1907, 1.

und alle Kongruenzen $\mathbf{i}_a$ sind also geodätisch in V_n. Für $n = 2$ enthält die V_2 dann zwei gegenseitig senkrechte geodätische Kongruenzen, ist also nach dem S. 58 bewiesenen Satz eine R_2.

Weitere Eigenschaften ergeben sich, wenn angenommen wird, daß bestimmte Sätze von h_{aa} gleich sind oder bestimmte Sätze von m_1 Kongruenzen der Hauptkrümmungskurven V_{m_1}-bildend sind. So folgt in C_{n+1} für den Fall, daß alle h_{uu} gleich sind, aus (89) und (83):

$$(101) \qquad \begin{cases} \mathbf{i}_u \mathbf{i}_v \overset{2}{\cdot} \nabla^0 \mathbf{i}_e = 0 \\ \mathbf{i}_u \mathbf{i}_v \overset{2}{\cdot} \nabla^0 \mathbf{i}_{n+1} = 0, \quad u, v = 1, \ldots, m_1\, u \neq v; \; m_1 \leqq m \end{cases}$$

und, wenn alle anderen Bestimmungszahlen $\neq h_{uu}$ sind, aus (87):

$$(102) \qquad \mathbf{i}_u \mathbf{i}_v \overset{2}{\cdot} \nabla^0 \mathbf{i}_x = 0, \quad u \neq v, x = m_1 + 1, \ldots, m.$$

Da die Lage der $\mathbf{i}_u$ in der durch $\mathbf{i}_1, \ldots, \mathbf{i}_{m_1}$ bestimmten R_{m_1} beliebig ist, bilden die $\mathbf{i}_u$ also ∞^{n-m_1} V_{m_1}, die in C_{n+1} lauter Nabelpunkte enthalten. Umgekehrt, bilden die m_1 Hauptkongruenzen $\mathbf{i}_u$ in C_{n+1} V_{m_1} mit lauter Nabelpunkten, so sind nach Abschn. III (188) alle h_{uu} gleich. (Dieses gilt auch in V_{n+1}.) Existiert überdies keine Hauptkongruenz $\mathbf{i}_x$, $x = m_1 + 1, \ldots, m$, so daß die $\mathbf{i}_u$ mit $\mathbf{i}_x$ V_{m_1+1} mit lauter Nabelpunkten bilden, so ist nach dem zuvor bewiesenen $h_{xx} \neq h_{uu}$. Wir haben also den Satz erhalten:

In einer V_n in C_{n+1} bilden m_1 der Kongruenzen von Hauptkrümmungskurven senkrecht zum Nullgebiet des zweiten Fundamentaltensors $\mathbf{i}_u$, $u = 1, \ldots, m_1$, dann und nur dann ein nicht mehr erweiterungsfähiges System dieser Kongruenzen, welche V_{m_1} mit lauter Nabelpunkten bilden, wenn die h_{uu} ein nicht mehr erweiterungsfähiges System gleicher Bestimmungszahlen bilden.

Bilden h_{uu}, $u = 1, \ldots, m_1$, ein nicht erweiterungsfähiges System gleicher Bestimmungszahlen, so folgt aus (93) für V_n in S_{n+1}:

$$(103) \qquad \mathbf{i}_v \overset{1}{\cdot} \nabla h_{uu} = 0, \qquad u \neq v; \; u, v = 1, \ldots, m_1.$$

Für $m_1 > 1$ ist also h_{uu} in den gebildeten V_{m1} konstant.

Sind überdies die Kongruenzen $\mathbf{i}_u$ geodätisch in V_n, was nur möglich ist, wenn die V_{m_1} geodätisch sind in V_n (vgl. S. 96), so folgt aus (93) und (95), daß ∇h_{uu} keine Komponente senkrecht zu den V_{m1} haben kann; h_{uu} ist also für $m_1 > 1$ konstant und für $m_1 = 1$ konstant in V_{n-1} senkrecht zu $\mathbf{i}_u$. Umgekehrt: ist h_{uu} für $m_1 > 1$ konstant oder für $m_1 = 1$ konstant in V_{n-1} senkrecht zu $\mathbf{i}_u$, so folgt aus (93) und (95), daß $\mathbf{i}_u \overset{1}{\cdot} \nabla \mathbf{i}_u$ keine Komponente senkrecht zu den V_{m_1} haben kann, und die V_{m_1} sind also geodätisch in V_n.

Zusammenfassend gilt für V_n in S_{n+1} der Zusatz:

Die zu einem bestimmten nicht mehr erweiterungsfähigen System gleicher Bestimmungszahlen h_{uu}, $u = 1, \ldots, m_1$, gehörigen V_{m_1} sind dann und nur dann geodätisch in V_n, wenn für $m_1 > 1$ h_{uu} konstant ist und für $m_1 = 1$ h_{uu} konstant ist in V_{n-1} senkrecht zu $\mathbf{i}_u$. Sie sind dann und nur dann geodätisch in S_{n+1}, wenn h_{uu} Null ist.

8. Die V_n in V_{n+1} mit lauter Nabelpunkten[1]).

Für $m_1 = n$ enthält die V_n lauter Nabelpunkte. Für diesen Fall lehren (87) und (93):

$$(104)\quad \begin{cases} K_{cba(n+1)} = \mathbf{i}_a \mathbf{i}_b \mathbf{i}_c \overset{3}{\cdot} \overset{4}{\mathbf{K}}{}^0 \overset{1}{\cdot} \mathbf{i}_{n+1} = 0, & a, b, c \neq \\ K_{aba(n+1)} = \mathbf{i}_a \mathbf{i}_b \mathbf{i}_a \overset{3}{\cdot} \overset{4}{\mathbf{K}}{}^0 \overset{1}{\cdot} \mathbf{i}_{n+1} = -\mathbf{i}_b \overset{1}{\cdot} \nabla h_{aa}, & a \neq b. \end{cases}$$

Der Gaußsche Satz (9) gibt in diesem Fall:

$$(105)\qquad \overset{8}{\mathbf{g}} \overset{4}{\cdot} \overset{4}{\mathbf{K}}{}^0 = \overset{4}{\mathbf{K}} - 2\overset{2}{h}_{aa}(\mathbf{a} \frown \mathbf{b})(\mathbf{a} \frown \mathbf{b})$$

und daraus folgt für $n \geqq 3$:

Wenn in einer C_{n+1} eine V_n mit lauter Nabelpunkten liegt, so ist diese eine C_n. Wenn in einer S_{n+1} eine V_n mit lauter Nabelpunkten liegt, so ist diese eine S_n.

Für $n = 2$ gilt insbesondre:

Eine V_2 mit lauter Nabelpunkten in einer S_3 ist eine S_2.

Auch folgt nach Abschn. II (166) aus (105) für $n \geqq 3$:

Für eine reelle S_n in einer S_{n+1} ist immer $K_0 < K$. Eine reelle S_n in einer R_{n+1} hat somit immer positive Krümmung[2]).

Aus (103) folgt für $n \geqq 3$:

Damit durch jeden Punkt einer V_{n+1} in jeder beliebigen Lage eine V_n mit lauter Nabelpunkten geht, ist notwendig und hinreichend, daß $\overset{4}{\mathbf{K}}$ die Form $\frac{4}{n-2}(\mathbf{a} \frown \mathbf{L})(\mathbf{a} \frown \mathbf{L})$ hat. Für $n > 3$ ist also notwendig und hinreichend, daß die V_{n+1} eine C_{n+1} ist[3]).

Für $n = 3$ gilt:

In einer V_3 ist durch jeden Punkt in jeder beliebigen Lage eine V_2 mit lauter Nabelpunkten möglich[3]).

Wenn h_{aa} konstant ist, lehrt die erste Gleichung (104):

Damit durch jeden Punkt einer V_n in jeder beliebigen Lage eine V_n mit lauter Nabelpunkten und konstantem h_{aa} geht, ist notwendig und hinreichend, daß die V_{n+1} eine S_{n+1} ist[3]).

---

[1]) Vgl. Struik, 1921, 10. — [2]) Beez, 1876, 2, S. 379 (S_n in R_{n+1}), vgl. auch Monro, 1878, 6; Brill, 1885, 1 (S_3 in R_4); Schur, 1886, 6, und Cesaro, 1894, 3. — [3]) Schouten, 1921, 7, S. 86—87.

Dasselbe gilt für den Fall, daß h_{aa} sich nur entlang $\mathbf{i}_a$ ändert.

Nach S. 140 ist diese Bedingung dieselbe wie die für geodätische V_n[1]).

Wenn h_{aa} nicht konstant ist, legen wir die Kongruenz $\mathbf{i}_n$ in die Richtung von ∇h_{aa}:

$$\nabla h_{aa} = \alpha \mathbf{i}_n, \tag{106}$$

wo α ein Koeffizient ist. Sodann folgt aus (104):

$$\left\{\begin{aligned} K_{unu(n+1)} &= \mathbf{i}_u \mathbf{i}_n \mathbf{i}_u \overset{3}{\cdot} \overset{4}{\mathbf{K}}{}^0 \overset{1}{\cdot} \mathbf{i}_{n+1} = -\alpha \\ K_{nun(n+1)} &= \mathbf{i}_n \mathbf{i}_u \mathbf{i}_n \overset{3}{\cdot} \overset{4}{\mathbf{K}}{}^0 \overset{1}{\cdot} \mathbf{i}_{n+1} = 0 \\ K_{uvu(n+1)} &= \mathbf{i}_u \mathbf{i}_v \mathbf{i}_u \overset{3}{\cdot} \overset{4}{\mathbf{K}}{}^0 \overset{1}{\cdot} \mathbf{i}_{n+1} = 0, \quad u, v = 1, 2, \ldots, n-1. \end{aligned}\right. \tag{107}$$

Mithin nach Abschn. II (177), wenn ${}^2\mathbf{K}^0 = \mathbf{a}^0 \overset{1}{\cdot} \overset{4}{\mathbf{K}}{}^0 \overset{1}{\cdot} \mathbf{a}^0$:

$$\left\{\begin{aligned} K_{u(n+1)} &= \mathbf{i}_{n+1} \mathbf{i}_u \overset{2}{\cdot} {}^2\mathbf{K}^0 = \sum_i^{1,\ldots,n} \mathbf{i}_u \mathbf{i}_i \mathbf{i}_i \mathbf{i}_{n+1} \overset{4}{\cdot} \overset{4}{\mathbf{K}}{}^0 = 0 \\ K_{n(n+1)} &= \mathbf{i}_{n+1} \mathbf{i}_n \overset{2}{\cdot} {}^2\mathbf{K}^0 = \sum_u^{1,\ldots,n-1} \mathbf{i}_n \mathbf{i}_u \mathbf{i}_u \mathbf{i}_{n+1} \overset{4}{\cdot} \overset{4}{\mathbf{K}}{}^0 = (n-1)\alpha \end{aligned}\right. \tag{108}$$

oder:

Die V_{n-1}, auf denen h_{aa} konstant ist, bestimmen in jedem Punkt der V_n eine $(n-1)$-Richtung, welche der Durchschnitt der V_n mit der zur V_n-Normalen bezüglich ${}^2\mathbf{K}^0$ konjugierten n-Richtung ist.

Wenn $\mathbf{i}_{n+1}$ eine Hauptkongruenz der V_{n+1} ist (S. 67), so ergibt sich der Satz:

Ein System von ∞^1 V_n mit lauter Nabelpunkten orthogonal zu einer Hauptkongruenz hat immer konstante h_{aa}. Umgekehrt steht jedes System von ∞^1 V_n mit lauter Nabelpunkten und konstantem h_{aa} orthogonal zu einer Hauptkongruenz[2]).

Liegt eine V_n mit lauter Nabelpunkten in einer S_{n+k}, $k > 1$, so ist sie, da nach Abschn. III (172) $\overset{3}{\mathbf{H}} = {}^2\mathbf{g}\,\mathbf{D}$ ist, nach dem Gaußschen Satz (9) eine S_n. Dies folgt auch aus dem Satz S. 115, weil eine derartige V_n lauter axiale Punkte hat und ${}^2\mathbf{g}$ vom Range n ist. Somit liegt die V_n in einer S_{n+1} und ist also nach dem Satze S. 126 eine S_n.

---

[1]) Voß, 1880, 5, S. 157. — [2]) Für $h_{aa} = 0$, also für geodätische V_n, rührt der letzte Teil dieses Satzes von Ricci her, 1903, 9, S. 415 und für h_{aa} allgemein und $n = 3$ von Rimini, 1904, 9, S. 35. Vgl. auch Hadamard, 1901, 3.

9. Die developpabelen V_n in S_{n+1} und die V_n in S_{n+1}, die Biegung zulassen.

Für $m = 1$ folgt aus dem Satz S. 140, daß die Nullrichtungen einer V_n dieser Art in einer S_{n+1} $\infty^1 S_{n-1}$ bilden. Die V_n ist also der Ort von $\infty^1 S_{n-1}$. Da nach (84) $\mathbf{i}_e \overset{1}{\cdot} \nabla^0 \mathbf{i}_{n+1} = 0$ ist, so ist die berührende geodätische S_n für alle Punkte einer S_{n-1} dieselbe. Die V_n wird also von ∞^1 geodätischen S_n eingehüllt, die alle die V_n längs einer geodätischen S_{n-1} berühren; wir nennen sie *developpable* V_n.

Einen Satz über developpable V_n in S_{n+1} findet man S. 126.

Für allgemeine Werte von m gilt für eine V_n in S_{n+1} nach dem Gaußschen Satz:

$$\overset{4}{\mathbf{K}} - 2K_0^0(\mathbf{a} \frown \mathbf{b})(\mathbf{a} \frown \mathbf{b}) = 2(\mathbf{h} \frown {}'\mathbf{h})(\mathbf{h} \frown {}'\mathbf{h}) \tag{109}$$

und $\overset{2}{\mathbf{h}}$ ist der Vektortensor, der zum Bivektortensor

$$\tfrac{1}{2}\overset{4}{\mathbf{K}} - K_0^0(\mathbf{a} \frown \mathbf{b})(\mathbf{a} \frown \mathbf{b})$$

gehört (s. S. 34). Soll dieser Bivektortensor mit *unendlich vielen* Tensoren $\overset{2}{\mathbf{h}}$ korrespondieren, so muß $m = 2$ sein (S. 34). In diesem Falle und nur in diesem Falle (die bereits untersuchten Fälle $m = 0$, $m = 1$ ausgenommen) ist Biegung der V_n in S_{n+1} möglich. Das Feld $\overset{2}{\mathbf{h}}$ muß überdies den Codazzischen Formeln genügen.

Für $m = 2$ folgt also der den Beezschen Satz ergänzende Satz:

Die V_n in S_{n+1}, welche Biegung zulassen, haben wenigstens $n - 2$ verschwindende Hauptkrümmungen. Die Nullrichtungen bilden $\infty^2 S_{n-2}$. Die berührende geodätische S_n ist für alle Punkte einer geodätischen S_{n-2} dieselbe[1]).

Der Gaußsche Satz lautet für $m = 2$:

$$\overset{4}{\mathbf{K}} - 2K_0^0(\mathbf{a} \frown \mathbf{b})(\mathbf{a} \frown \mathbf{b}) = 2h_{aa}h_{bb}(\mathbf{i}_a \frown \mathbf{i}_b)(\mathbf{i}_a \frown \mathbf{i}_b). \tag{110}$$

Wäre die V_n eine S_n, so wäre $h_{aa}h_{bb} = 0$. Für $m = 2$ kann die V_n somit keine S_n sein.

---

[1]) Dieser Satz rührt für V_3 in R_4 von F. Schur 1886, 7 und für V_{n-1} in R_n von Bompiani, 1914, 2 her. Das Problem ist zum ersten Male von Killing, 1885, 2, S. 238 gestellt, vgl. auch 1893, 2, S. 356. Der Fall der V_3 in R_4 ist von Schur, Banal, 1899, 1 und Bianchi, 1905, 1 behandelt, der Fall der V_{n-1} in R_n von Sbrana, 1908, 6, Bompiani und Cartan, 1916, 5. Vgl. auch Beggi, 1914, 1. Fubini, 1899, 9 hat auf die Äquivalenz der Fälle V_3 in R_4 und V_3 in S_4 hingewiesen. Banal, 1897, 1; 1898, 1 behandelt S_3 in R_4.

10. n-fache Orthogonalsysteme.

In diesem Paragraphen werden einige Resultate der Schouten-Struikschen Arbeit über n-fache Orthogonalsysteme und der Schoutenschen Arbeit über konforme Abbildung zusammengestellt. Beweise sind dort nachzuschlagen[1]).

Damit ein System von $\infty^1\, V_2$ in einer R_3 einem dreifachen Orthogonalsystem angehört, ist bekanntlich notwendig und hinreichend, daß der Parameter einer gewissen partiellen Differentialgleichung dritter Ordnung in den Differentialquotienten nach den Urvariablen genügt[2]). Für ein System von $\infty^1\, V_{n-1}$ in einer V_n sind die notwendigen und hinreichenden Bedingungen zuerst von Ricci[3]) gegeben. Wir wollen diese Bedingungen hier angeben in der Form, die ihnen in der zuerst erwähnten Arbeit gegeben ist.

Es sei ein System von $\infty^1\, V_{n-1}$ in einer V_n gegeben durch die Kongruenz der orthogonalen Trajektorien $\mathbf{i}_n$. Wenn $^2\mathbf{h} = \overset{4}{\mathbf{g}}{}' \overset{2}{\cdot} \nabla \mathbf{i}_n$ bis auf bestimmte V_u, $u < n-1$, $n-1$ eindeutig bestimmte Hauptrichtungen hat, so legen wir in diesen Hauptrichtungen ein $n-1$-faches Orthogonalnetz $\mathbf{i}_a$, $a = 1, \ldots, n-1$. Die notwendigen und hinreichenden Bedingungen, damit das System einem n-fachen Orthogonalsystem angehört, sind dann:

$$\mathbf{i}_a \mathbf{i}_b \mathbf{i}_c \overset{3}{\cdot} \nabla\, {}^2\mathbf{h} = 0, \qquad a, b, c \neq \tag{111}$$

$$\mathbf{i}_a \mathbf{i}_b \mathbf{i}_n \overset{3}{\cdot} \nabla\, {}^2\mathbf{h}^{\cdot} = 0. \qquad a, b \neq \tag{112}$$

Aus diesen Gleichungen wird der folgende Satz erhalten:

Ein System von $\infty^1\, V_{n-1}$ in einer V_n, deren zweiter Fundamentaltensor $^2\mathbf{h}$, außer an bestimmten V_u, $u < n-1$, eindeutig bestimmte Hauptrichtungen hat, gehört dann und nur dann einem n-fachen Orthogonalsystem an, wenn bei einer geodätischen Bewegung senkrecht zu m der Hauptrichtungen von $^2\mathbf{h}$ die Komponente des geodätischen Differentials von $^2\mathbf{h}$ in der durch diese Hauptrichtungen bestimmten R_m Hauptrichtungen hat, die mit den genannten m Hauptrichtungen von $^2\mathbf{h}$ zusammenfallen.

Wenn mehrere Hauptrichtungen von $^2\mathbf{h}$ unbestimmt sind und $^2\mathbf{h}\, q$ Hauptgebiete hat, lege man die Kongruenzen $\mathbf{i}_a$ in die Hauptgebiete. Dann sind die notwendigen und hinreichenden Bedingungen, damit das System einem n-fachen Orthogonalsystem angehört, gegeben durch die Gleichun-

---

[1]) Schouten-Struik, 1919, 10; Schouten, 1921, 7. — [2]) Vgl. z. B. Bianchi, 1899, 2, S. 492 u. flg.; Cesaro, 1901, 2, S. 277. Genty, 1904, 6, verwendet Dyadenrechnung, Rath, 1905, 6, die Symbolik von Graßmann. — [3]) Ricci, 1895, 5; für V_{n-1} in R_n Darboux, 1898, 6, vgl. Drach, 1908, 3.

gen (111) und (112), wo $\mathbf{i}_a, \mathbf{i}_b, \mathbf{i}_c$ aber in verschiedenen Hauptgebieten liegen müssen, und durch

$$(113)\qquad \mathbf{i}_a(\mathbf{i}_b \frown \mathbf{i}_c) \overset{3}{\cdot} \nabla \overset{2}{\mathbf{h}} = 0, \qquad a, b, c \neq$$

wo $\mathbf{i}_b$ und $\mathbf{i}_c$ zusammen in einem Hauptgebiet liegen müssen und $\mathbf{i}_a$ in einem andern Hauptgebiet; oder durch die mit (113) äquivalente Gleichung:

$$(114)\qquad K_{cban} = \mathbf{i}_a \mathbf{i}_b \mathbf{i}_c \overset{3}{\cdot} \overset{4}{\mathbf{K}} \overset{1}{\cdot} \mathbf{i}_n = 0.$$

Dadurch erhält man den Satz:

Ein System von ∞^1 V_{n-1} in einer V_n, deren zweiter Fundamentaltensor $\overset{2}{\mathbf{h}}$, außer an bestimmten V_u, $u < n-1$, eindeutig bestimmte Hauptgebiete hat, gehört dann und nur dann einem n-fachen Orthogonalsystem an, wenn bei einer geodätischen Bewegung senkrecht zu m der Hauptgebiete von $\overset{2}{\mathbf{h}}$ die Komponente des geodätischen Differentials von $\overset{2}{\mathbf{h}}$ in dem durch diese m Hauptgebiete bestimmten Gebiete Hauptgebiete hat, die mit den m genannten Hauptgebieten von $\overset{2}{\mathbf{h}}$ zusammenfallen, und wenn überdies bei der geodätischen Bewegung von $\mathbf{i}_n$ längs einem in einem Hauptgebiet gelegenen Flächenelement die Zunahme von $\mathbf{i}_n$ ganz in dieses Hauptgebiet fällt.

Aus (111) folgt:

$$(115)\qquad \mathbf{i}_a \mathbf{i}_b \mathbf{i}_c \overset{3}{\cdot} \overset{4}{\mathbf{K}} \overset{1}{\cdot} \mathbf{i}_n = 0, \qquad a, b, c, \neq$$

Diese Gleichung ist eine Bedingung für die V_n, in welcher das n-fache Orthogonalsystem liegt. Wenn jedes System von n gegenseitig senkrechten $(n-1)$-Richtungen in jedem Punkt einem n-fachen Orthogonalsystem angehört, so läßt sich beweisen, daß $\overset{4}{\mathbf{K}}$ die Gestalt hat:

$$(80)\qquad \overset{4}{\mathbf{K}} = \frac{4}{n-2}(\mathbf{a} \frown \mathbf{L})(\mathbf{a} \frown \mathbf{L}).$$

Da aber (80) für $n = 3$ stets gilt und für $n > 3$ die notwendige und hinreichende Bedingung ist, daß die V_n konformeuklidisch ist (vgl. S. 138), so ergibt sich der Satz:

Eine V_n, $n > 3$, enthält dann und nur dann durch jeden Punkt in jeder Lage ein n-faches Orthogonalsystem, wenn die V_n eine C_n ist.

Eine V_3 enthält stets durch jeden Punkt dreifache Orthogonalsysteme in jeder Lage[1]).

Für ein n-faches Orthogonalsystem in V_n gilt die Erweiterung des Dupinschen Satzes:

Die V_{n-1} eines n-fachen Orthogonalsystems in einer V_n schneiden sich in den Hauptkrümmungslinien[2]).

---

[1]) Über dreifache Orthogonalsysteme in V_3 siehe auch Ricci, 1889, 6. — [2]) Schouten-Struik, 1919, 10, Eine Umkehrung findet sich dort S. 425 u. 684.

11. Bedingungen für ein V_m-Element zweiter Ordnung in einer R_n.

Man kann die Frage stellen, ob die Umgebung eines Punktes einer V_m, abgesehen von unendlich kleinen Größen höherer als zweiter Ordnung, in einer R_n untergebracht werden kann. Dann fallen die Integrationsbedingungen fort, und als notwendige und hinreichende Bedingung bleibt, daß $\overset{4}{\mathbf{K}}'$ sich als Summe von $n-m$ einfachen Bivektortensoren schreiben läßt. Jedenfalls darf also $\frac{1}{12}m^2(m^2-1)$, die Anzahl der Bestimmungszahlen von $\overset{4}{\mathbf{K}}$ nicht größer sein als $n-m$-mal die Anzahl der Bestimmungszahlen eines Vektortensors, $\frac{m(m+1)}{2}$:

$$\nu_{m,n} = (n-m)\frac{m(m+1)}{2} - \frac{m^2(m^2-1)}{12} \geqq 0. \tag{116}$$

Monro[1]) hat diese Zahl $\nu_{m,n}$ zuerst angegeben und *maximalen Freiheitsgrad einer* V_m *in* R_n genannt. Maximal, weil bei einer V_m noch Integrationsbedingungen hinzutreten, und $\nu_{m,n}$ also für eine V_m nur die Bedeutung eines Maximums haben kann. Aber auch der wirkliche Freiheitsgrad eines V_m-*Elementes* zweiter Ordnung in einer R_n kann keineswegs so einfach durch bloßes Abzählen von Bestimmungszahlen ermittelt werden. Schon die Tatsache, daß ein Tensor zweiten Grades in R_3 zwar 6 Bestimmungszahlen hat, aber im allgemeinen doch nicht als Summe von zwei Vektorquadraten geschrieben werden kann, lehrt, daß das Abzählen in solchen Fragen irreführt. Stäckel[2]) hat versucht, die Monrosche Formel, die schon für $n=2$, $m=1$ den Wert 2 gibt, während der wirkliche Freiheitsgrad 1 ist, zu verbessern, indem er die Zahlen $\frac{1}{2}m(m-1)$ und $\frac{1}{2}(n-m)(n-m-1)$ in Abzug bringt. Diese Zahlen sollen die noch möglichen Drehungen in dem V_m-Element erster Ordnung und in der R_{n-m} senkrecht zu diesem Element in Rechnung bringen. Der Stäckelsche Freiheitsgrad ist somit

$$\nu'_{m,n} = (n-m)\frac{m(m+1)}{2} - \frac{m^2(m^2-1)}{12} - \frac{m(m-1)}{2} - \frac{(n-m)(n-m-1)}{2}. \tag{117}$$

Nun brauchen aber die Drehungen in der R_{n-m} gar nicht berücksichtigt zu werden, da die $n-m$ gesuchten Bivektortensoren ganz *in* der V_m liegen. Von den Drehungen *in* der R_m sind nur die zu berücksichtigen, durch welche $\overset{4}{\mathbf{K}}$ in sich selbst übergeführt wird. Für $m=2$ sind dies in der Tat alle Drehungen. Die Stäckelsche Formel ist also unrichtig, was übrigens schon daraus hervorgeht, daß sie für zunehmende Werte von n bei konstantem m schließlich zu abnehmenden Werten des Freiheitsgrades führt, was natürlich

---

[1]) Monro, 1878, 6, vgl. Cayley, 1878, 1. — [2]) Stäckel, 1894, 13, S. 112—114.

keinen Sinn haben kann. Die von Stäckel für $m = 4$ bis zu $n = 10$ berechnete Reihe ist z. B. fortgesetzt:

$$(118)\quad \begin{cases} \nu'_{4,5} = 0, & \nu'_{4,6} = 0, & \nu'_{4,7} = 1, & \nu'_{4,8} = 8, & \nu'_{4,9} = 14, \\ \nu'_{4,10} = 19, & \nu'_{4,11} = 23, & \nu'_{4,12} = 26, & \nu'_{4,13} = 28, & \nu'_{4,14} = 29, \\ \nu'_{4,15} = 29, & \nu'_{4,16} = 28, & \nu'_{4,17} = 26, & \nu'_{4,18} = 23, & \nu'_{4,19} = 19, \\ \nu'_{4,20} = 14, & \nu'_{4,21} = 8, & \nu'_{4,22} = 1, & \nu'_{4,x} = 0, & x \geqq 23. \end{cases}$$

12. Die Identität von Bianchi.

In Problemen, in welchen $\nabla \overset{4}{\mathbf{K}}$ eine Rolle spielt, ist eine von Bianchi[1]) herrührende Identität von großem Interesse. Sie lautet:

$$(119)\quad \boxed{\nabla \overset{2}{\neg} \overset{4}{\mathbf{K}} = 0,}$$

oder in Koordinaten:

$$(119\text{a})\quad \nabla_{[\xi} K_{\varkappa\lambda]\mu\nu} = 0\ ^{2}),$$

in Worten:

Der in den ersten drei Faktoren alternierende Teil des ersten geodätischen Differentialquotienten von $\overset{4}{\mathbf{K}}$ *verschwindet.*

Wenn wir $\nabla \overset{4}{\mathbf{K}}$ in idealen Faktoren schreiben:

$$(120)\quad \nabla \overset{4}{\mathbf{K}} = \mathbf{B}_0 \mathbf{B}_1 \mathbf{B}_2 \mathbf{B}_3 \mathbf{B}_4,$$

kann (119) nach der ersten Identität II (140) auch geschrieben werden:

$$(121)\quad \mathbf{B}_0 \mathbf{B}_1 \mathbf{B}_2 \mathbf{B}_3 \mathbf{B}_4 + \mathbf{B}_1 \mathbf{B}_2 \mathbf{B}_0 \mathbf{B}_3 \mathbf{B}_4 + \mathbf{B}_2 \mathbf{B}_0 \mathbf{B}_1 \mathbf{B}_3 \mathbf{B}_4 = 0.$$

Ein Beweis kann wie folgt gegeben werden[3]). Für ein integrierbares Feld $\overset{2}{\mathbf{p}}$ gelten nach Abschn. II (187) und (188) die Formeln

$$(122)\quad \begin{cases} \nabla \mathbf{v} = \overset{2}{\mathbf{p}} = \mathbf{p}_1 \mathbf{p}_2, \\ \overset{4}{\mathbf{K}} \overset{1}{\vdots} \mathbf{v} = 2 \nabla \overset{1}{\neg} \overset{2}{\mathbf{p}}. \end{cases}$$

---

[1]) Bianchi, 1902, 1, vgl. auch Bianchi, 1902, 2, S. 351. Die Identität kommt bereits vor bei Padova, 1889, 4, Fußnote S. 176, wo der Autor die Identität aufstellt, die er durch Mitteilung von Ricci erhielt. Bei Ricci, 1888, 8, S. 19 wird die Identität für V_n der ersten Klasse (vgl. Abschn. III, § 10) mitgeteilt. Neuerdings hat Bach, 1921, 1, S. 114 die Identität für die Übertragung der Weylschen Relativitätstheorie bewiesen, Schouten, 1922, 4 für jede symmetrische Übertragung (vgl. 1922, 2). Vgl. auch Boggio, 1919, 2, S. 174. — [2]) In der Riccischen Schreibweise, wenn $K_{\varkappa\lambda\mu\nu\varrho}$ das kogredient abgeleitete System von $K_{\varkappa\lambda\mu\nu}$ ist: $K_{\varkappa\lambda\mu\nu\varrho} + K_{\varkappa\lambda\varrho\mu\nu} + K_{\varkappa\lambda\nu\varrho\mu} = 0$. — [3]) Ein koordinatenfreier Beweis findet sich auch bei Boggio, 1919, 2 und bei Schouten, 1921, 7, S. 80.

Es gilt nun die Gleichung:

$$(123)\quad \nabla \overset{2}{\neg} (\overset{4}{\mathbf{K}} \overset{1}{\cdot} \mathbf{v}) = \nabla \overset{2}{\neg} \{\mathbf{K}_1 \mathbf{K}_2 \mathbf{K}_3 (\mathbf{K}_4 . \mathbf{v})\}$$

$$= (\nabla \overset{2}{\neg} \mathbf{K}_1 \mathbf{K}_2 \mathbf{K}_3)(\mathbf{K}_4 . \mathbf{v}) + \{\nabla (\mathbf{a} . \mathbf{K}_4)\} \overset{2}{\neg} \mathbf{K}_1 \mathbf{K}_2 \mathbf{K}_3 (\mathbf{a} . \mathbf{v})$$

$$+ \{(\nabla \mathbf{a} . \mathbf{v})\} \overset{2}{\neg} \mathbf{K}_1 \mathbf{K}_2 \mathbf{K}_3 (\mathbf{K}_4 . \mathbf{a})$$

$$= (\nabla \overset{2}{\neg} \overset{4}{\mathbf{K}}) \overset{1}{\cdot} \mathbf{v} + (\mathbf{p}_1 \widehat{\mathbf{K}_1} \mathbf{K}_2) \mathbf{K}_3 \mathbf{K}_4 \overset{1}{\cdot} \mathbf{p}_2 .$$

Weiter ist nach Abschn. II (132):

$$(124)\quad 2 \nabla \overset{2}{\neg} (\nabla \overset{1}{\neg} \mathbf{p}) = {}_2\nabla \overset{1}{\neg} \overset{2}{\mathbf{p}} = (\overset{4}{\mathbf{K}} \overset{2}{\cdot} \mathbf{p}_1 \mathbf{a}) \overset{1}{\neg} \mathbf{a} \mathbf{p}_2 + (\overset{4}{\mathbf{K}} \overset{2}{\cdot} \mathbf{p}_2 \mathbf{a}) \overset{1}{\neg} \mathbf{p}_1 \mathbf{a}$$

$$= (\mathbf{K}_1 \widehat{\mathbf{K}_2} \mathbf{K}_3)(\mathbf{K}_4 . \mathbf{p}_1) \mathbf{p}_2 + (\mathbf{p}_1 \widehat{\mathbf{K}_1} \mathbf{K}_2) \mathbf{K}_3 (\mathbf{K}_4 . \mathbf{p}_2).$$

Nach der zweiten Identität Abschn. II (145) verschwindet das erste Glied rechts, also gibt Vergleichung von (123) und (124):

$$(125)\qquad (\nabla \overset{2}{\neg} \overset{4}{\mathbf{K}}) \overset{1}{\cdot} \mathbf{v} = 0$$

für jedes Feld $\mathbf{v}$; somit:

$$(126)\qquad \nabla \overset{2}{\neg} \overset{4}{\mathbf{K}} = 0 .$$

Aus der Identität von Bianchi folgen die folgenden Identitäten für ${}^2\mathbf{K}$, ${}^2\mathbf{G}$ und K[1]):

Da

$$(127)\qquad \nabla \overset{2}{\neg} \overset{4}{\mathbf{K}} = (\mathbf{a} . \nabla)(\mathbf{a} \widehat{\mathbf{K}_1} \mathbf{K}_2) \mathbf{K}_3 \mathbf{K}_4$$

$$= \frac{1}{3} (\mathbf{a} . \nabla)(\mathbf{a} \mathbf{K}_1 \mathbf{K}_2 + \mathbf{K}_1 \mathbf{K}_2 \mathbf{a} + \mathbf{K}_2 \mathbf{a} \mathbf{K}_1) \mathbf{K}_3 \mathbf{K}_4 ,$$

ist, so ergibt sich nach einmaliger Überschiebung in der Mitte:

$$(128)\quad 0 = (\mathbf{a} . \nabla)\{\mathbf{a} \mathbf{K}_1 (\mathbf{K}_2 . \mathbf{K}_3) \mathbf{K}_4 + \mathbf{K}_1 \mathbf{K}_2 (\mathbf{a} . \mathbf{K}_3) \mathbf{K}_4 + \mathbf{K}_2 \mathbf{a} (\mathbf{K}_1 . \mathbf{K}_3) \mathbf{K}_4\} .$$

Nun ist

$$(129)\quad \nabla \overset{1}{\neg} {}^2\mathbf{K} = \frac{1}{2} (\mathbf{a} . \nabla)\{\mathbf{a} \mathbf{K}_1 (\mathbf{K}_2 . \mathbf{K}_3) \mathbf{K}_4 - \mathbf{K}_1 \mathbf{a} (\mathbf{K}_2 . \mathbf{K}_3) \mathbf{K}_4\},$$

also folgt aus (128):

$$(130)\qquad 0 = \nabla \overset{1}{\neg} {}^2\mathbf{K} - \frac{1}{2} (\mathbf{a} . \nabla) \overset{4}{\mathbf{K}} \overset{1}{\cdot} \mathbf{a} .$$

Nach nochmaliger Überschiebung in der Mitte folgt nach Abschn. II (168):

$$(131)\qquad 0 = (\mathbf{a} . \nabla)\{\mathbf{a} K - 2 \mathbf{a} \overset{1}{\cdot} {}^2\mathbf{K}\},$$

oder

$$(132)\qquad 0 = \nabla \overset{1}{\cdot} \left({}^2\mathbf{K} - \frac{1}{2} K \, {}^2\mathbf{g}\right),$$

[1]) Vgl. Schouten, 1921, 7, S. 81.

oder nach Abschn. II (172):

(133) $$\boxed{\nabla \overset{1}{\cdot}\, {}^2\mathbf{G} = 0\,^{1)}},$$

in Koordinaten vgl. (159):

(133 a) $$\nabla_\mu G^{\mu\nu} = 0,$$

in Worten:

Die Divergenz von ${}^2\mathbf{G}$ *ist immer Null.*

Wenn ${}^2\mathbf{K}$ ein Skalar ist: $\overset{4}{\mathbf{K}} = {}^2K_0(\mathbf{a}\frown\mathbf{b})(\mathbf{a}\frown\mathbf{b})$, so ist nach Abschn. II (173) ${}^2\mathbf{K} = -\frac{1}{2}(n-1)K_0\,{}^2\mathbf{g}$, und also nach (132) für $n > 2$:

(134) $$\nabla \overset{1}{\cdot}\, K_0\,{}^2\mathbf{g} = 0$$

oder

(135) $$\nabla K = 0.$$

K ist also eine Konstante. Es folgt daraus der schon S. 66 erwähnte Schursche Satz[2]):

Wenn für $n > 2$ der Riemann-Christoffelsche Affinor ein Skalar ist, so ist er konstant.

13. Die konformeuklidischen Mannigfaltigkeiten.

In diesem Paragraphen werden einige Resultate der Schoutenschen Arbeit über konforme Abbildung[3]) zusammengestellt. Beweise sind dort nachzuschlagen.

Es werde der erste Fundamentaltensor einer V_n konform transformiert:

(136) $${}'^2\mathbf{g} = \sigma\,{}^2\mathbf{g}, \qquad {}'^2\mathbf{g}' = \sigma^{-1}\,{}^2\mathbf{g}',$$

und es sei:

(137) $$\mathbf{s} = \frac{\nabla\sigma}{\sigma} = \nabla \log \sigma.$$

Man hat nun für jede vorkommende Größe festzusetzen, ob sie *während* des Überganges als kontravariant oder als kovariant betrachtet werden

---

[1]) Ricci, 1903, 9, S. 412 ($n = 3$); vgl. auch Schouten, 1918, 10, S. 66; Boggio, 1919, 2, S. 169. Diese Gleichung spielt in der allgemeinen Relativitätstheorie als Impuls-Energie-Satz eine bedeutende Rolle, vgl. z. B. Einstein, 1913, 2; 1916, 6, S. 49; Levi-Civita, 1917, 5, S. 382; Weyl, 1921, 12, S. 214. — [2]) Schur, 1886, 7, S. 563; Bianchi, 1902, 1 und 1902, 2, S. 351—352 leitet ihn ebenso aus seiner Identität ab. — [3]) Schouten, 1921, 7, S. 78 u. flg. Vgl. weiter Cotton, 1896, 3; 1898, 6; 1899, 5; Weyl, 1918, 14; Buchholz, 1899, 4; Lipke, 1912, 6.

soll. Sodann ist, wenn $\mathbf{v}$ ein während des Überganges kovarianter Vektor ist:

(138) $$'\nabla \mathbf{v} = \nabla \mathbf{v} - \mathbf{v} \smile \mathbf{s} + \frac{1}{2}(\mathbf{s} \cdot \mathbf{v})\,{}^2\mathbf{g},$$

und, wenn $\mathbf{v}$ ein während des Überganges kontravarianter Vektor ist:

(139) $$'\nabla \mathbf{v} = \nabla \mathbf{v} - \mathbf{v} \frown \mathbf{s} + \frac{1}{2}(\mathbf{s} \cdot \mathbf{v})\,{}^2\mathbf{g}.$$

Für die Transformation von $\overset{4}{\mathbf{K}}$ folgt durch Anwendung der Gleichung Abschn. II (129) auf (138):

(140) $$'\overset{4}{\mathbf{K}} = \overset{4}{\mathbf{K}} - 2(\mathbf{a} \frown \mathbf{r})(\mathbf{a} \frown \mathbf{r}) + (\mathbf{a} \frown \mathbf{s})(\mathbf{a} \frown \mathbf{s}) - \frac{1}{2}(\mathbf{s} \cdot \mathbf{s})(\mathbf{a} \frown \mathbf{b})(\mathbf{a} \frown \mathbf{b})$$
$$= \overset{4}{\mathbf{K}} - {}^2\mathbf{g} \frown\!\!\frown [2 \nabla \mathbf{s} - \mathbf{s}\mathbf{s} + \frac{1}{2}(\mathbf{s} \cdot \mathbf{s})\,{}^2\mathbf{g}],$$

wo ${}^2\mathbf{r} = \mathbf{r}\mathbf{r} = \nabla \mathbf{s}$, in Koordinaten:

(140a) $$'K_{\varkappa\lambda\mu\nu} = K_{\varkappa\lambda\mu\nu} - \frac{1}{2}(g_{\varkappa\mu} \nabla_\lambda s_\nu - g_{\varkappa\nu} \nabla_\lambda s_\mu - g_{\lambda\mu} \nabla_\varkappa s_\nu + g_{\lambda\nu} \nabla_\varkappa s_\mu)$$
$$+ \frac{1}{4}(g_{\varkappa\mu} s_{\lambda\nu} - g_{\varkappa\nu} s_{\lambda\mu} - g_{\lambda\mu} s_{\varkappa\nu} + g_{\lambda\nu} s_{\varkappa\mu}) - \frac{1}{4} s^\omega s_\omega (g_{\varkappa\mu} g_{\lambda\nu} - g_{\varkappa\nu} g_{\lambda\mu}).$$

Läßt sich die Maßbestimmung durch eine konforme Transformation auf eine euklidische zurückführen, zo kann $\mathbf{s}$ derart gewählt werden, daß $'\overset{4}{\mathbf{K}}$ Null wird. Dazu ist notwendig und hinreichend, daß *erstens* $\overset{4}{\mathbf{K}}$ die Form hat:

(79) $$\boxed{\overset{4}{\mathbf{K}} = \frac{4}{n-2}\,{}^2\mathbf{g} \frown\!\!\frown {}^2\mathbf{L} = \frac{4}{n-2}(\mathbf{a} \frown \mathbf{L})(\mathbf{a} \frown \mathbf{L}),}$$

in Koordinaten:

(79a) $$K_{\varkappa\lambda\mu\nu} = \frac{1}{n-2}(g_{\varkappa\mu} L_{\lambda\nu} - g_{\varkappa\nu} L_{\lambda\mu} - g_{\lambda\mu} L_{\varkappa\nu} + g_{\lambda\nu} L_{\varkappa\mu}),$$

wo

(141) $$\begin{cases} {}^2\mathbf{L} = -\,{}^2\mathbf{G} + \frac{1}{n-1}(\mathbf{G} \cdot \mathbf{G})\,{}^2\mathbf{g} = -\,{}^2\mathbf{K} + \frac{1}{2(n-1)} K\,{}^2\mathbf{g}, \\ {}^2\mathbf{G} = -\,{}^2\mathbf{L} + (\mathbf{L} \cdot \mathbf{L})\,{}^2\mathbf{g}, \qquad {}^2\mathbf{K} = -\,{}^2\mathbf{L} - \frac{1}{n-2}(\mathbf{L} \cdot \mathbf{L})\,{}^2\mathbf{g}, \end{cases}$$

und *zweitens*, daß ein Vektor $\mathbf{s}$ existiert, welcher der Gleichung genügt:

(142) $$\nabla \mathbf{s} = \frac{2}{n-2}\,{}^2\mathbf{L} + \frac{1}{2}\mathbf{s}\mathbf{s} - \frac{1}{4}(\mathbf{s} \cdot \mathbf{s})\,{}^2\mathbf{g}.$$

Letztere Gleichung ist, wenn $\overset{4}{\mathbf{K}}$ die Form (80) hat, unbeschränkt integrabel, sobald:

(143) $$\boxed{\nabla \overset{1}{\dashv}\,{}^2\mathbf{L} = 0,}$$

in Koordinaten:

(143a) $$\nabla_{[\varkappa} L_{\lambda]\mu} = 0.$$

Nun hat $\overset{4}{\mathbf{K}}$ für $n = 2$ und $n = 3$ immer die Form (80). Weiter verschwindet für $n = 2$ ${}^2\mathbf{L}$ identisch, während für $n > 3$, wie Schouten bewiesen hat, $\nabla \perp {}^2\mathbf{L}$ eine Folge der Bianchischen Identität ist[1]). Hieraus folgt der Satz:

Eine V_n ist für $n=2$ stets konformeuklidisch, für $n=3$ dann und dann, wenn der Affinor $\nabla \perp {}^2\mathbf{L}$ in jedem Punkte verschwindet, und für $n>3$ dann und nur dann, wenn sich $\overset{4}{\mathbf{K}}$ als doppelte vektorische Überschiebung eines Tensors mit dem Fundamentaltensor schreiben läßt.

Wie bereits gesagt wurde, bezeichnen wir eine konformeuklidische V_n mit C_n.

Die Größe $\nabla \perp {}^2\mathbf{L}$ ist keine Konforminvariante. Für die Transformation von $\nabla \perp {}^2\mathbf{L}$ gilt:

$$'\nabla \perp {}'^2\mathbf{L} = \nabla \perp {}^2\mathbf{L} - \frac{n-2}{4}\left(\overset{4}{\mathbf{K}} - \frac{4}{n-2}\,{}^2\mathbf{g} \mathbin{\overset{\frown}{\frown}} {}^2\mathbf{L}\right), \tag{144}$$

in welcher Gleichung $\overset{4}{\mathbf{K}} - \frac{4}{n-2}\,{}^2\mathbf{g} \mathbin{\overset{\frown}{\frown}} {}^2\mathbf{L}$ eine zuerst von Weyl entdeckte Konforminvariante ist[2]).

14. Einige Sätze über Hauptkongruenzen einer V_n.

Aus dem Gaußschen Satz (9) folgt für eine V_n in V_{n+1} nach einmaliger Überschiebung in der Mitte:

$$\overset{4}{\mathbf{g}} \overset{2}{\cdot} {}^2\mathbf{K}^0 = {}^2\mathbf{K} - 2(\mathbf{h} \frown {}'\mathbf{h}) \overset{1}{\cdot} (\mathbf{h} \frown {}'\mathbf{h}), \tag{145}$$

oder

$$\overset{4}{\mathbf{g}} \overset{2}{\cdot} {}^2\mathbf{K}^0 = {}^2\mathbf{K} - {}^2\mathbf{h} \overset{1}{\cdot} {}^2\mathbf{h} + {}^2\mathbf{h}(\mathbf{h}\,.\,\mathbf{h}). \tag{146}$$

Die Hauptrichtungen von ${}^2\mathbf{K}$ sind also im allgemeinen nicht auch Hauptrichtungen von ${}^2\mathbf{K}^0$. Wenn V_n in einer S_{n+1} liegt, so ist nach Abschn. II (173):

$$-\frac{n}{2} K_0^0\, {}^2\mathbf{g} = {}^2\mathbf{K} - {}^2\mathbf{h} \overset{1}{\cdot} {}^2\mathbf{h} + {}^2\mathbf{h}(\mathbf{h}\,.\,\mathbf{h}). \tag{147}$$

Da ${}^2\mathbf{h} \overset{1}{\cdot} {}^2\mathbf{h}$ dieselben Hauptrichtungen hat wie ${}^2\mathbf{h}$, so lehrt diese Formel:

Die Hauptkrümmungsgebiete einer V_n in S_{n+1} bilden die Gebiete der Hauptrichtungen[3]).

Liegt eine C_n in S_{n+1}, $n>3$, so ist:

$$2K_0^0(\mathbf{a} \frown \mathbf{b})(\mathbf{a} \frown \mathbf{b}) = \frac{4}{n-2}(\mathbf{a} \frown \mathbf{L})(\mathbf{a} \frown \mathbf{L}) - 2(\mathbf{h} \frown {}'\mathbf{h})(\mathbf{h} \frown {}'\mathbf{h}). \tag{148}$$

Wenn die $\mathbf{i}_i$ in die Hauptkongruenzen der C_n, also in die Hauptrichtungen von ${}^2\mathbf{L}$, gelegt werden, so folgt:

$$2K_0^0 = \frac{1}{n-2}(L_{ii} + L_{jj}) - h_{ii}h_{jj}; \tag{149}$$

---

[1]) Schouten, 1921, 7, S. 82, vgl. auch Finzi, 1922, 5. Finzi, 1921, 3, leitet umgekehrt aus (143) die Bianchische Identität ab. — [2]) Weyl, 1918, 14. Diese Gleichung (144) verdanke ich einer mündlichen Mitteilung von Prof. J. A. Schouten. — [3]) Ricci, 1904, 8 (V_3 in R_4).

und diese Gleichungen lassen nur dann Auflösung nach den L_{ii} zu, wenn:

(150) $$h_{ii} h_{jj} + h_{kk} h_{ll} = h_{ii} h_{kk} + h_{jj} h_{ll},$$

oder

(151) $$(h_{ii} - h_{ll})(h_{jj} - h_{kk}) = 0.$$

Für eine C_n $(n > 3)$ in S_{n+1} müssen also wenigstens $n - 1$ der Größen h_{ii} gleich sein, und damit auch wenigstens $n - 1$ der Größen L_{ii}. Wenn alle h_{ii} gleich sind, so hat die C_n lauter Nabelpunkte und ist also nach dem S. 142 bewiesenen Satze eine S_n[1]). Bei den eigentlichen C_n $(n > 3)$ in S_{n+1} bilden $n - 1$ der Bestimmungszahlen von ${}^2\mathbf{L}$ ein nicht mehr erweiterungsfähiges System und die zugehörigen Hauptkongruenzen bilden also nach S. 141 und S. 143 V_{n-1} mit lauter Nabelpunkten in den C_n, in welchen diese Bestimmungszahlen und die zugehörigen Größen h_{ii} Konstanten sind.

Da für eine C_n:

(143) $$\nabla \overset{1}{\lrcorner}\, {}^2\mathbf{L} = 0,$$

so ist nach (78b) und (81):

(152) $$(L_{kk} - L_{jj})(\nabla \mathfrak{i}_k) \overset{2}{\cdot} \mathfrak{i}_j \mathfrak{i}_i - (L_{kk} - L_{ii})(\nabla \mathfrak{i}_k) \overset{2}{\cdot} \mathfrak{i}_i \mathfrak{i}_j = 0, \qquad i, j, k \neq$$

(153) $$- \mathfrak{i}_j \overset{1}{\cdot} \nabla L_{ii} + (L_{jj} - L_{ii}) \nabla \mathfrak{i}_j \overset{2}{\cdot} \mathfrak{i}_i \mathfrak{i}_i = 0.$$

Das erste Gleichungssystem (152) wird für $n = 3$:

(154) $$\begin{cases} (L_{33} - L_{22})(\nabla \mathfrak{i}_3) \overset{2}{\cdot} \mathfrak{i}_2 \mathfrak{i}_1 - (L_{33} - L_{11})(\nabla \mathfrak{i}_3) \overset{2}{\cdot} \mathfrak{i}_1 \mathfrak{i}_2 = 0, \\ (L_{22} - L_{11})(\nabla \mathfrak{i}_2) \overset{2}{\cdot} \mathfrak{i}_1 \mathfrak{i}_3 - (L_{22} - L_{33})(\nabla \mathfrak{i}_2) \overset{2}{\cdot} \mathfrak{i}_3 \mathfrak{i}_1 = 0, \end{cases}$$

oder, mit Rücksicht auf Abschn. II (106):

(155) $$(L_{11} - L_{22})(\nabla \mathfrak{i}_1) \overset{2}{\cdot} \mathfrak{i}_2 \mathfrak{i}_3 = (L_{22} - L_{33})(\nabla \mathfrak{i}_2) \overset{2}{\cdot} \mathfrak{i}_3 \mathfrak{i}_1 = (L_{33} - L_{11})(\nabla \mathfrak{i}_3) \overset{2}{\cdot} \mathfrak{i}_1 \mathfrak{i}_2.$$

Hieraus ergeben sich die folgenden Möglichkeiten für eine C_3, welche keine S_3 ist:

(156) 1. $$L_{11} = L_{22}, \quad (\nabla \mathfrak{i}_3) \overset{2}{\cdot} \mathfrak{i}_2 \mathfrak{i}_1 = 0, \quad (\nabla \mathfrak{i}_3) \overset{2}{\cdot} \mathfrak{i}_1 \mathfrak{i}_2 = 0.$$

Eine Hauptkongruenz steht somit senkrecht auf einer V_2 mit lauter Nabelpunkten.

(157) 2. $$(\nabla \mathfrak{i}_1) \overset{2}{\cdot} \mathfrak{i}_2 \mathfrak{i}_3 = (\nabla \mathfrak{i}_2) \overset{2}{\cdot} \mathfrak{i}_3 \mathfrak{i}_1 = (\nabla \mathfrak{i}_3) \overset{2}{\cdot} \mathfrak{i}_1 \mathfrak{i}_2 = 0.$$

Die drei Hauptkongruenzen bilden ein dreifaches Orthogonalsystem. In diesem Falle können nach der Gleichung (153) die L_{ii} nicht alle konstant sein, ohne daß die V_2 des Orthogonalsystems geodätisch und also die C_3 nach S. 64 eine R_3 ist.

(158) 3. $$\{(\nabla \mathfrak{i}_1) \overset{2}{\cdot} \mathfrak{i}_2 \mathfrak{i}_3\}\{(\nabla \mathfrak{i}_2) \overset{2}{\cdot} \mathfrak{i}_3 \mathfrak{i}_1\} + \{(\nabla \mathfrak{i}_2) \overset{2}{\cdot} \mathfrak{i}_3 \mathfrak{i}_1\}\{(\nabla \mathfrak{i}_3) \overset{2}{\cdot} \mathfrak{i}_1 \mathfrak{i}_2\} + \{(\nabla \mathfrak{i}_3) \overset{2}{\cdot} \mathfrak{i}_1 \mathfrak{i}_2\}\{(\nabla \mathfrak{i}_1) \overset{2}{\cdot} \mathfrak{i}_2 \mathfrak{i}_3\} = 0,$$

ohne daß ein Term der linken Seite verschwindet.

[1]) Schouten, 1921, 7, S. 88 (C_n in R_{n+1}).

Man beachte, daß diese für eine C_3 abgeleiteten Sätze keine Einbettung der C_3 in eine höhere Mannigfaltigkeit fordern, während die für eine C_n $(n > 3)$ abgeleiteten Sätze nur für C_n in S_{n+1} gültig sind.

Für C_3 in S_4 fallen die Hauptkongruenzen nach dem Satze S. 152 in die Hauptkrümmungslinien. Es ergeben sich dann aus (156) und (157) einige von Finzi[1]) bereits für C_3 in R_4 hergeleiteten Sätze.

Da Gleichung (153) auch für eine C_n $(n > 3)$ gilt, so bestehen die für jede C_n $(n \geqq 3)$ gültigen Sätze:

Wenn in einer C_n L_{ii} eine Konstante und von allen andern L_{jj} verschieden ist, so ist $\mathbf{i}_i$ geodätisch.

Wenn in einer C_n alle L_{ii} konstant und verschieden sind, so sind die Hauptkongruenzen geodätisch.

Sätze über Hauptkongruenzen einer allgemeinen V_n ergeben sich auch aus der Gleichung (133), die in orthogonalen Bestimmungszahlen so lautet[2]):

$$(159) \qquad \mathbf{i}_i \overset{1}{\cdot} \nabla G_{ii} + \sum_j (G_{jj} - G_{ii}) \mathbf{i}_j \overset{1}{\cdot} (\nabla \mathbf{i}_j) \overset{1}{\cdot} \mathbf{i}_i = 0 .$$

Wenn alle G_{ii} bis auf G_{nn} gleich G_{aa} sind, so wird aus diesen Gleichungen:

$$(160) \qquad \left\{ \begin{aligned} & \mathbf{i}_a \overset{1}{\cdot} \nabla G_{aa} + (G_{nn} - G_{aa}) \mathbf{i}_n \overset{1}{\cdot} (\nabla \mathbf{i}_n) \overset{1}{\cdot} \mathbf{i}_a = 0, \\ & \mathbf{i}_n \overset{1}{\cdot} \nabla G_{nn} + (G_{aa} - G_{nn}) \sum_a^{1,\ldots,n-1} \mathbf{i}_a \overset{1}{\cdot} (\nabla \mathbf{i}_a) \overset{1}{\cdot} \mathbf{i}_n = 0 . \end{aligned} \right.$$

Hieraus ergibt sich (vgl. S. 68) folgender Satz:

Wenn in einer V_n alle Hauptkrümmungen bis auf eine, G_{nn}, gleich sind, und $\mathbf{i}_n$ geodätisch ist, so ändern sich die gleichen Hauptkrümmungen nur entlang $\mathbf{i}_n$; wenn dazu alle zu den gleichen Hauptkrümmungen gehörigen Hauptkongruenzen als geodätische Kongruenzen gewählt werden können, so bleibt G_{nn} auch entlang $\mathbf{i}_n$ konstant.

Wenn $\mathbf{i}_n$ senkrecht ist zu einem System von ∞^1 geodätischen V_{n-1}, so ist $\mathbf{i}_a \overset{1}{\cdot} \nabla \mathbf{i}_a$, $a = 1, 2, \ldots, n-1$, senkrecht zu $\mathbf{i}_n$. Es ergibt sich somit mit Rücksicht auf den Satz S. 143[1]):

Jedes System von ∞^1 geodätischen V_{n-1} steht senkrecht zu einer Hauptkongruenz. Die zugehörige Hauptkrümmung ändert sich entlang der Hauptkongruenz nicht[3]).

---

[1]) Finzi, 1902, 5, (V_3 in R_4). Für $K_{11} = K_{22}$, $K_{33} = 0$; Banal, 1895, 1, S. 1004 und 1896, 1, S. 233 (V_3 in R_4). — [2]) Für $n = 3$, Ricci, 1903, 9, S. 411. — [3]) Eine Erweiterung des Begriffes der Hauptrichtungen einer V_4 gibt Kretschmann, 1917, 4.

15. Die Killingsche Gleichung.

Jedes Vektorfeld $\mathbf{v}$ bestimmt eine infinitesimale Transformation der V_n. Dabei mögen die Punkte einer V_n eine Verrückung $\delta\mathbf{x}$ erhalten:

$$\delta\mathbf{x} = \mathbf{v}\,dt\,^{1)}. \tag{161}$$

Wir nennen diese Transformation eine *starre Bewegung*, wenn die Entfernung zweier beliebiger Punkte der V_n ungeändert bleibt[2]. In diesem Falle ist also ds^2 eine Invariante, und wir sagen, daß V_n *die starre Bewegung* $\mathbf{v}$ *gestattet.* Die durch $\mathbf{v}$ bestimmten Kurven sind die *Bahnkurven* der Bewegung. Bilden die möglichen starren Bewegungen eine kontinuierliche Transformationsgruppe mit r wesentlichen Parametern, so heißt dieselbe *r-gliedrig.* Die Gruppe ist *transitiv*, sobald sich unter den r-Vektoren $\mathbf{v}_1, \ldots, \mathbf{v}_r$, die ein jeder eine starre Bewegung bestimmen, n voneinander unabhängige befinden, im entgegengesetzten Falle ist sie *intransitiv*[3].

Für eine starre Bewegung gilt also:

$$\delta\, ds^2 = 0. \tag{162}$$

Hieraus folgt (nach Abschn. II, § 3, B):

$$\begin{aligned} \delta(ds^2) &= \delta(d\mathbf{x}\,.\,d\mathbf{x}) = 2\delta\, d\mathbf{x}\,.\,d\mathbf{x} = 2d\,\delta\mathbf{x}\,.\,d\mathbf{x} = 2d\mathbf{v}\,dt\,.\,d\mathbf{x} \\ &= 2d\mathbf{x} \overset{1}{\cdot} (\nabla\mathbf{v}) \overset{1}{\cdot} d\mathbf{x}\,dt = 2(\nabla \smile \mathbf{v}) \overset{2}{\cdot} d\mathbf{x}\,d\mathbf{x}\,dt. \end{aligned} \tag{163}$$

Damit dieser Gleichung für alle Werte von $d\mathbf{x}$ genügt wird, ist notwendig und hinreichend, daß:

$$\boxed{\nabla \smile \mathbf{v} = 0}\,, \tag{164}$$

in Koordinaten:

$$\nabla_{(\mu}\, v_{\lambda)} = 0. \tag{164a}$$

Dieses Resultat ist von Killing abgeleitet[4].

---

[1]) Rimini, 1904, 9, S. 35 ($n = 3$). — [2]) Das aus der Lieschen Theorie bekannte Symbol $X(f)$ wird:

$$X(f) = \mathbf{v}\,.\,\nabla f = v^\lambda \frac{\partial f}{\partial x^\lambda}\,, \qquad \lambda = a_1, \ldots, a_n.$$

Untersuchungen über den Fall, daß die Transformation (161) keine starre Bewegung, aber eine deformierende Bewegung der V_n ist, finden sich u. a. bei Levy, 1878, 4 (V_n); Cesaro, 1888, 1 (S_3); Padova, 1888, 6 (V_3); Ricci, 1888, 8 (V_n); Padova, 1889, 4 (V_3); Cesaro, 1894, 4; 1895, 2. — [3]) Lie, 1888, 4, 215. — [4]) Killing, 1892, 2, S. 167 (für V_n); Ricci, 1899, 12, S. 77. Die Gleichung tritt zum ersten Male auf bei Lévy, 1878, 4.

Man erhält eine geometrische Interpretation der Gleichung (164), wenn man ein Orthogonalnetz $\mathbf{i}_j$, $j = 1, 2, \ldots, n$, derart einführt, daß

$$\mathbf{v} = v\,\mathbf{i}_n \tag{165}$$

ist. Dann ist nach (164):

$$(\nabla v) \smile \mathbf{i}_n + v \nabla \smile \mathbf{i}_n = 0, \tag{166}$$

oder

$$(\nabla v)\,\mathbf{i}_n + \mathbf{i}_n \nabla v + v \nabla \mathbf{i}_n + v\,\mathbf{a}(\nabla \mathbf{i}_n) \overset{1}{\cdot} \mathbf{a} = 0. \tag{167}$$

Aus dieser Gleichung folgen die Gleichungen für die u, v-Komponenten ($u, v = 1, 2, \ldots, n-1$):

$$\mathbf{i}_u \mathbf{i}_v \overset{2}{\cdot} \nabla \smile \mathbf{i}_n = 0, \qquad u, v = 1, 2, \ldots, n-1. \tag{168}$$

Diese besagen, daß jedes System von $n-1$ zueinander orthogonalen Kongruenzen senkrecht zu $\mathbf{i}_n$ ein für diese Kongruenz kanonisches System bildet (vgl. S. 56). Weiter folgt aus (167) für die uu-Komponenten ($u = 1, 2, \ldots, n-1$):

$$\mathbf{i}_u \mathbf{i}_u \overset{2}{\cdot} \nabla \mathbf{i}_n = 0. \tag{169}$$

Hierin ist, da $\mathbf{i}_u$ beliebig ist, die Formel (168) enthalten, weil nach (169) $\nabla \mathbf{i}_n = \mathbf{i}_n \mathbf{u}_n$. Die Gleichung (169) besagt, daß der Krümmungsvektor jeder zu $\mathbf{i}_n$ senkrechten Kurve senkrecht zu $\mathbf{i}_n$ oder Null ist.

Weiter folgt aus (167), daß bei Überschiebung mit $\mathbf{i}_n$:

$$\nabla v + (\mathbf{i}_n \cdot \nabla v)\,\mathbf{i}_n + v\,\mathbf{i}_n \overset{1}{\cdot} \nabla \mathbf{i}_n = 0. \tag{170}$$

Nach nochmaliger Überschiebung mit $\mathbf{i}_n$ folgt:

$$\mathbf{i}_n \cdot \nabla v = 0, \tag{171}$$

und (170) ist somit gleichbedeutend mit:

$$\nabla v + v\,\mathbf{i}_n \overset{1}{\cdot} \nabla \mathbf{i}_n = 0, \tag{172}$$

oder:

$$\nabla \frown \mathbf{u}_n = 0. \tag{173}$$

Diese Gleichung besagt, daß die Kongruenz der Krümmungsvektoren der Kongruenz $\mathbf{i}_n$ das Gradientfeld eines Skalarfeldes ist. Die Gleichung (164) ist mit dem System der Gleichungen (169) und (172) gleichwertig.

Man erhält somit den folgenden Satz:

Damit eine Kongruenz $\mathbf{i}$ *die Kongruenz der Bahnkurven einer starren Bewegung ist, ist notwendig und hinreichend, daß*

1. *jede zu* $\mathbf{i}$ *senkrechte Kongruenz den Krümmungsvektor senkrecht zu* $\mathbf{i}$ *hat (oder geodätisch ist), und*

2. *die Kongruenz der Krümmungsvektoren* **u** *der Kongruenz* **i**, *das Gradientfeld eines Skalarfeldes ist.*[1])

Aus diesem Satz folgt:

Eine V_{n-1}-normale Kongruenz **i** *ist dann und nur dann eine Kongruenz von Bahnkurven einer starren Bewegung, wenn diese V_{n-1} geodätisch sind und die Kongruenz der Krümmungsvektoren das Gradientfeld eines Skalarfeldes ist.*

Für $n = 2$ entsteht hieraus:

Eine Kongruenz **i** *ist dann und nur dann eine Kongruenz von Bahnkurven einer starren Bewegung, wenn ihre orthogonalen Trajektorien geodätisch sind und* **u** *das Gradientfeld eines Skalarfeldes ist.*

Da nach (169) immer $(\mathbf{i}_1\mathbf{i}_1 + \mathbf{i}_2\mathbf{i}_2 + \dots + \mathbf{i}_n\mathbf{i}_n) \overset{2}{\cdot} \nabla \mathbf{i}_n = 0$, folgt nach Abschn. I (80):

$$\nabla \cdot \mathbf{i}_n = 0;$$

d. h. die Divergenz des Einheitsvektorfeldes der Bahnkurven ist immer Null.

Wenn v eine Konstante ist, so erleiden nach (161) alle Punkte infolge der zu $\mathbf{v}$ gehörigen infinitesimalen Transformation eine Verrückung gleicher Länge, und wir sprechen von einer *Translation*[2]). In diesem Falle gelten nach (172) die Sätze:

Eine starre Bewegung ist dann und nur dann eine Translation, wenn die Kongruenz der Bahnkurven geodätisch ist[2]).

Mit Rücksicht auf den obenbewiesenen Satz für V_{n-1}-normale Bahnkurven einer starren Bewegung gilt also:

Eine V_{n-1}-normale Kongruenz ist dann und nur dann eine Kongruenz von Bahnkurven einer Translation, wenn die V_{n-1} und die Kongruenz beide geodätisch sind.

Nach (167) ist dies aber dann und nur dann der Fall, wenn $\nabla \mathbf{i}_n$ oder, was hier, wegen $v =$ Konstante, dasselbe ist, $\nabla \mathbf{v}$ verschwindet.

(174) $$\boxed{\nabla \mathbf{v} = 0},$$

in Koordinaten:

(174a) $$\nabla_\mu v_\lambda = 0.$$

Man vgl. Abschn. II, § 6 und III, § 10.

Wenn also eine V_2 eine Translation gestattet, enthält sie zwei zueinander senkrechte Scharen von geodätischen Linien und ist daher nach S. 64 euklidisch.

Nach dem S. 143 bewiesenen Satze, daß ein System von ∞^1 geodätischen V_{n-1} stets orthogonal zu einer Hauptkongruenz steht, können

---

[1]) Vgl. Ricci, 1899, 12, S. 79. — [2]) Bianchi, 1918, 1, S. 499. Er spricht von „scorrimento“.

V_{n-1}-normale Translationen nur in der Richtung einer Hauptkongruenz stattfinden.

Ist in V_n eine geodätische Linie $\mathbf{i}$ gegeben und ist $\mathbf{v}$ die Kongruenz der Bahnkurven einer starren Bewegung, so entsteht durch Auswertung der Differentiation von $\mathbf{i}\,.\,\mathbf{v}$ in der Richtung von $\mathbf{i}$:

(175) $$\mathbf{i} \overset{1}{\vdots} \nabla(\mathbf{i}\,.\,\mathbf{v}) = \mathbf{i} \overset{1}{\vdots} (\nabla \mathbf{i}) \overset{1}{\vdots} \mathbf{v} + \mathbf{i} \overset{1}{\vdots} (\nabla \mathbf{v}) \overset{1}{\vdots} \mathbf{i} = 0;$$

also ist $\mathbf{i}\,.\,\mathbf{v}$ längs $\mathbf{i}$ konstant. Also:

Wenn eine V_n eine starre Bewegung $\mathbf{v}$ gestattet, so ist der Ausdruck $v \cos\vartheta$, wo ϑ der Winkel einer beliebigen geodätischen Linie mit den Bahnkurven ist, längs der geodätischen Linie konstant[1]).

16. Integration der Killingschen Gleichung.

Wir schreiben die Gleichung (164) in der Form:

(176) $$\boxed{\nabla \mathbf{v} = {}_2\mathbf{p}} = \sum p_{ij} \mathbf{i}_i \mathbf{i}_j, \qquad p_{ij} = -p_{ji}, \quad i, j = 1, \ldots, n,$$

wo ${}_2\mathbf{p} = \mathbf{p}_1 \mathbf{p}_2 = -\mathbf{p}_2 \mathbf{p}_1$ ein beliebiger Bivektor ist; ${}_2\mathbf{p}$ heißt die Rotation von $\mathbf{v}$. Die Integrabilitätsbedingungen dieser Gleichung ergeben sich dann nach Abschn. II (162) aus (176) und:

(177) $$\boxed{\overset{4}{\mathbf{K}} \overset{1}{\vdots} \mathbf{v} = 2 \nabla \overset{1}{\neg}\, {}_2\mathbf{p}.}$$

Vgl. für die Gleichung der Bestimmungszahlen Abschn. II (180a).

Die Gleichung (177) läßt sich in folgender Weise in eine andere Gestalt bringen. Nach der zweiten Identität (Abschn. II (145)) für $\overset{4}{\mathbf{K}}$ folgt aus (177):

(178) $$\nabla \overset{2}{\neg}\, {}_2\mathbf{p} = 0,$$

oder

(179) $$\mathbf{a}(\mathbf{a} \overset{1}{\vdots} \nabla \mathbf{p}_1)\mathbf{p}_2 - (\mathbf{a} \overset{1}{\vdots} \nabla \mathbf{p}_1)\mathbf{a}\mathbf{p}_2 + (\mathbf{a} \overset{1}{\vdots} \nabla \mathbf{p}_1)\mathbf{p}_2\mathbf{a} - \mathbf{p}_2(\mathbf{a} \overset{1}{\vdots} \nabla \mathbf{p}_1)\mathbf{a} + \mathbf{p}_2\mathbf{a}(\mathbf{a} \overset{1}{\vdots} \nabla \mathbf{p}_1) - \mathbf{a}\mathbf{p}_2(\mathbf{a} \overset{1}{\vdots} \nabla \mathbf{p}_1) = 0.$$

Somit ist:

(180) $$\begin{aligned} 2\nabla \overset{1}{\neg}\, {}_2\mathbf{p} &= \mathbf{a}(\mathbf{a} \overset{1}{\vdots} \nabla \mathbf{p}_1)\mathbf{p}_2 - (\mathbf{a} \overset{1}{\vdots} \nabla \mathbf{p}_1)\mathbf{a}\mathbf{p}_2 \\ &\quad + \mathbf{a}\mathbf{p}_1(\mathbf{a} \overset{1}{\vdots} \nabla \mathbf{p}_2) - \mathbf{p}_1\mathbf{a}(\mathbf{a} \overset{1}{\vdots} \nabla \mathbf{p}_2) \\ &= -(\mathbf{a} \overset{1}{\vdots} \nabla \mathbf{p}_1)\mathbf{p}_2\mathbf{a} + \mathbf{p}_2(\mathbf{a} \overset{1}{\vdots} \nabla \mathbf{p}_1)\mathbf{a} = -\{(\mathbf{a}\,.\,\nabla)\,{}_2\mathbf{p}\}\mathbf{a}, \end{aligned}$$

---

[1]) Ricci, 1899, 7, S. 78, vgl. auch Rimini, 1904, 9, S. 22 (V_n). Für $n = 2$ entsteht der Clairautsche Satz, vgl. z. B. Bianchi, 1899, 2, S. 173.

also:

(181) $$\overset{4}{\mathbf{K}} \mathbin{\dot{!}} \mathbf{v} = -\{(\mathbf{a}\,.\,\nabla)_2 \mathbf{p}\}\,\mathbf{a}.$$

Da aber:

(182) $$\nabla_2 \mathbf{p} = \mathbf{a}(\mathbf{a}\,.\,\nabla)_2 \mathbf{p}$$

ist, so ist (181) gleichwertig mit der durch Isomerenbildung erhaltenen Gleichung (vgl. Abschn. I § 6):

(183) $$\mathbf{K}_3\,\mathbf{K}_2\,\mathbf{K}_1\,(\mathbf{K}_4\,.\,\mathbf{v}) = \nabla_2 \mathbf{p},$$

oder:

(184) $$\boxed{\mathbf{v} \mathbin{!} \overset{4}{\mathbf{K}} = \nabla_2 \mathbf{p}}$$ [1]).

in Koordinaten:

(184a) $$v_\lambda K_{\lambda\mu\nu\omega} = \nabla_\mu p_{\nu\omega}$$

(177) und (184) sind gleichwertig, weil aus (176) und (184) wieder (177) hergeleitet werden kann.

Die Integrabilitätsbedingungen der Gleichungen (184) ergeben sich nach Abschn. II (186) aus (184) und:

(185) $$\nabla \overset{1}{\neg} (\mathbf{v} \mathbin{\dot{!}} \overset{4}{\mathbf{K}}) = \nabla \overset{1}{\neg} \nabla_2 \mathbf{p} = \frac{1}{2}\,{}_2\nabla_2 \mathbf{p}$$
$$= \frac{1}{2}\,\mathbf{K}_1\,\mathbf{K}_2\,\mathbf{K}_3\,(\mathbf{K}_4\,.\,\mathbf{p}_1)\,\mathbf{p}_2 + \frac{1}{2}\,\mathbf{K}_1\,\mathbf{K}_2\,\mathbf{p}_1\,\mathbf{K}_3\,(\mathbf{K}_4\,.\,\mathbf{p}_2).$$

Nun ist:

(186) $$\nabla \overset{1}{\neg} (\mathbf{v} \mathbin{\dot{!}} \overset{4}{\mathbf{K}}) = -\nabla \overset{1}{\neg} \{\mathbf{K}_1\,(\mathbf{K}_2\,.\,\mathbf{v})\,\mathbf{K}_3\,\mathbf{K}_4\}$$
$$= -\{\nabla \overset{1}{\neg} \mathbf{K}_1\,(\mathbf{K}_2\,.\,\mathbf{a})\,\mathbf{K}_3\,\mathbf{K}_4\}\,\mathbf{a}\,.\,\mathbf{v}$$
$$- \mathbf{p}_1 \overset{1}{\neg} \mathbf{K}_1\,(\mathbf{K}_2\,.\,\mathbf{p}_2)\,\mathbf{K}_3\,\mathbf{K}_4.$$

Sei nun wieder:

(187) $$\nabla \overset{4}{\mathbf{K}} = \mathbf{B}_0\,\mathbf{B}_1\,\mathbf{B}_2\,\mathbf{B}_3\,\mathbf{B}_4,$$

so gilt nach der Bianchischen Identität in der Form (121), weil:

(188) $$2\nabla \overset{1}{\neg} \overset{4}{\mathbf{K}} = \mathbf{B}_0\,\mathbf{B}_1\,\mathbf{B}_2\,\mathbf{B}_3\,\mathbf{B}_4 - \mathbf{B}_1\,\mathbf{B}_0\,\mathbf{B}_2\,\mathbf{B}_3\,\mathbf{B}_4$$
$$= \mathbf{B}_0\,\mathbf{B}_1\,\mathbf{B}_2\,\mathbf{B}_3\,\mathbf{B}_4 + \mathbf{B}_2\,\mathbf{B}_0\,\mathbf{B}_1\,\mathbf{B}_3\,\mathbf{B}_4 = -\mathbf{B}_1\,\mathbf{B}_2\,\mathbf{B}_0\,\mathbf{B}_3\,\mathbf{B}_4$$

die Gleichung:

(189) $$\{\nabla \overset{1}{\neg} \mathbf{K}_1\,(\mathbf{K}_2\,.\,\mathbf{a})\,\mathbf{K}_3\,\mathbf{K}_4\}\,\mathbf{a}\,.\,\mathbf{v} = -\frac{1}{2}(\mathbf{B}_0\,.\,\mathbf{v})\,\mathbf{B}_1\,\mathbf{B}_2\,\mathbf{B}_3\,\mathbf{B}_4.$$

Somit ist Gleichung (185) gleichwertig mit:

(190) $$\mathbf{v} \mathbin{\dot{!}} \nabla \overset{4}{\mathbf{K}} - \mathbf{p}_1\,\mathbf{K}_1\,(\mathbf{K}_2\,.\,\mathbf{p}_2)\,\mathbf{K}_3\,\mathbf{K}_4 + \mathbf{K}_1\,\mathbf{p}_1\,(\mathbf{K}_2\,.\,\mathbf{p}_2)\,\mathbf{K}_3\,\mathbf{K}_4$$
$$= \mathbf{K}_1\,\mathbf{K}_2\,\mathbf{K}_3\,(\mathbf{K}_4\,.\,\mathbf{p}_1)\,\mathbf{p}_2 + \mathbf{K}_1\,\mathbf{K}_2\,\mathbf{p}_1\,\mathbf{K}_3\,(\mathbf{K}_4\,.\,\mathbf{p}_2),$$

---

[1]) Diese Umformung von (177) in (184) geht parallel mit der Umformung bei Ricci, 1899, 12, S. 80, von Gleichung (A) in (B) (V_3) und 1905, 7, S. 409 von (β) in (γ) (V_n).

oder:

$$(191)\quad \mathbf{v} \overset{1}{\cdot} \nabla \overset{4}{\mathbf{K}} = \mathbf{p}_1 \mathbf{K}_1 (\mathbf{K}_2 \cdot \mathbf{p}_2) \mathbf{K}_3 \mathbf{K}_4 - \mathbf{K}_1 \mathbf{p}_1 (\mathbf{K}_2 \cdot \mathbf{p}_2) \mathbf{K}_3 \mathbf{K}_4 + \mathbf{K}_1 \mathbf{K}_2 \mathbf{p}_1 \mathbf{K}_3 (\mathbf{K}_4 \cdot \mathbf{p}_2) - \mathbf{K}_1 \mathbf{K}_2 \mathbf{K}_3 \mathbf{p}_1 (\mathbf{K}_4 \cdot \mathbf{p}_2)$$
$$= (\mathbf{p}_1 \mathbf{K}_3 \mathbf{K}_1 \mathbf{K}_2 - \mathbf{K}_3 \mathbf{p}_1 \mathbf{K}_1 \mathbf{K}_2 + \mathbf{K}_1 \mathbf{K}_2 \mathbf{p}_1 \mathbf{K}_3 - \mathbf{K}_1 \mathbf{K}_2 \mathbf{K}_3 \mathbf{p}_1) \mathbf{K}_4 \cdot \mathbf{p}_2,$$

oder:

$$(192)\quad \boxed{\mathbf{v} \overset{1}{\cdot} \nabla \overset{4}{\mathbf{K}} = 2\{(\mathbf{p}_1 \frown \mathbf{K}_3)(\mathbf{K}_1 \frown \mathbf{K}_2) + (\mathbf{K}_1 \frown \mathbf{K}_2)(\mathbf{p}_1 \frown \mathbf{K}_3)\} \mathbf{K}_4 \cdot \mathbf{p}_2},$$

in Koordinaten:

$$(192\text{a})\quad v^\xi \nabla_\xi K_{\varkappa\lambda\mu\nu} = p_{\varkappa}^{\cdot\,\xi} K_{\lambda\mu\nu\xi} - p_{\lambda}^{\cdot\,\xi} K_{\mu\nu\varkappa\xi} + p_{\mu}^{\cdot\,\xi} K_{\varkappa\lambda\nu\xi} - p_{\nu}^{\cdot\,\xi} K_{\varkappa\lambda\mu\xi}\ ^{1)}.$$

Die Gleichung (176) bringt eine Beziehung zwischen $\nabla \mathbf{v}$ und ${}_2\mathbf{p}$, (184) zwischen $\mathbf{v}$ und $\nabla {}_2\mathbf{p}$, (192) zwischen $\mathbf{v}$ und ${}_2\mathbf{p}$.

Die Gleichung (192) ist dann und nur dann identisch erfüllt, sobald $\overset{4}{\mathbf{K}}$ ein Skalar ist.[2]) Sodann können die n bzw. $\frac{1}{2}n(n-1)$ Anfangswerte von v bzw. ${}_2p$ beliebig gewählt werden. Die S_n und nur die S_n gestatten also eine Gruppe mit $n + \frac{1}{2}n(n-1) = \frac{1}{2}n(n+1)$ Parametern.

17. Allgemeine Folgerungen aus den Integrabilitätsbedingungen.

Aus Gleichung (191) folgt durch Überschiebung in der Mitte mit ${}^2\mathbf{g}$:

$$(193)\quad \mathbf{v} \overset{1}{\cdot} \nabla {}^2\mathbf{K} = \mathbf{p}_1 (\mathbf{K}_3 \cdot \mathbf{K}_1) \mathbf{K}_2 (\mathbf{K}_4 \cdot \mathbf{p}_2) - \mathbf{K}_3 (\mathbf{p}_1 \cdot \mathbf{K}_1) \mathbf{K}_2 (\mathbf{K}_4 \cdot \mathbf{p}_2) + \mathbf{K}_1 (\mathbf{K}_2 \cdot \mathbf{p}_1) \mathbf{K}_3 (\mathbf{K}_4 \cdot \mathbf{p}_2) - \mathbf{K}_1 (\mathbf{K}_2 \cdot \mathbf{K}_3) \mathbf{p}_1 (\mathbf{K}_4 \cdot \mathbf{p}_2)$$
$$= -\mathbf{p}_1 {}^2\mathbf{K} \overset{1}{\cdot} \mathbf{p}_2 - {}^2\mathbf{K} \overset{1}{\cdot} \mathbf{p}_2 \mathbf{p}_1,$$

oder:

$$(194)\quad \boxed{\mathbf{v} \overset{1}{\cdot} \nabla {}^2\mathbf{K} = {}^2\mathbf{K} \overset{1}{\cdot} {}_2\mathbf{p} - {}_2\mathbf{p} \overset{1}{\cdot} {}^2\mathbf{K},}$$

in Koordinaten:

$$(194\text{a})\quad v^\xi \nabla_\xi K_{\lambda\mu} = K_{\lambda}^{\cdot\,\mu} p_{\nu\mu} - K^{\nu}_{\cdot\,\mu} p_{\lambda\nu}.$$

Diese Gleichung (194) ist mit (192) gleichwertig, sobald $\overset{4}{\mathbf{K}}$ durch den Tensor ${}^2\mathbf{K}$ vollkommen bestimmt wird, also in einer C_n und in einer V_3 (und natürlich auch in einer V_2, vgl. S. 163).

Die Formeln (192) und (194) gestatten eine einfache geometrische Interpretation. Wenn ein Vektor $\mathbf{w}$ sich ohne Änderung des Betrages bewegt, wird seine Bewegung in jedem Augenblick eine Drehung in bezug auf ein geodätisch mitbewegtes Bezugssystem sein und daher dargestellt werden können durch die Gleichung:

$$(195)\quad d\mathbf{w} = \mathbf{w} \overset{1}{\cdot} {}_2\mathbf{q}\, ds,$$

---

[1]) Killing, 1892, 2, S. 171; Ricci, 1905, 7, S. 489. [2]) Vgl. z. B. Killing, 1892, 2, S. 171 flg.; Tedone, 1899, 14.

wo ${}_2\mathfrak{q} = \mathfrak{q}_1 \mathfrak{q}_2$ der Bivektor der Drehung ist. Die Bewegung eines Vektors $\mathbf{w}$ längs einer Kurve $\mathbf{i}$ erfolgt also nach der Gleichung:

$$(196) \qquad \mathbf{i} \overset{1}{\cdot} \nabla \mathbf{w} = \mathbf{w} \overset{1}{\cdot} {}_2\mathfrak{q}.$$

Wenn der Tensor ${}^2\mathbf{w} = \mathbf{w}\,\mathbf{w}$ sich längs einer Kurve $\mathbf{i}$ ohne Größenänderung bewegt, so wird die Bewegung somit dargestellt durch:

$$(197) \qquad \mathbf{i} \overset{1}{\cdot} \nabla \mathbf{w}\,\mathbf{w} = (\mathbf{i} \overset{1}{\cdot} \nabla \mathbf{w})\,\mathbf{w} + \mathbf{w}\,\mathbf{i} \overset{1}{\cdot} \nabla \mathbf{w} = {}^2\mathbf{w} \overset{1}{\cdot} {}_2\mathfrak{q} - {}_2\mathfrak{q} \overset{1}{\cdot} {}^2\mathbf{w}.$$

Die Gleichung (194) bedeutet also, daß der Tensor ${}^2\mathbf{K}$ längs der Bahnkurven der starren Bewegung eine Drehung mit dem Bivektor $v^{-1}{}_2\mathfrak{p}$ ausführt. In gleicher Weise kann man Gleichung (192) interpretieren, da infolge (196) und unter Berücksichtigung von Abschn. II (140), (141) und (147):

$$(198) \qquad \begin{aligned} \mathbf{i} \overset{1}{\cdot} \nabla \overset{4}{\mathbf{K}} &= \mathbf{i} \overset{1}{\cdot} \nabla \mathbf{K}_1 \mathbf{K}_2 \mathbf{K}_3 \mathbf{K}_4 = \mathbf{K}_1 \overset{1}{\cdot} \mathfrak{q}_1 \mathfrak{q}_2 \mathbf{K}_2 \mathbf{K}_3 \mathbf{K}_4 \\ &+ \mathbf{K}_1 \mathbf{K}_2 \overset{1}{\cdot} \mathfrak{q}_1 \mathfrak{q}_2 \mathbf{K}_3 \mathbf{K}_4 + \mathbf{K}_1 \mathbf{K}_2 \mathbf{K}_3 \overset{1}{\cdot} \mathfrak{q}_1 \mathfrak{q}_2 \mathbf{K}_4 \\ &+ \mathbf{K}_1 \mathbf{K}_2 \mathbf{K}_3 \mathbf{K}_4 \overset{1}{\cdot} \mathfrak{q}_1 \mathfrak{q}_2 = (\mathfrak{q}_1 \mathbf{K}_3 \mathbf{K}_1 \mathbf{K}_2 - \mathbf{K}_3 \mathfrak{q}_1 \mathbf{K}_1 \mathbf{K}_2 \\ &+ \mathbf{K}_1 \mathbf{K}_2 \mathfrak{q}_1 \mathbf{K}_3 - \mathbf{K}_1 \mathbf{K}_2 \mathbf{K}_3 \mathfrak{q}_1)(\mathbf{K}_4 \cdot \mathfrak{q}_2). \end{aligned}$$

Eine Vergleichung mit (191) lehrt, daß auch (192) eine Drehung darstellt. Diese Gleichung stellt also den geometrisch leicht verständlichen Satz dar:

Der Riemann-Christoffelsche Affinor erleidet bei der geodätischen Bewegung längs der Bahnkurven einer starren Bewegung eine Drehung in bezug auf ein geodätisch mitbewegtes Bezugsystem.

Wenn als Orthogonalnetz n zueinander senkrechte Hauptkongruenzen angenommen werden, so entstehen aus (194) die folgenden Gleichungen[1]):

$$(199) \qquad \begin{cases} \text{a)} \quad \mathbf{v} \overset{1}{\cdot} \nabla K_{ii} = 0, \\ \text{b)} \quad (K_{hh} - K_{kk})\{\mathbf{i}_h \mathbf{v} \overset{2}{\cdot} \nabla \mathbf{i}_k - \mathbf{i}_h \mathbf{i}_k \overset{2}{\cdot} {}_2\mathfrak{p}\} = 0. \end{cases}$$

Aus (199a) folgen die aus der geometrischen Interpretation der Sätze (192) und (194) auch ohne weiteres folgenden Sätze:

Wenn eine V_n eine starre Bewegung gestattet, so sind die Hauptkrümmungen bei dieser starren Bewegung konstant.

Wenn eine V_n eine kontinuierliche Transformationsgruppe von starren Bewegungen gestattet, so sind die Hauptkrümmungen bei den Transformationen dieser Gruppe konstant.

Wenn die Gruppe transitiv ist, sind die Hauptkrümmungen Konstanten[2]).

Aus (194) folgt durch nochmalige Überschiebung mit ${}^2\mathbf{g}$ die Gleichung:

$$(200) \qquad \mathbf{v} \overset{1}{\cdot} \nabla K = 0.$$

Diese Gleichung folgt auch durch Summieren aus (199).

---

[1]) Ricci, 1905, 7, S. 490. — [2]) Ricci, 1905, 7, S. 491.

Wenn K_{nn} ungleich allen anderen K_{jj} ist, wenn also die Hauptkongruenz $\mathbf{i}_n$ nicht unbestimmt ist, so folgt aus (199b):

$$\mathbf{i}_h \mathbf{i}_n \overset{2}{\cdot} {}_2\mathbf{p} = \mathbf{i}_h \mathbf{v} \overset{2}{\cdot} \nabla \mathbf{i}_n. \tag{201}$$

Aus dieser Gleichung folgt:

$$\mathbf{i}_n \overset{1}{\cdot} {}_2\mathbf{p} = \mathbf{v} \overset{1}{\cdot} \nabla \mathbf{i}_n \tag{202}$$

oder nach (176)

$$\mathbf{i}_n \overset{1}{\cdot} \nabla \mathbf{v} = \mathbf{v} \overset{1}{\cdot} \nabla \mathbf{i}_n. \tag{203}$$

Wenn nun die starre Bewegung eine Translation ist, etwa $\mathbf{v} = v\,\mathbf{i}$, so folgt aus (203):

$$\mathbf{i}_n \overset{1}{\cdot} \nabla \mathbf{i} = \mathbf{i} \overset{1}{\cdot} \nabla \mathbf{i}_n. \tag{204}$$

Nach Abschn. II (41) ergibt sich aus (204) der Satz:

Der Krümmungsvektor der Kongruenz der Bahnkurven einer Translation in bezug auf eine nicht unbestimmte Hauptkongruenz ist gleich dem Krümmungsvektor dieser Hauptkongruenz in bezug auf die Kongruenz der Bahnkurven der Translation.

Wenn für jedes System von *Hauptrichtungen* $\mathbf{i}$, sobald wenigstens drei Indizes ungleich sind, die Gleichung

$$\mathbf{i}_i \mathbf{i}_j \mathbf{i}_k \mathbf{i}_l \overset{4}{\cdot} \overset{4}{\mathbf{K}} = 0 \tag{205}$$

besteht, so heißt die V_n nach Ricci *regulär*[1]). In diesem Fall gehen die Gleichungen (192) über in:

$$\left\{\begin{array}{l} \mathbf{v} \overset{1}{\cdot} \nabla K_{ijij} = 0, \\ (K_{ijij} - K_{ikik}) \left\{ \sum_l v_l \mathbf{i}_l \overset{1}{\cdot} (\nabla \mathbf{i}_j) \overset{1}{\cdot} \mathbf{i}_k + p_{jk} \right\} = 0. \end{array}\right. \tag{206}$$

Aus der ersten dieser Gleichungen folgen die Sätze:

Wenn eine reguläre V_n eine starre Bewegung gestattet, so sind dabei die K_{ijij} invariant.

Wenn die V_n eine kontinuierliche Transformationsgruppe von starren Bewegungen gestattet, so sind die K_{ijij} bei den Transformationen dieser Gruppe konstant.

Wenn die Gruppe transitiv ist, sind sie Konstanten[1]).

Wenn K_{inin} ungleich allen andern K_{ijij} ist, so folgt in diesem Fall aus der zweiten Gleichung (206) eine ähnliche Darstellung für ${}_2\mathbf{p}$ wie in (201), und es ergeben sich analoge Folgerungen.

Ein Beispiel solcher regulären V_n sind die V_n, für welche

$$\overset{4}{\mathbf{K}} = (\mathbf{p} \frown \mathbf{q})(\mathbf{p} \frown \mathbf{q}) \tag{207}$$

[1]) Ricci, 1905, 7, S. 491.

ist, wo ${}^2\mathbf{p} = \mathbf{p}\mathbf{p}$ und ${}^2\mathbf{q} = \mathbf{q}\mathbf{q}$ zwei Tensoren mit gleichen Hauptrichtungen sind. Wenn die V_n in eine R_{n+1} einzubetten ist, so ist sie nach (12) immer regulär, weil $\overset{4}{\mathbf{K}}$ die Form (207) mit der Nebenbedingung ${}^2\mathbf{p} = {}^2\mathbf{q}$ erhält. Auch eine C_n und eine V_3 sind nach (80) regulär.

18. Der Fall der V_2.

In einer V_2 kann Gleichung (176) geschrieben werden:

$$\nabla \mathbf{v} = {}_2\mathbf{p} = 2 p_2 \mathbf{I}, \tag{208}$$

wo p abkürzend für p_{12} geschrieben ist und

$${}_2\mathbf{I} = \mathbf{i}_1 \frown \mathbf{i}_2 \tag{209}$$

ist. Da $\overset{4}{\mathbf{K}}$ immer die Form hat:

$$\overset{4}{\mathbf{K}} = 2 K_0 (\mathbf{i}_1 \frown \mathbf{i}_2)(\mathbf{i}_1 \frown \mathbf{i}_2), \tag{210}$$

so geht Gleichung (184) nach einmaliger Überschiebung in der Mitte über in

$$- K_0 \mathbf{v} = (\nabla p) \mathbin{\dot{:}} 2\, {}_2\mathbf{I}, \tag{211}$$

oder:

$$K_0 \mathbf{v} \mathbin{\dot{:}} 2\, {}_2\mathbf{I} = \nabla p. \tag{212}$$

Die Integrabilitätsbedingungen dieser Gleichung (212) werden, da (192) hier gleichwertig ist mit (200), erhalten aus (212) und:

$$\mathbf{v} \,.\, \nabla K_0 = 0. \tag{213}$$

Differentiation von (213) ergibt noch die Gleichung:

$$2 p_2 \mathbf{I} \mathbin{\dot{:}} \nabla K_0 - \nabla \nabla K_0 \mathbin{\dot{:}} \mathbf{v} = 0. \tag{214}$$

Im allgemeinen müssen die 2 Größen p und $\mathbf{v}$ den 2 Bedingungen (213) und (214) genügen. Sie werden zu Identitäten, wenn K_0 gleich einer Konstanten ist, also für die S_2, welche, da hier p und $\mathbf{v}$ beliebig gewählt werden können, somit eine transitive Gruppe mit drei Parametern gestatten.

Sei in einer V_2, wenn K_0 keine Konstante ist,

$$\nabla K_0 = \alpha \mathbf{i}_1, \tag{215}$$

so wird (213):

$$\mathbf{v} = v \mathbf{i}_2, \tag{216}$$

und die Gruppe ist also intransitiv, da die Richtung von $\mathbf{v}$ in jedem Punkte schon durch die Richtung von ∇K_0 bestimmt ist.

Aus (214) wird:

$$p \mathbf{i}_2 + v (\nabla \mathbf{i}_1) \mathbin{\dot{:}} \mathbf{i}_2 = 0 \tag{217}$$

oder:

(218) $$\begin{cases} \mathbf{i}_1 \overset{1}{\cdot} (\nabla \mathbf{i}_1) \overset{1}{\cdot} \mathbf{i}_2 = 0, \\ v \mathbf{i}_2 \overset{1}{\cdot} (\nabla \mathbf{i}_2) \overset{1}{\cdot} \mathbf{i}_1 = p, \end{cases}$$

Wenn die V_2 keine S_2 ist, ist also nur eine Transformationsgruppe mit einem Parameter möglich.

In diesen V_2 ist $\mathbf{v} = v\mathbf{i}_2$, wodurch (208) übergeht in (218) und

(219) $$\nabla v = p\mathbf{i}_1.$$

Aus (218) und (219) und (211) folgt:

(220) $$(\mathbf{i}_2 . \nabla) \{\mathbf{i}_2 \overset{1}{\cdot} (\nabla \mathbf{i}_2) \overset{1}{\cdot} \mathbf{i}_1\} = 0.$$

In den V_2, welche eine Transformationsgruppe mit einem Parameter gestatten, kann man also ein Orthogonalnetz derart legen, daß die eine Kongruenz des Netzes aus geodätischen Linien besteht, während die andere Kongruenz aus Kurven konstanter geodätischer Krümmung besteht, längs welcher K_0 nicht variiert.

Diese Flächen sind bekanntlich auf Rotationsflächen abwickelbar. Man hat somit den bekannten Satz[1]) erhalten:

Von den V_2, welche keine S_2 sind, gestatten nur die auf Rotationsflächen abwickelbaren V_2 eine kontinuierliche Transformationsgruppe. Diese Gruppe ist intransitiv und hat einen wesentlichen Parameter.

19. Der Fall der V_3.

In einer V_3 kann Gleichung (176) geschrieben werden:

(221) $$\nabla \mathbf{v} = \nabla \frown \mathbf{v} = {}_2\mathbf{p} = 3\mathbf{p} \overset{1}{\cdot} {}_3\mathbf{J},$$

wo $\mathbf{p}$ abkürzend für $2(p_{23}\mathbf{i}_1 + p_{31}\mathbf{i}_2 + p_{12}\mathbf{i}_3)$ gesetzt ist, und

(222) $${}_3\mathbf{J} = \mathbf{i}_1 \widehat{\mathbf{i}_2} \mathbf{i}_3.$$

ist. Man kann $\mathbf{p}$ den *Rotationsvektor* von $\mathbf{v}$ nennen.

Gleichung (184) geht über in:

(223) $$\mathbf{v} \overset{1}{\cdot} \overset{4}{\mathbf{K}} = \nabla_2 \mathbf{p} = 3(\nabla \mathbf{p}) \overset{1}{\cdot} {}_3\mathbf{J}.$$

Da für einen beliebigen Vektor $\mathbf{q}$ gilt:

(224) $$(\mathbf{q} \overset{1}{\cdot} 3\,{}_3\mathbf{J}) \overset{2}{\cdot} 6\,{}_3\mathbf{J} = -\mathbf{q},$$

so ist (223) gleichwertig mit:

(225) $$\mathbf{v} \overset{1}{\cdot} \overset{4}{\mathbf{K}} \overset{2}{\cdot} 6\,{}_3\mathbf{I} = -\nabla \mathbf{p}.$$

Gleichung (194) geht über in:

(226) $$\mathbf{v} \overset{1}{\cdot} \nabla\, {}^2\mathbf{K} = {}^2\mathbf{K} \overset{1}{\cdot} (\mathbf{p} \overset{1}{\cdot} 3\,{}_3\mathbf{I}) - (\mathbf{p} \overset{1}{\cdot} 3\,{}_3\mathbf{I}) \overset{1}{\cdot} {}^2\mathbf{K}.$$

---

[1]) Z. B. Bianchi, 1899, 2, S. 195 und 321 flg.

Da in einer V_3 nach (80) immer:

(227) $$\overset{4}{\mathbf{K}} = 4(\mathbf{a} \frown \mathbf{L})(\mathbf{a} \frown \mathbf{L})$$

ist, so ist nach (225):

(228) $$-6[\mathbf{L}\mathbf{v}\mathbf{L} - \mathbf{L}\mathbf{L}\mathbf{v} - (\mathbf{v}.\mathbf{L})\mathbf{a}\mathbf{a}\mathbf{L} + (\mathbf{v}.\mathbf{L})\mathbf{a}\mathbf{L}\mathbf{a}] \overset{2}{.} {}_3\mathbf{I} = \nabla\mathbf{p},$$

oder wenn:

(229) $${}_3\mathbf{I} = \mathbf{I}_1\mathbf{I}_2\mathbf{I}_3:$$

(230) $$\begin{aligned} &-6\{\mathbf{L}\mathbf{I}_3(\mathbf{v}.\mathbf{I}_2)(\mathbf{L}.\mathbf{I}_1) - \mathbf{L}\mathbf{I}_3(\mathbf{L}.\mathbf{I}_2)(\mathbf{v}.\mathbf{I}_1) \\ &-(\mathbf{v}.\mathbf{L})\mathbf{I}_2(\mathbf{L}.\mathbf{I}_1)\mathbf{I}_3 + (\mathbf{v}.\mathbf{L})\mathbf{I}_1(\mathbf{L}.\mathbf{I}_2)\mathbf{I}_3\} = \nabla\mathbf{p}, \end{aligned}$$

oder:

(231) $$12\{{}^2\mathbf{L} \overset{1}{.} {}_3\mathbf{I} \overset{1}{.} \mathbf{v} - \mathbf{v} \overset{1}{.} {}^2\mathbf{L} \overset{1}{.} {}_3\mathbf{I}\} = \nabla\mathbf{p}.$$

Also ist $\nabla\mathbf{p}$ alternierend, sobald ${}^2\mathbf{L} \overset{1}{.} {}_3\mathbf{I}$ in den beiden ersten Faktoren alternierend ist, und da, wenn ${}_2\mathbf{q}$ ein beliebiger Bivektor ist, ${}^2\mathbf{L} \overset{1}{.} {}_2\mathbf{q}$ nur alternierend ist, wenn ${}^2\mathbf{L}$ ein Skalar ist, so folgt, daß in einer S_3 und nur in dieser:

(232) $$\nabla\mathbf{p} = \nabla \frown \mathbf{p} = 0.$$

In diesem Fall ist:

(233) $${}^2\mathbf{L} = \frac{1}{4} K_0 \, {}^2\mathbf{g}$$

und somit:

(234) $$\nabla\mathbf{p} = 3[K_0 \, {}_3\mathbf{I} \overset{1}{.} \mathbf{v} + K_0 \mathbf{v} \overset{1}{.} {}_3\mathbf{I}] = 6 K_0 \mathbf{v} \overset{1}{.} {}_3\mathbf{I}.$$

Es ergibt sich somit der Satz:

In einer S_3 und nur in einer S_3 besteht zwischen dem Vektor einer Translation $\mathbf{v}$ *und dem zugehörigen Rotationsvektor* $\mathbf{p}$ *eine Dualität, derart, daß* $\mathbf{p}$ *als Vektor einer starren Bewegung aufgefaßt werden kann, wozu* $2K_0\mathbf{v}$ *als Rotationsvektor gehört*[1]).

Diese Dualität verschwindet, wenn $K_0 = 0$, also in einer R_3.

Aus dem S. 160 bewiesenen Satz folgt, daß eine S_3 und nur eine S_3 eine Gruppe mit 6 Parametern gestattet.

In einer V_3 ist die Gleichung (223) oder die ihr äquivalenten Gleichungen (225) mit der Gleichung (192) gleichwertig. Sobald zwei K_{hh} gleich sind, werden den Bestimmungszahlen von $\mathbf{v}$ und ${}_2\mathbf{p}$ zwei Bedingungen auferlegt; in diesem Fall hängt die Gruppe von 4 Parametern ab. Dieser Fall und einige andere spezielle Fälle sind von Bianchi, Ricci und Rimini untersucht[2])[3]).

---

[1]) Vgl. Ricci, 1899, 12, S. 89. — [2]) Bianchi, 1897, 3; Ricci, 1899, 12; Rimini, 1904, 9. Vgl. auch Davisson, 1900, 3. — [3]) Eine Reihe Untersuchungen über die Gruppen von starren Bewegungen der V_4, sowie über Transformationsgruppen andrer Art, insbesondre konforme Transformationen, in der V_n sind von Fubini unternommen, siehe Fubini, 1902, 6; 1903, 2; 1903, 3; 1903, 4; 1905, 2; 1909, 1. Vgl. auch Lévy, 1878, 5; Boulanger, 1903, 1; Oninescu, 1920, 4; 1920, 5; Amaldi, 1908, 1.

20. Die Mannigfaltigkeiten mit unbestimmten Hauptrichtungen.

Eine besondere Stelle innerhalb der Gesamtheit der verschiedenen Mannigfaltigkeiten nehmen diejenigen ein, in welchen:

$$(235) \qquad {}^2\mathbf{K} = \alpha\, {}^2\mathbf{g}$$

ist, wo $\alpha = \frac{1}{n} K$ ein vom Ort abhängiger Koeffizient ist. Diese Mannigfaltigkeiten haben in jedem Punkte unbestimmte Hauptrichtungen[1]) und sollen durch U_n bezeichnet werden. Da in einer V_3 ${}^2\mathbf{K}$ immer in der Form (142) geschrieben werden kann, so folgt, daß die S_3 und R_3 die einzigen U_3 sind. Für V_n, $n > 3$, gibt es außer den S_n und R_n noch andere U_n. Alle *regulären* U_n sind aber S_n oder R_n.

Aus (146)

$$(146) \qquad \overset{4}{\mathbf{g}} \overset{2}{\cdot} {}^2\mathbf{K}^0 = {}^2\mathbf{K} - {}^2\mathbf{h} \overset{1}{\cdot} {}^2\mathbf{h} + {}^2\mathbf{h}(\mathbf{h}\,.\,\mathbf{h}),$$

folgen, wie Anschreibung der Bestimmungszahlen ergibt, die Sätze:

Wenn eine V_n in einer U_{n+1} eingebettet ist, so sind die Hauptkongruenzen der V_n in den Hauptkrümmungslinien oder Hauptkrümmungsgebieten der V_n enthalten.

Wenn eine U_n in eine U_{n+1} mit gleichem K eingebettet ist, so ist sie eine geodätische U_n oder eine U_n mit dem zweiten Fundamentaltensor vom Range 1, *und jede geodätische V_n oder V_n mit dem zweiten Fundamentaltensor vom Range* 1 *in einer U_{n+1} ist eine U_n mit gleichem K.*

Jede in S_{n+1} gelegene U_n mit gleichem α ist nach § 9 eine S_n. Insbesondere ist jede in R_{n+1} gelegene U_n mit $K = 0$ eine R_n[2]).

Diese Sätze sind Verallgemeinerungen von Sätzen S. 126 und S. 152.

Aus der Bianchischen Identität sind die folgenden Sätze herzuleiten.

Aus (235) folgt, daß $\alpha = \frac{1}{n} K$ immer eine Konstante ist:

In einer U_n ist ${}^2\mathbf{K}$ immer ein konstanter Skalar.

Dieser Satz ist eine Verallgemeinerung des Schurschen Satzes S. 150[3]).

Aus (130) folgt dann, daß

$$(236) \qquad (\mathbf{a}\,.\,\nabla)\overset{4}{\mathbf{K}} \overset{1}{\cdot} \mathbf{a} = 0,$$

oder durch Bildung eines Isomers:

$$(237) \qquad \nabla \overset{1}{\cdot} \overset{4}{\mathbf{K}} = 0.$$

---

[1]) Wegen ihrer Bedeutung in der Relativitätstheorie, wo sie mit den materiefreien Feldern in Beziehung stehen, nennt Kasner die Mannigfaltigkeiten mit ${}^2K = 0$ *Einstein-Mannigfaltigkeiten,* 1921, 4. — [2]) Kasner, 1921, 4 (U_4 in R_5), Serini, 1918, 12 (U_3 in R_4). — [3]) Implizite steht dieser Satz zuerst bei Herglotz, 1916, 7, S. 203.

Da man den Ausdruck rechts nach S. 50 die *Divergenz* von $\overset{4}{\mathbf{K}}$ nennt, so gilt:

In einer U_n verschwindet die Divergenz des Riemann-Christoffelschen Affinors.

Einige Eigenschaften über die konforme Abbildung einer U_n auf eine R_n sind an andrer Stelle bewiesen[1]).

21. Weitere Untersuchungen über spezielle V_n.

Es gibt noch verschiedene Untersuchungen über V_n, welche speziellen Bedingungen genügen, z. B. V_n, deren Hauptkongruenzen V_{n-1}-normal sind, u. a. Wir wollen in dieser Hinsicht hinweisen auf die Untersuchungen von Ricci über V_n, welche Orthogonalnetze von vorgeschriebenen Eigenschaften enthalten[2]), und über V_3 mit geodätischen Hauptkongruenzen[3]), von Bianchi über V_3 mit V_2-normalen Hauptkongruenzen[4]). Derselbe Autor und Bompiani untersuchten auch nach mehreren Seiten die Abbildung zweier V_n aufeinander[5]). Sie gehen oft so weit, bis sie alle verschiedene Formen erhalten haben, welche ds^2 in diesen V_n erhalten kann. Wir wollen aber auf diese interessanten Untersuchungen, in denen der Ricci-Kalkül sehr gute Dienste leistet, nicht näher eingehen und beschränken uns darauf, auf die betreffenden Arbeiten hinzuweisen. Es liegt hier noch ein sehr großes Gebiet für die Forschung vor[6]).

---

1) Schouten-Struik, 1922, 2. — 2) Ricci, 1910, 10; 1910, 11. — 3) Ricci, 1918, 8. — 4) Bianchi, 1916, 2. — 5) Bianchi, 1916, 1; Bompiani, 1918, 2; 1918, 3; 1920, 2. — 6) Vgl. auch Palatini, 1919, 8.

Literaturverzeichnis[1]).

1806 1. Lancret. Mémoire sur les courbes à double courbure. *Mém. présentés à l'institut des sciences, lettres et arts par divers savans, sc. math. et phys.*

1827 1. Gauss, C. F. Allgemeine Flächentheorie (Disquisitiones generales circa superficies curvas). *Ostwalds Klassiker der exakten Wissenschaft* 5, *Leipzig, Engelmann,* 1889, 62 S.

2. Möbius, E. Der baryzentrische Calcul, ein neues Hilfsmittel zur analytischen Geometrie. *Leipzig, J. A. Barth.* 454 S. Ges. Werke I, *Leipzig, Hirzel,* 1885.

1844 1. Grassmann, H. Die lineale Ausdehnungslehre. Ein neuer Zweig der Mathematik. *Ges. Schriften I, Leipzig, Teubner,* 1894, S. 1—139.

1854 1. Riemann, B. Über die Hypothesen, welche der Geometrie zugrunde liegen. *Ges. Werke,* 2. Aufl. (1892), S. 272—287. Als Einzelschrift mit Anmerkungen herausgegeben von H. Weyl. *Berlin, J. Springer,* 1919.

1861 1. Riemann, B. Commentatio mathematica, qua respondere tentatur quaestioni ab III^ma^ Academia Parisiensi propositae, etc. *Ges. Werke,* 2. Aufl. (1892); S. 391—423 (mit Anmerkungen von Dedekind).

1862 1. Grassmann, H. Die Ausdehnungslehre. *Ges. Schriften II, Leipzig, Teubner,* S. 1—511.

1865 1. Beltrami, E. Ricerche di Analisi applicata alla Geometria. *Giornale di matem.* (*Battaglini*) 2, 3. *Opere matem.* I. 107—199.

1866 1. Hamilton, W. R. Elements of Quaternions. *Hamilton, London.*

1867 1. Tait, P. G. An elementary Treatise on Quaternions. *Cambridge, University Press.*

1868 1. Beltrami, E. Sulle teorica generale dei parametri differentiali. *Memorie Accad. Bologna* (2) 8, S. 551—590; *Opere mat.* II, S. 74—118.

2. Beltrami, E. Teoria fondamentale degli spazii di curvatura costante. *Annali di Mat.* (2) 2, S. 232—245; *Opere mat. I,* S. 406—429.

1869 1. Beltrami, E. Zur Theorie des Krümmungsmaßes. *Math. Annalen 1,* S. 575 bis 582; *Opere mat. II,* S. 119—128.

2. Christoffel, E. B., Über die Transformation der homogenen Differentialausdrücke zweiten Grades. *Journal für die reine u. angew. Math.* (*Crelle*) 70, S. 46—70; *Ges. math. Abh. I,* S. 352—377.

3. Christoffel, E. B. Über ein die Transformation homogener Differentialausdrücke zweiten Grades betreffendes Theorem. *Journal für die reine und angew. Math.* (*Crelle*) 70, S. 241—245; *Ges. Math. Abh. I,* S. 378—382.

---

[1]) Eine fast vollständige Bibliographie der ganzen nichteuklidischen und mehrdimensionalen Geometrie bis 1910 findet man in Sommerville 1911, 9. Ein kleine Bibliographie findet sich auch in Schlegel 1900, 9, vgl. auch James 1903, 5.

4. Kronecker, L. Über Systeme von Funktionen mehrerer Variablen. *Monatsber. Acad. Berlin.* 1869, S. 159—193, 688—698. *Werke I*, S. 175—212, 213—226.

5. Lipschitz, R. Untersuchungen in Betreff der ganzen homogenen Funktionen von n Differentialen. *Journal für die reine und angew. Math.* (*Crelle*) 70, S. 71—102 und 72, S. 1—56. Auszug im *Monatsber. Acad. Berlin* 1869, S. 44, 53. Siehe 1870, 2.

1870 1. Lipschitz, R. Entwicklung einiger Eigenschaften der quadratischen Formen von n Differentialen. *Journal für die reine und angew. Math.* (*Crelle*) 71, S. 274—287, 288—295.

2. Lipschitz, R. Siehe 1869, 4.

1871 1. Beltrami, E. Osservazione sulla precedente Memoria del sig. prof. Schlaefli. *Annali di Mat.* (2) 5 (1871—73), S. 194—198, *Opere mat.* II, S. 385—389.

2. Lie, S. Über diejenige Theorie eines Raumes mit beliebig vielen Dimensionen, die der Krümmungstheorie des gewöhnlichen Raumes entspricht. *Göttinger Nachr.* S. 191—209.

3. Lie, S. Zur Theorie eines Raumes von n Dimensionen. *Göttinger Nachr.*, S. 535—551.

4. Schlaefli, L. Nota alla Memoria del sig. Beltrami, Sugli spazi di curvatura costante. *Annali di Mat.* (2) 5 (1871—73), S. 178—193.

1872 1. Klein, F. Vergleichende Betrachtungen über neuere geometrische Forschungen. Programm zum Eintritt in die philosophische Facultät und den Senat der Universität zu Erlangen. *Erlangen*, Deichert. Auch *Math. Annalen* 43 (1893), S. 63—100.

2. Lie, S. Über Complexe, insbesondere Linien- und Kugelcomplexe, mit Anwendung auf die Theorie partieller Differentialgleichungen. *Math. Annalen* 5, S. 145—246.

1873 1. Lipschitz, R. Sätze aus dem Grenzgebiet der Mechanik und der Geometrie. *Math. Annalen* 6, S. 416—436.

2. Souvorof, T. Sur les caractéristiques des systèmes de trois dimensions. *Bull. d. Sciences Math.* 4, S. 180—192 (russisch in Kazan, Zap. Univ. 7 (1871), S. 3—114).

3. Stahl, H. Über die Maßfunktionen der analytischen Geometrie. *Progr. Berlin.*

1874 1. Beez, R. Über das Krümmungsmaß von Mannigfaltigkeiten höherer Ordnung. *Math. Annalen* 7, S. 387—395.

2. Cayley, A. Note in ellustration of certain general theorems obtained by Dr. Lipschitz. *Quarterly Journal of Math.* 12, S. 346—349.

3. Jordan, C. Sur la théorie des courbes dans l'espace à n dimensions. *Comptes Rendus Paris* 79, S. 795—797.

4. Jordan, C. Généralisation du théoreme d'Euler sur la courbure des surfaces. *Comptes Rendus Paris* 79, S. 909—911.

5. Lipschitz, R. Ausdehnung der Theorie der Minimalflächen. *Journal für die reine und angew. Math.* (*Crelle*) 78, S. 1—45. Vgl. *Monatsber. Acad. Berlin* 1872, S. 361—367.

6. Lipschitz, R. Extrait de six mémoires dans le journal de mathématiques de Borchardt. *Bull. d. Sciences Math.* 4, S. 97—110, 142—157, 212—224, 297—307, 308—320.

1875 1. Beez, R. Über conforme Abbildung von Mannigfaltigkeiten höherer Ordnung *Zeitschr. f. Math. u. Phys.* 20, S. 253—270.

2. Beez, R., Zur Theorie des Krümmungsmaßes von Mannigfaltigkeiten höherer Ordnung. *Zeitschr. f. Math. u. Phys.* 20, S. 423—444; 21, S. 373—401 (siehe 1876, 2).

3. Jordan, C. Essai sur la géométrie à n dimensions. *Bull. Soc. math. de France* 3, S. 103—173.

1876 1. Allé, M. Zur Theorie des Gaußschen Krümmungsmaßes. *Sitzungsber. Akad. Wien IIa* 74, S. 9—38.

2. Beez, R. Siehe 1875, 2.

3. Lipschitz, R. Généralisation de la théorie du rayon osculateur d'une surface. *Journal für die reine und angew. Math.* (*Crelle*) 81, S. 295—300; *Comptes Rendus Paris* 82, S. 160—162, 218—220.

4. Lipschitz, R. Beitrag zur Theorie der Krümmung. *Journal für die reine und angew. Math.* (*Crelle*) 81, S. 230—242.

1877 1. d'Ovidio, H. Le funzioni metriche fondamentali negli spazii di quante si vogliano dimensioni e di curvatura costante. *Rendiconti Acad. Lincei* (3) 1, S. 133—193. Auszug in: d'Ovidio, H. Les fonctions métriques fondamentales dans un espace des plusieurs dimensions et de courbure constante. *Math. Annalen* 12, S. 403—418

1878 1. Cayley, A. Note on Mr. Monro's „Flexure of spaces". *Proceedings London Math. Soc.* 9, S. 171—172; *Coll. Papers* 10 (1896), S. 331—332.

2. Fromm, H. Über die Krümmungsverhältnisse einer Kurve im n-fach ausgedehnten homogenen Raume mit verschwindendem Krümmungsmaße. *Diss. Bonn*, 21 S.

3. Lévy, M. Sur les conditions pour qu'une forme quadratique de n différentielles puisse être transformée de façon que ses coefficients perdent une partie ou la totalité des variables qu'ils renferment. *Comptes Rendus Paris* 86, S. 463—466.

4. Lévy, M. Sur la cinématique des figures continues sur les surfaces courbes et en général dans les variétés planes ou courbes. *Comptes Rendus Paris* 86, S. 812—816.

5. Lévy, M. Sur les conditions que doit remplir un espace pour qu'on y puisse déplacer un système invariable a partir de l'une quelconque de ses positions dans une ou plusieurs directions. *Comptes Rendus Paris* 86, S. 875—878.

6. Monro, C. J. On flexure of spaces. *Proceedings London Math. Soc.* 9, S. 171—177.

1879 1. Beez, R. Über das Riemannsche Krümmungsmaß höherer Mannigfaltigkeiten. *Zeitschr. f. Math. u. Phys.* 24, S. 1—17, 65—82.

1880 1. Hoppe, R. Über dreifach gekrümmte Curven und deren Parallelen. *Archiv der Math. u. Phys.* 64, S. 373—385.

2. Hovestadt, H. Beitrag zur Krümmungstheorie. *Programm des Münsterschen Realgymnasiums.* 16 S.

3. Salmon, G. Analytische Geometrie des Raumes. Deutsch bearbeitet von Dr. *W. Fiedler II.*, 3. Aufl. *Leipzig, Teubner.* 686 S.

4. Voss, A. Zur Theorie des Riemannschen Krümmungsmaßes. *Math. Annalen* 16, S. 571—576.

5. Voss, A. Zur Theorie der Transformation quadratischer Differentialausdrücke und der Krümmung höherer Mannigfaltigkeiten. *Math. Annalen* 16, S. 129—178.

1881 1. Craig, Th. On certain metrical properties of surfaces. *Amer. Journ. of Math.* 4, S. 297—320.

2. Haas, A. Versuch einer Darstellung der Geschichte des Krümmungsmaßes. *Diss. Tübingen.*

1882 1. Brunel, C. E. A. Sur les propriétés métriques des courbes gauches dans une espace linéaire à n dimensions. *Math. Annalen* 19, S. 37—56.

2. Lipschitz, R. Untersuchungen über die Bestimmung von Oberflächen mit vorgeschriebenen, die Krümmungsverhältnisse betreffenden Eigenschaften. *Sitzungsberichte Akad. Berlin*, S. 1077—1087; 1883, S. 169—188. Auszug in *Bull d. Sciences Math.* 22_2 (1887), S. 112—120, 234—236.

1883 1. Graefe, E. Vorlesungen über die Theorie der Quaternionen mit Anwendung auf die allgemeine Theorie der Flächen und der Linien doppelter Krümmung. *Leipzig, Teubner*, 164 S.

1884 1. Ricci, G. Principii di una teoria delle forme differenziale quadratiche. *Annali di Mat.* (2) 12, S. 135—168.

1885 1. Brill, A. Bemerkungen über pseudosphärische Mannigfaltigkeiten von drei Dimensionen. *Math. Annalen* 26, S. 300—303.

2. Killing, W. Die nicht-euklidischen Raumformen in analytischer Behandlung. *Leipzig, Teubner*, S. XII + 264.

3. Torelli, G. Un problema sulle espressioni differenziali. *Annali di Mat.* (2) 13, S. 23—38.

1886 1. Grassmann, H. Anwendung der Ausdehnungslehre auf die allgemeine Theorie der Raumkurven und krummen Flächen, I. Teil. *Beilage zum Progr. der latein. Hauptsch. zu Halle a. S.*; 1886, II. Teil, *Ebenda* 1888; III. Teil, *Diss. Halle* 1893.

2. Hoppe, R. Erweiterung einiger Sätze der Flächentheorie auf n Dimensionen. *Archiv der Math. u. Phys.* (2) 3, S. 277—289.

3. Del Pezzo, P. Sugli spazii tangenti ad una superficie o ad una varietà immersa in uno spazio di più dimensioni. *Rendiconti Accad. Napoli* 25, S. 176—180. Auszug von 1807, 6.

4. Ricci, G. Sui parametri e gli invarianti delle forme quadratiche differenziali. *Annali di Mat.* (2) 14, S. 1—11.

5. Ricci, G. Sui sistemi di integrali indipendenti di una equazione lineare ed omogenea a derivate parziali di 1° ordine (e sui sistemi ortogonali). *Rendiconti Accad. Lincei* (4) 2^{II}. S. 119—122, 190—194. Auszug von 1887, 6.

6. Schur, F. Über die Deformation der Räume constanten Riemannschen Krümmungsmaßes. *Math. Annalen* 27, S. 163—172.

7. Schur, F. Über den Zusammenhang der Räume constanten Krümmungsmaßes mit den projectiven Räumen. *Math. Annalen* 27, S. 537—567.

1887 1. Bianchi, L. Sulle superficie d'area minima negli spazî a curvatura constante. *Memorie Accad. Lincei* (4) 4, S. 503—519.

2. Bianchi, L. Sui sistemi di Weingarten negli spazî di curvatura costante. *Memorie Accad. Lincei* (4) 4, S. 221—256.

3. Darboux, G. Leçons sur la théorie générale des surfaces et les applications géométriques du calcul infinitesimal. *Paris, Gauthier Villars*, I (1887), 513 S.; II (1889), 522 S.; III (1894), 512 S.; IV (1896).

4. Padova, E. Sulle espressione invariabili. *Memorie Accad. Lincei* (4) 4, S. 4—17.

5. Ricci, G. Sulla derivazione covariante ad una forma quadratica differenziale. *Rendiconti Accad. Lincei* (4) 3^{I}, S. 15—18.

6. Ricci, G. Sui sistemi di integrali independenti di una equazione lineare ed omogenea a derivate parziali di 1° ordine. *Annali di Mat.* (2) 15, S. 127—159.

7. Schur, F. Über die Deformation eines dreidimensionalen Raumes in einem ebenen vierdimensionalen Raume. *Math. Annalen* 28, S. 343—353.

1888 1. Cesaro, E. Moti rigidi e deformazioni termiche negli spazii curvi. *Rendiconti Accad. Lincei* (4) 4^{II}, S. 376—384.

2. Grassmann, H. Siehe 1886, 1.

3. Hoppe, R. Principien der n-dimensionalen Curventheorie. *Archiv d. Math. u. Phys.* (2) 6, S. 168—185.

4. Lie, S. Theorie der Transformationsgruppen, unter Mitwirkung von F. Engel bearbeitet, 3 Bände. *Leipzig, Teubner.* Erster Abschnitt, X + 632 S.

5. Padova, E. Sulla teoria delle coordinate curvilinee. *Rendiconti Accad. Lincei* (4) 4^{II}, S. 369—376, 454—458.

6. Padova, E. Sull'uso delle coordinate curvilinee in alcuni problemi della teoria matematica della elasticità. *Studi editi della Università di Padova a commemorare l'ottavo Centenario della origine della Università di Bologna,* III, Padova, 30 S.

7. Ricci, G. Sulla classificazione delle forme differenziali quadratiche. *Rendiconti Accad. Lincei* (4) 4^{II}, S. 203—207.

8. Ricci, G. Delle derivazione covarianti e contravarianti e del loro uso nell'Analisi applicata. *Studi editi della Università di Padova a commemorare l'ottavo Centenario della origine della Università di Bologna,* III, Padova, 23 S.

1889 1. Cesaro, E. Formole fondamentali per l'analisi intrinseca delle curve. *Rendiconti Accad. Lincei.* (4) 5^{II}, S. 165—170.

2. Darboux, G. Siehe 1887, 3.

3. Mlodziewski, B. K. Über mehrfach ausgedehnte Mannigfaltigkeiten. *Sciences physico-math. Moscou,* B 8, S. 1—155 (russisch).[1]

4. Padova, E. Sulle deformazioni infinitesimi. *Rendiconti Accad. Lincei* (4) 5^{I}, S. 174—178.

5. Ricci, G. Sopra certi sistemi di funzioni. *Rendiconti Accad. Lincei* (4) 5^{I}, S. 112—118.

6. Ricci, G. Di un punto della teoria delle forme differenziali quadratiche ternarie. *Rendiconti Accad. Lincei* (4) 5^{I}, S. 643—651.

1890 1. Pirondini, G. Sulle linee a tripla curvatura nello spazio euclideo a quattro dimensioni. *Giornale di matem.* (*Battaglini*) 28, S. 219—239.

1891 1. Laurent, H. Traité d'Analyse VII. *Paris, Gauthier-Villars,* 339 S.

2. Mehmke, R. Über zwei, die Krümmung von Kurven und das Gaußsche Krümmungsmaß von Flächen betreffende charakteristische Eigenschaften der linearen Punkt-Transformationen. *Zeitschr. f. Math. u. Physik* 36, S. 206—213.

1892 1. Hoppe, S. Fundamentalaxen der mehrfach gekrümmten Linien. *Archiv der Math. u. Phys.* (2) 11, S. 443—448.

2. Killing, W. Über die Grundlagen der Geometrie. *Journal für die reine und angew. Math.* (*Crelle*) 109, S. 121—186.

3. Kühne, H. Beitrag zur Lehre von der n-fachen Mannigfaltigkeit. *Archiv d. Math. u. Phys.* (2) 11, S. 353—407; auch *Diss. Berlin,* 55 S.

4. Puchta, A. Über die allgemeinsten abwickelbaren Räume, ein Beitrag zur mehrdimensionalen Geometrie. *Sitzungsber. Akad. Wien IIa* 101, S. 355—388.

---

[1] Vgl. dazu *Jahrbuch über die Fortschritte der Mathematik* 23 (1891) S. 863—865.

5. Puchta, A. Erweiterung eines Gaußschen Flächensatzes auf mehrdimensionale Räume. *Mitt. Prager Math.-Ges.*, S. 43—56.

6. Ricci, G. Résumé de quelques travaux sur les systèmes variables des fonctions associés à une forme differentielle quadratique. *Bull. sciences Math.* (2) 16, S. 167—189.

1893 1. Grassmann, H. Siehe 1886, 1.

2. Killing, W. Einführung in die Grundlagen der Geometrie. *Paderborn, Schöning* I, X + 357 S.; II (1898), VI + 361 S.

3. Molenbroek, P. Anwendung der Quaternionen auf Geometrie. *Leiden, Brill*, 257 S.

4. Ricci, G. Di alcune applicazioni del calcole differenziale assoluto alla teoria delle forme differenziale quadratiche binarie e dei sistemi a due variabili. *Atti R. Ist. Veneto* (7) 4, S. 1336—1364.

5. Ricci, G. Dei sistemi di coordinate atti a ridure la espressione del quadrato dell' elemento lineare di una superficie alla forma $ds^2 = (U + V)(du^2 + dv^2)$. *Rendiconti Accad. Lincei* (5) 2^{I}, S. 73—81.

1894 1. Bianchi, L. Sulle superficie a curvatura nulla negli spazi di curvatura costante. *Atti Accad. Torino* 30, S. 743—755.

2. Carvallo, E. Sur les surfaces minima. *Bull. Sciences Math.* (2) 18, S. 12—18.

3. Cesaro, E. Sulla geometria intrinseca degli spazii curvi. *Rendiconti Accad. Napoli* (2) 8, S. 87; *Atti Acad. Napoli* (2) 6, 10 S.

4. Cesaro, E. Teoria intrinseca delle deformazioni infinitesime. *Rendiconti Accad. Napoli* (2) 8, S. 149—154.

5. Cesaro, E. Le formole di Codazzi negli iperspazii. *Rendiconti Accad. Napoli* (2) 8, S. 87—91.

6. Cesaro, E. I numeri di Grassmann in Geometria intrinseca. *Rendiconti Accad. Lincei* (5) 3^{I}, S. 367—371.

7. Cesaro, E. Sulle equazioni dell' elasticità negli iperspazii. *Rendiconti Accad. Lincei* (5) 3^{II}, S. 290—294.

8. Darboux, G. Siehe 1887, 2.

9. Demoulin, A. Mémoire sur l'application d'une méthode vectorielle à l'étude de divers systèmes de droites (complexes, congruences, surfaces réglées), *Bruxelles, Cartaigne*, VII + 118 S.

10. Rath, E. Die Grundformeln der allgemeinen Kurven- und Flächentheorie im nicht-euklidischen Raum. *Diss. Tübingen, Laupp*, 41 S.

11. Ricci, G. Sulla teoria delle linee geodetiche e dei sistemi isotermi di Liouville. *Atti R. Ist. Veneto*, (7) 5 (= 53), S. 643—681.

12. Ricci, G. Sulla teoria intrinseca delle superficie ed in ispecie di quelle di 2° grado. *Atti R. Ist. Veneto.* (7) 5 (= 53), S. 445—488.

13. Stäckel, P. Über Biegungen von n-fach ausgedehnten Mannigfaltigkeiten. *Journal für die reine und angew. Math.* (*Crelle*) 113, S. 102—114.

14. Tannenberg, W. de. Sur les équations de la dynamique. *Comptes Rendus Paris* 118, S. 1092—1094.

15. Tannenberg, W. de. Sur la théorie des formes différentielles quadratiques. *Comptes Rendus Paris.* 119, S. 321—324.

1895 1. Banal, R. Di una classe di superficie a tre dimensioni a curvatura totale nulla. *Atti R. Ist. Veneto.* (7) 6 (= 54), S. 998—1004.

2. Cesaro, E. Le deformazioni infinitesime degli iperspazii. *Rendiconti Accad. Napoli* (3) 1, S. 47—56.

3. Fibbi, C. I sistemi doppiamente infiniti di raggi negli spazii di curvatura costante. *Annali R. Scuola Norm. Pisa* 7, 100 S.

4. Landsberg, G. Zur Theorie der Krümmungen eindimensionaler, in höheren Mannigfaltigkeiten enthaltener Gebilde. *Journal für die reine und angew. Math.* (*Crelle*) 114, S. 338—344.

5. Ricci, G. Dei sistemi di congruenze ortogonali in una varietà qualunque. *Memorie Accad. Lincei* (5) 2, S. 276—322.

6. Ricci, G. Sulla teoria degli iperspazi. *Rendiconti Accad. Lincei* (5) 4^{II}, S. 232—237.

1896 1. Banal, R. Sulla varietà a tre dimensioni con una curvatura nulla e due eguali. *Annali di Mat.* (2) 24, S. 213—240.

2. Bianchi, L. Sulle superficie a curvatura nulla in geometrica ellittica. *Annali di Mat.* (2) 24, S. 93—129.

3. Cotton, E. Sur une généralisation du problème de la représentation conforme aux variétés à trois dimensions. *Comptes Rendus Paris* 125, S. 225—228.

4. Darboux, G. Siehe 1887, 2.

5. Guichard, C. Sur les surfaces minima non-euclidiennes. *Annales Scient. Ecole Norm. Paris* (3) 13, S. 401—414.

6. Levi-Civita, T. Sulle trasformazioni delle equazione dinamiche. *Annali di Mat.* (2) 24, S. 255—300.

7. Lilienthal, R. von. Grundlagen einer Krümmungstheorie der Curvenscharen. *Leipzig, Teubner,* VII + 114 S.

8. Pennacchietti, G., Sui parametri differenziali. *Atti Accad. Gioenia* (*Catania*) (4) 9, Nr. 1, 11 S.

1897 1. Banal, R. Sugli spazii a curvatura costante. *Rendiconti Accad. Linc.* (5) 6^{II}, S. 357—362; (5) 7^{I} (1898), S. 7—15.

2. Berzolari, L. Un' osservazione sull' estensione dei teoremi di Eulero e di Meusnier agli iperspazii. *Rendiconti Accad. Lincei* (5) 6^{II}, S. 283—290.

3. Bianchi, L. Sugli spazî a tre dimensioni che ammettono un gruppo continuo di movimenti. *Memorie Soc. ital. delle Sc.* (3a) 11, S. 267—352.

4. Burali-Forti, C. Introduction à la Géometrie différentielle suivant la méthode de H. Grassmann. *Paris, Gauthier-Villars.* XI + 165 S.

5. Drach, J. Sur les systèmes complètement orthogonaux dans l'espace à n dimensions et sur la réduction des systèmes différentiels les plus généraux. *Comptes Rendus Paris* 125, S. 598—601.

6. Hadamard, J. Sur la courbure dans les espaces à plus de deux dimensions. *Proc. Verb. Soc. Sc. phys. nat. Bordeaux.* S. 85—87.

7. Kommerell, K. Die Krümmung der zweidimensionalen Gebilde im ebenen Raum von vier Dimensionen. *Diss. Tübingen.* 53 S.

8. Landsberg, G. Über den Zusammenhang der Krümmungstheorie der Curven mit der Mechanik starrer Systeme des n-dimensionalen Raumes. *Journal für die reine und angew. Math.* (*Crelle*) 118, S. 163—172.

9. Ricci, G. Sur les systèmes complètement orthogonaux dans un espace quelconque. *Comptes Rendus, Paris* 125, S. 810—811.

10. Ricci, G. Del teorema de Stokes in uno spazio qualunque a tre dimensioni ed in coordinate generali. *Atti R. Ist. Veneto* (7) 8 (= 56) (1896—97), S. 1536—1539.

1898 1. Banal, R. Siehe 1897, 1.

2. Berzolari, L. Sulla curvatura delle varietà tracciate sopra una varietà qualunque. *Atti Accad. Torino* 33 (1897—1898), S. 692—700, 759—778.

3. Berzolari, L. Ancora sull'estensione dei teoremi di Eulero e Meusnier agli iperspazi. *Rendiconti Accad. Lincei* (5) 7^{I}, S. 4—6.

4. Bianchi, L. Sull' applicabilità di due spazî colla medesima curvatura di Riemann costante. *Rendiconti Accad. Lincei* (5) 7^{II}, S. 147—155.

5. Cotton, E. Sur la représentation conforme des variétés à trois dimensions. *Comptes Rendus, Paris* 127, S. 349—351.

6. Darboux, G. Leçons sur les systèmes orthogonaux et les coordinées curvilignes. *Paris, Gauthier-Villars,* VI + 338 S.

7. Piccioli, E. Sulle curve in uno spazio lineare a un numero qualunque di dimensioni. *Giornale di Matem.* (*Battaglini*) 36, S. 271—285.

8. Ricci, G. Sur les groupes continus de mouvements d'une variété quelconque à trois dimensions. *Comptes Rendus Paris* 127, S. 344—346.

9. Ricci, G. Sur les groupes continus de mouvements d'une variété quelconque. *Comptes Rendus Paris* 127, S. 360—361.

10. Ricci, G. Lezioni sulla teoria della superficie. *Verona-Padova, Frat. Drucker,* VIII + 416 S. (Lithographie).

11. Whitehead, A. N. The geodesic geometry of surfaces in non. Euclidean space. *Proceedings London Math. Soc.* 29, S. 275—324.

12. Campbell, J. E. Transformations which leave the lengths of arcs on surfaces unaltered. *Proceedings London Math. Soc.* 29, S. 249—264.

1899 1. Banal, R. Sulla deformibilità delle superficiè a tre dimensioni. *Rendiconti Accad. Lincei* (5) 8^{I}, S. 13—22.

2. Bianchi, L. Vorlesungen über Differentialgeometrie. Autorisierte deutsche Übersetzung von M. Lukat, 1. Auflage[1]), *Leipzig, Teubner,* 659 S.

3. Bianchi, L. Alcune ricerche di geometria non-euclidea. *Annali di Mat.* (3) 2, S. 95—126. Vgl. 1902, 2.

4. Buchholz, A. Ein Beitrag zur Mannigfaltigkeitslehre. Mannigfaltigkeiten, deren Linienelemente auf die Form $ds = f(\Sigma X_k^2)\sqrt{\Sigma dX_k^2}$ gebracht werden können. *Bonn, Fr. Cohen,* VI + 264 S.

5. Cotton, E. Sur les variétés à trois dimensions. *Annales Fac. Sc. Toulouse* (2) 1, S. 385—438; auch *Thèse Paris,* 54 S.

6. Cotton, E. Sur les formes de différentielles invariantes vis-à-vis de certains groupes. *Comptes Rendus Paris* 128, S. 495—497.

7. Drach, J. Coordinées curvilignes orthogonales à n variables (Bericht über eine Abh. dieses Titels für den Prix Bordin). *Comptes Rendus Paris* 129, 1064—1066.

8. Fehr, H. Application de la méthode vectorielle de Grassmann à la géometrie infinitésimale. *Thèse Paris, Carré et Naud,* 94 S.

9. Fubini, G. Sulle deformazioni infinitesime delle superficie negli spazî a curvatura costante, *Rendiconti Accad. Lincei* (5) 8^{I}, S. 246—250.

10. Hessenberg, G. Über die Invarianten linearer quadratischer Differentialformen und ihre Anwendung auf die Deformation der Flächen. *Acta Mathem.* 23, S. 121—170; auch *Diss. Berlin.*

11. Razzaboni, A. Le formole di Frenet in geometria iperbolica e le loro principalii applicazioni. *Bologna, Gamberini e Parmeggiani,* 22 S.

[1]) Zweite Ausgabe XVIII + 721 S. (1910), aber ohne die Kapitel über mehrdimensionale Differentialgeometrie.

12. Ricci, G. Sui gruppi continui di movimenti in una varietà qualunque a tre dimensioni. *Memorie Soc. ital. d. Sc.* (3) 12, S. 69—92.

13. Sommerfeld, A. Geometrischer Beweis des Dupinschen Theorems und seiner Umkehrung. *Jahresber. Deutsch. Math. Ver.* 6, S. 123—128.

14. Tedone, O. Sulla teoria degli spazî a curvatura costante. *Rendiconti R. Ist. Lombardo Milano* (2) 32, S. 592—609.

15. Levi Civita, T. Sulle congruenze di curve. *Rendiconti Accad. Lincei* (5) 8 I, S. 239—246.

1900 1. Dell' Acqua, A. Ricerche sulle congruenze di curve in una varietà qualunque a tre dimensioni. *Atti R. Ist. Veneto* 59 II, S. 245—252.

2. Beljankine, J. Sur le second paramètre de la forme differentielle quadratique. *Bull. Soc. phys. math. Kasan* (2) 10, Nr. 2, S. 181—186; *Bull. Univ. Kiew* 1902, S. 77—82 (russisch).

3. Davisson, S. C. Über die geodätische Linie der Mannigfaltigkeit $ds^2 = dx^2 + \sin^2 x\, dy^2 + dz^2$. *Diss. Tübingen, Laupp,* 22 S.

4. Lovett, E. O. A property of lines in n-dimensional space. *Amer. Journal of Math.* 22, S. 226—230.

5. Lovett, E. O. Note on geometry of four dimensions. *Bull. Amer. Math. Soc.* (2) 7, S. 88—100.

6. Maschke, H. A new method of Determining the Differential Parameters and Invariants of Quadratic Differential Quantics. *Transact. Amer. Math. Soc.* 1, S. 197—204.

7. Rath, E. Zur Theorie der Krümmungen der Kurven im n-dimensionalen nichteuklidischen Raume. *Math. Naturw. Mitt. Württemberg (Böklen)* 2, S. 66—82.

8. Richmond, H. W. On the expansions in powers of arc of the coordinates of points on a curve in Euclidean space of many dimensions. *Quarterly Journal of Math.* 32, S. 315—320.

9. Schlegel, V. Sur le développement et l'état actuel de la géometrie à n dimensions. *L'enseignement mathématique* 2, S. 77—113.

10. Weber, E. v. Vorlesungen über das Pfaffsche Problem und die Theorie der partiellen Differentialgleichungen erster Ordnung. *Leipzig, Teubner.* 622 S.

1901 1. Dell' Acqua, A. Sulla teoria delle congruenze di curve in una varietà qualunque a tre dimensioni. *Annali di Mat.* (3) 6, S. 1—40.

2. Cesaro, E. Vorlesungen über natürliche Geometrie. Autorisierte deutsche Ausgabe von G. Kowalewski. *Leipzig, Teubner,* VIII + 341 S. [Übersetzung von Lezioni di geometria intrinseca, *Napoli, Presso l'autore-editore,* 264 S. (1896).]

3. Hadamard, J. Sur les éléments linéaires à plusieurs dimensions. *Bull. d. sciences Math.* (2) 25, S. 37—40.

4. Kommerell, V. Ein Satz über geodätische Linien. *Archiv der Math. u. Phys.* (3) 1, S. 116—117.

5. Lovett, E. O. Sur la géométrie à n dimensions. *Journal d. Math. pur. et appl. (Liouville)* 7, S. 259—303.

6. Ricci, G. et Levi-Civita, T. Méthodes de calcul différentiel absolu et leurs applications. *Math. Annalen* 54, S. 125—201. Berichtungen S. 608.

7. Servant, M. Sur les formules de Gauß. *Bull. Soc. Math. Fr.* 29, S. 142—145.

1902 1. Bianchi, L. Sui simboli a quattro indice e sulla curvatura di Riemann. *Rendiconti Accad. Lincei* (5) 11 I, S. 3—7.

2. Bianchi, L. Lezioni di geometria differenziale. Seconda edizione, riveduta e considerevolmente aumentata in dua volumi. *Pisa, Enrico Spoerri* I, 524 S. [erste Ausgabe in einem Band, VIII + 541 S., (1894)].

3. Cattaneo, P. Sulle congruenze di linee in uno spazio piano a tre dimensioni. *Atti R. Ist. Veneto* (8) 4 (= 61) (1901—1902), S. 41—50.

4. Enriques, E. Sopra le superficie e le varietà a più dimensioni le cui geodetiche sono rappresentabili con equazioni lineari. *Rendiconti R. Accad. Bologna* (2) 7, S. 52—58.

5. Finzi, A. Le ipersuperficie a tre dimensioni che si possono rappresentare conformemente sullo spazio euclideo. *Atti R. Ist. Veneto* (8) 5 (= 62) (1902—1903), S. 1049—1062.

6. Fubini, G. Sugli spazî che ammettono un gruppo continuo di movimenti. *Annali di Mat.* (3) 8, S. 39—81.

7. Fubini, G. Sugli spazî a quattro dimensioni che ammettono un gruppo continuo di movimenti. *Rendiconti Accad. Lincei* (5) 11^{II}, S. 53—57. Auszug aus 1903, 4.

8. Hardy, H. G. Curves of triple curvature. *Amer. Journ. of Math.* 24, S. 13—38.

9. Hessenberg, G. Über die Gleichung der geodätischen Linien. *Sitzungsber. Berlin. Math. Ges.* 1, S. 55—59.

10. Kühne, H. Simultaninvarianten zweier zueinander kontravarianter Systeme und ihre Anwendung auf die Biegung der Mannigfaltigkeiten. *Math. Annalen* 56, S. 257—264.

11. Kwietniewski, St. Über Flächen des vierdimensionalen Raumes, deren sämtliche Tangentialebenen untereinander gleichwinklig sind, und ihre Beziehung zu den ebenen Kurven. *Diss. Zürich, Speidel,* 51 S.

12. Ricci, G. Formole fondamentali nella teoria generale delle varietà e della loro curvatura. *Rendiconti Accad. Lincei* (5) 11^{I}, S. 355—362.

13. Schoute, P. H. Mehrdimensionale Geometrie. I. Teil: Die linearen Räume. *Leipzig, Göschen,* VIII + 295 S. Sammlung Schubert XXXV.

14. Servant, M. Sur une extension des formules de Gauß. *Bull. Soc. Math. Fr.* 30, S. 92—100.

15. Zindler, K. Über die Torsion der geodätischen Linien durch einen Flächenpunkt. *Arch. d. Math. u. Phys.* (3) 2, S. 137—140.

1903 1. Boulanger, A. Sur les géodésiques des variétés à trois dimensions. *Comptes Rendus Paris* 136, S. 661—664.

2. Fubini, G. Sulla teoria degli spazî che ammettono un gruppo conforme. *Atti Accad. Torino* 38, S. 404—418.

3. Fubini, G. Sugli spazî a quattro dimensioni che ammettono un gruppo continuo di movimenti. *Annali di Mat.* (3) 9, S. 33—90. Vgl. 1902, 7.

4. Fubini, G. Sui gruppi di trasformazioni geodetiche. *Memorie Accad. Torino* (2) 53, S. 261—313.

5. James, G. O. Some differential equations connected with hypersurfaces. *Amer. Journ. of Math.* 25, S. 249—260. *Diss. John Hopkins University, Baltimore,* 25 S.

6. Kühne, H. Die Grundgleichungen einer beliebigen Mannigfaltigkeit. *Arch. d. Math. u. Phys.* (3) 4, S. 300—311.

7. Maschke, H. A symbolic treatment of the theory of invariants of quadratic differential quantics of n variables. *Transact. Amer. Math. Soc.* 4, S. 445—462.

8. Maschke, H. Invariants of differential Quantics. *Chicago, Univ. Press,* 14 S.

9. Ricci, G. Sulle superficie geodetiche in una varietà qualunque e in particolare nelle varietà a tre dimensioni. *Rendiconti Accad. Lincei* (5) 12^{I}, S. 409—420.

10. Dell Acqua, A. Sulle terne ortogonali di congruenze a invarianti costanti. *Rendiconti Accad. Lincei* (5) 12^{I}, S. 153—158.

11. Saurel, P. The conditions for a plait point, *Annals of Mathem.* (2) 5 (1903—04) S. 188—192.

1904 1. Cesaro, E. Sui fondamenti della Geometria intrinseca non-euclidea. *Rendiconti Accad. Linc.* (5) 13^{I}, S. 438—445.

2. Cesaro, E. Geometria intrinseca negli spazî di curvatura costante. *Rendiconti Accad. Lincei* (5) 13^{I}, S. 658—667.

3. Cesaro, E. Nuova teoria intrinseca degli spazî curvi. *Memorie Accad. Lincei* (5) 5, 22 S.

4. Fubini, G. Sulle coppie di superficie applicabili nello spazio ellittico. *Rendiconti Accad. Lincei* (5) 13^{I}, S. 218—226.

5. Fubini, G. Il parallelismo di Clifford negli spazî ellittici. *Annali R. Scuola Norm. Pisa* 9, 37 S.

6. Genty, E.. Note de Géométrie vectorielle sur les systèmes orthogonaux. *Bul. soc. math. France* 32, S. 211—228.

7. Kühne, H. Über die Krümmung einer beliebigen Mannigfaltigkeit. *Arch. d. Math. u. Phys.* (3) 6, S. 251—260.

8. Ricci, G. Direzioni e invarianti principali di una varietà qualunque. *Atti R. Ist. Veneto* (8) 6 (= 63), S. 1233—1239.

9. Rimini, G. Sugli spazî a tre dimensioni che ammettono un gruppo a quattro parametri di movimenti. *Annali R. Scuola Norm. Pisa* 9, 57 S.

10. Wildervanck, J. C. De verschillende krommingen eener gewrongen kromme der vierdimensionale ruimte. *Diss. Groningen, Gebr. Hoytsema,* 56 S.

1905 1. Bianchi, L. Sulle varietà a tre dimensioni deformabili entro lo spazio euclideo a quattro dimensioni. *Memorie Soc. ital. delle Sc.* (3) 13, S. 261—323.

2. Fubini, G. Sulla teoria delle ipersfere e dei gruppi conformi in una metrica qualunque. *Rendiconti Ist. Lombardo Milano* (2) 38, S. 178—192.

3. Fubini, G. Sulle coppie di varietà geodeticamente applicabile. *Rendiconti Accad. Lincei* (5) 14^{I}, S. 678—683; 14^{II}, S. 315—322.

4. Kommerell, K. Riemannsche Flächen im ebenen Raum von vier Dimensionen. *Math. Annalen* 60, S. 546—596; auch: *Programm* Nr. 707 *Karlsgymnasium Heilbronn,* 49 S.

5. Levi, E. E. Sui gruppi di movimenti. *Rendiconti Accad. Lincei* (5) 14^{I}, S. 496—505.

6. Rath, (E.). Anwendung der Grassmannschen Ausdehnungslehre auf n-fache Orthogonalsysteme. *Arch. d. Math. u. Phys.* (3) 9, S. 196—202.

7. Ricci, G. Sui gruppi continui di movimenti rigidi negli iperspazii. *Rendiconti Accad. Lincei* (5) 14^{II}, S. 487—491.

8. Guichard, C. Sur les systèmes triplement indéterminés et sur les systèmes triple-orthogonaux. *Paris, Gauthier-Villars,* 96 S. („Scientia“ Nr. 25).

1906 1. Eisenhart, L. P. Differential geometry of n-dimensional space. *Bull. Amer. Math. Soc.* 13, S. 23—29. Besprechung von 1905, 8.

2. Maschke, H. Differential parameters of the first order. *Transact. Amer. Math. Soc.* 7, S. 69—80.

3. Maschke, H. The Kronecker-Gaussian curvature of Hyper-Space. *Transact. Amer. Math. Soc.* 7, S. 81—93.

4. Smith, A. W. The symbolic treatment of differential geometry. *Transact. Amer. Math. Soc.* 7, S. 33—60.

5. Waelsch, E. Über mehrfache Vektoren und ihre Produkte sowie deren Anwendung in der Elastizitätstheorie. *Monatsh. f. Math. u. Phys.* 17, S. 241—280.

6. Żorawski, K. Über Krümmungseigenschaften der Scharen von Linienelementen. *Prace matem.-fizycne (Warschau)* 17, S. 41—76.

1907 1. Lüroth, J. Zur Transformation der Koordinaten in Räumen konstanter Krümmung. *Rendiconti Circ. Mat. Palermo* 23, S. 163—168.

2. Segre, C. Su una classe di superficie degli iperspazî legata colle equazioni lineari alle derivate parziali di 2° ordine. *Atti Accad. Torino* 42, S. 559—591.

1908 1. Amaldi, G. Sui principali resultati ottenuti nella teoria dei gruppi continui dopo la morte di Sophus Lie (1898—1907). *Annali di Mat.* (3) 15, S. 293—328.

2. Arndt, B. Über die Verallgemeinerung des Krümmungsbegriffs für Raumkurven. *Diss. Königsberg*, 117 S.; Auszug: *Monatsh. f. Math. u. Phys.* 20 (1909), S. 347—357.

3. Drach, J. Sur les systèmes complètement orthogonaux de l'espace euclidien à n dimensions. *Bull. soc. math. France* 36, S. 85—126.

4. Levi, E. E. Saggio sulla teoria delle superficie a due dimensioni immerse in un iperspazio. *Annali R. Scuola Norm. Pisa* 10, 99 S.; auch *Diss. Pisa*, 1905.

5. Razzaboni, A. Sulle curve a doppia curvatura in geometria ellitica, *Memorie Accad. Bologna* (6) 5, S. 225—240.

6. Sbrana, U. Sulla deformazione infinitesima delle ipersuperficie. *Annali di Mat.* (3) 15, S. 329—348.

7. Weitzenböck, (R). Komplex-Symbolik. Eine Einführung in die analytische Geometrie mehrdimensionaler Räume. *Leipzig, Göschen*, VI + 191 S. *Sammlung Schubert* LVII.

8. Wright, J. E. Invariants of quadratic differential forms. *Cambridge Tracts* 9, 90 S.

1909 1. Fubini, G. Sulle rappresentazioni che conservano le ipersfere. *Annali di Mat.* (3) 16, S. 141—160.

2. Klein, F. Elementarmathematik vom höheren Standpunkte aus. Teil II. Geometrie. *Leipzig, Teubner* (2. Aufl. 1913). VIII + 515 S.

3. Mac Mahon, J. On the use of n-fold Riemann spaces in applied Mathematics. *Bull. Amer. Math. Soc.* (2) 15, S. 486—492.

4. Sbrana, U. Sulle varietà ad n—1 dimensioni deformabili nello spazio euclideo ad n dimensioni. *Rendiconti Circ. Mat. Palermo* 27, S. 1—45.

5. Wright, J. E. An extension of certain integrability conditions. *Bull. Amer. Math. Soc.* (2) 16, S. 6—9.

1910 1. Bates, W. H. The medium curvature of R_n in S_{n+1}. *Bull. Amer. Math. Soc.* (2) 16, S. 299—300.

2. **Bates**, W. H. On the medium of curvature of a hypersurface (second paper). *Bull. Amer. Math. Soc.* (2) 16, S. 463.

3. **Burali-Forti**, C. et **Marcolongo**, R. Elements de calcul vectoriel. Traduit par *S. Lattés, Paris, Hermann et Fils*, 229 S.

4. **Eiesland**, J. On minimal lines and surfaces in four-dimensional space. *Bull. Amer. Math. Soc.* (2) 17, S. 75.

5. **Eisenhart**, L. P. Minimal surface in plane four space. *Bull. Amer. Math. Soc.* (2) 18, S. 60.

6. **Hatzidakis**, N. Zum Aufsatze „Ausdehnung der Frenetschen Formeln und verwandter auf den R_n" von Herrn W. Fr. Meyer. *Jahresber. Deutsch. Math. Ver.* 19, S. 267—269.

7. **Ingold**, L. Vector-interpretations of symbolic differential parameters. *Transact. Amer. Math. Soc.* 11, S. 449—474.

8. **Meyer**, W. F. Ausdehnung der Frenetschen Formeln und verwandter auf den R_n. *Jahresber. Deutsch. Math. Ver.* 19, S. 160—169.

9. **Rath**, E. Die Frenetschen Formeln im R_n. *Jahresber. Deutsch. Math. Ver.* 19, S. 269—272.

10. **Ricci**, G. Sulla determinazione di varietà, dotate di proprietà intrinseche date a priori. *Rendiconti Accad. Lincei* (5) 19^{I}, S. 181—187; 19^{II}, S. 85—90.

11. **Ricci**, G. Sulla determinazione di varietà che godono di proprietà intrinseche prestabilite. *Atti Soc. ital. progr. sc.* 3, S. 477—480.

12. **Sommerfeld**, A. Zur Relativitätstheorie. *Annalen der Physik* 32, S. 749 bis 776; 33, S. 649—689.

13. **Meyer**, W. Fr. Über kürzeste Abstände und einen verallgemeinerten Krümmungsbegriff in der Theorie der Raumkurven und Flächen. *Journal für die reine u. angew. Math. (Crelle)* 139, S. 106—117.

14. **Bates**, W. H. Note on the generalisation of the formulae of Gauss and Codazzi. *Proceedings Amer. Math. Soc.* (2) 16, S. 463.

1911 1. **Bates**, W. H. An application of symbolic methods to the treatment of mean curvatures in hyperspace. *Transact. Amer. Math. Soc.* 12, S. 19—38; auch *Diss. Chicago* 1910. Vergl. *Bull. Amer. Math. Soc.* (2) 17, S. 280.

2. **Löwenherz**, A. Über die Frenetschen Formeln des R_n. *Diss. Königsberg*, 74 S.

3. **Meyer**, W. F. Über die Theorie benachbarter Geraden und einen verallgemeinerten Krümmungsbegriff. *Leipzig, Teubner*, 152 S.

4. **Moore**, C. L. E. Conjugate directions on a hypersurface in a space of four dimensions and some allied curves. *Annals of Math.* (2) 13, S. 89—102; vergl. *Bull. Amer. Math. Soc.* (2) 17, S. 286.

5. **Kowalewski**, G. Zur Differentialgeometrie der projektiven Gruppe einer Mannigfaltigkeit zweiten Grades. *Sitzungsber. Akad. Wien IIa* 120, S. 531 bis 542.

6. **Pick**, G. Sur les notions: droites parallèles et translation, et sur la géométrie différentielle dans l'espace non-euclidien. *Comptes Rendus Paris* 153, S. 1447—1449.

7. **Sisam**, Ch. H. On three-spreads satisfying four or more homogenous linear partial differential equations of the second order. *Amer. Journal of Math.* 33, S. 97—128.

8. **Sommerfeld**, A. und **Runge**, C. Anwendung der Vektorrechnung auf die Grundlagen der geometrischen Optik. *Annalen der Physik* 35, S. 277—298.

9. Sommerville, D. M. Y. Bibliography of Non-Euclidean Geometry, including The Theory of Parallels, the Foundations of Geometry and Space of n Dimensions. *Harrison & Sons, London,* for the *University of St. Andrews, Scotland,* XII + 403 S.

1912 1. Artom, E. Richerche proiettive sulle linee tracciate in una superficie immersa in uno spazio a più dimensioni. *Periodico di Matematica* (3) 10, S. 59—71.

2. Blaess, V. Über die Lage des Rotors eines flächennormalen Vektors. *Jahresber. Deutsch. Math. Ver.* 21, S. 192—194.

3. Burali-Forti, C. et Marcolongo, R. Analyse vectorielle générale. I: Transformations linéaires. Traduit de l'italien par P. Baridon. *Pavie, Mattei & Co.* XIX + 179 S.

4. Eisenhart, L. P. Minimal surfaces in Euclidean four space. *Amer. Journ. of Math.* (4) 34, S. 215—236.

5. Guichard, C. Etude des propriétés métriques des courbes dans un espace d'ordre quelconque. *Bull. d. Sciences Math.* (2) 36, S. 25—30, 34—72.

6. Lipke, J. Natural families of curves in a general curved space of n dimensions. *Transact. Amer. Math. Soc.* 13, S. 77—95; auch *Diss. Univers. Columbia*; vergl. *Bull. Amer. Math. Soc.* (2) 17, S. 287.

7. Moore, C. L. E. Surfaces in hyperspace which have a tangent line with three-point contact passing through each point. *Bull. Amer. Math. Soc.* (2) 18, S. 217, S. 284—290.

8. Pieri, M. Sulla rappresentazione vettoriale delle congruenze di raggi. *Rendiconti Circ. Mat. Palermo* 33, S. 217—246.

9. Rothe, R. Anwendungen der Vektoranalysis auf Differentialgeometrie. *Jahresber. Deutsch. Math. Ver.* 21, S. 249—274.

10. Stransky, E. Zur Infinitesimalgeometrie der Kurven im elliptischen Raume. *Sitzungsber. Akad. Wien IIa* 121, S. 813—827.

11. Salkowski, E. Zur Theorie der Kurven im elliptischen Raum. *Jahresber. Deutsch. Math. Ver.* 21, S. 27—52.

12. Tonolo, A. Una generalizzazione della teoria del tiedro mobile. *Atti R. Ist. Veneto* (8) 14 (= 71), S. 1075—1087.

1913 1. Bompiani, E. Sopra alcune estensioni dei teoremi di Meusnier e di Eulero. *Atti Accad. Torino* 48, S. 393—410.

2. Einstein, A. und Grossmann, M. Entwurf einer verallgemeinerten Relativitätstheorie und einer Theorie der Gravitation. *Leipzig, Teubner.* 38 S.; auch *Zeitschr. f. Math. u. Phys.* 62 (1914), S. 225—261. Vgl. auch *Vierteljahrsschrift d. naturf. Gesellsch. Zürich* 58, S. 284—297.

3. Gibbs, J. W. — Wilson, E. B. Vector-Analysis. *New Haven, Yale University Press.* 436 S.

4. Knoblauch, J. Grundlagen der Differentialgeometrie. *Leipzig, Teubner,* IV + 634 S.

5. Shaw, J. B. On differential invariants. *Amer. Journ. of Math.* 35, S. 394—406.

1914 1. Beggi, E. Sulla deformazione delle ipersuperficie negli spazî euclidei ad n dimensioni. *Periodico di Matematica* (3) 29, S. 211—221.

2. Bompiani, E. Forma geometrica delle condizioni per la deformabilità delle ipersuperficie. *Rendiconti Accad. Lincei* (5) 23^{I}, S. 126—131.

3. Moore, C. L. E. Note on normal sections of a surface in a space of n dimensions. *Annals of Math.* (2) 16, S. 89—96.

4. Schouten, J. A. Zur Klassifizierung der assoziativen Zahlensysteme. *Math. Annalen* 76, S. 1—66; 78 (1917), S. 218—220.

5. Schouten, J. A. Grundlagen der Vektor- und Affinoranalysis. *Leipzig-Berlin, Teubner,* VIII + 266 S.

1915 1. Bompiani, E. Sur l'élément linéaire des hypersurfaces. *Comptes Rendus Paris* 160, S. 760—763.

2. Goursat, E. Cours d'Analyse mathématique. Deuxième Edition. Tome III. *Paris, Gauthier-Villars,* 667 S.

1916 1. Bianchi, L. Sulle rappresentazioni normali uniformi degli spazî a curvature costante. *Rendiconti Accad. Lincei* (5) 25 I, S. 127—137.

2. Bianchi, L. Sugli spazî normali a tre dimensioni colle curvature principali costanti. *Rendiconti Accad. Lincei* (5) 25 I, S. 59—68.

3. Bompiani, E. Analisi metrica delle quasi-asintotiche sulle superficie degli iperspazî. *Rendiconti Accad. Lincei* (5) 25 I, S. 493—497, 576—578.

4. Bompiani, E. Basi analitiche per una teoria delle deformazioni delle superficie di specie superiore. *Rendiconti Accad. Lincei* (5) 25 I, S. 627—635.

5. Cartan, E. La déformation des hypersurfaces déformables dans un espace euclidien reel à n dimensions. *Bull. Soc. Math. France* 44, S. 65—99.

6. Einstein, A. Die Grundlage der allgemeinen Relativitätstheorie. *Leipzig, J. A. Barth,* 64 S.

7. Herglotz, G. Zur Einsteinschen Gravitationstheorie. *Sitzungsber. sächs. Gesellsch. Wiss. Leipzig* 68, S. 199—203.

8. Spielrein, J. Lehrbuch der Vektorrechnung nach den Bedürfnissen in der technischen Mechanik und Elektrizitätslehre. *Stuttgart, Konrad Wittmer,* XIV + 386 S.

1917 1. Bompiani, E. Sur les hypersurfaces déformables dans un espace reel à n (>3) dimensions. *Comptes Rendus Paris* 164, S. 508—510.

2. Hessenberg, G. Vektorielle Begründung der Differentialgeometrie. *Math. Annalen* 78, S. 187—217.

3. Jung, F. Die Feldabteilung in allgemeinen Koordinaten. *Sitzungsber. Akad. Wien IIa* 126, S. 1437—1488.

4. Kretschmann, E. Über den physikalischen Sinn der Relativitätspostulate. *Annalen der Physik* 53, S. 575—614.

5. Levi-Civita, T. Sulle espressione analitica spettante al tensore gravitazionale nella teoria di Einstein. *Rendiconti Accad. Lincei* (5) 26 I, S. 381—394.

6. Levi-Civita, T. Nozione di parallelismo in una varietà qualunque e conseguente specificazione geometrica della curvatura Riemanniana. *Rendiconti Circ. Mat. Palermo* 42, S. 173—205.

7. Schouten, J. A. Over de direkte analyses der lineaire grootheden bij de rotationeele groep in drie en vier grondvariablen, *Versl. Kon. Akad. Wet. Amsterdam* 26, S. 566—580.

Englisch. On the direct analysis of the linear quantities belonging to the rotational group in three and four fundamental variables. *Proc. Kon. Akad. Wet. Amsterdam.* 21 (1918), S. 327—341.

8. Severi, F. Sulla curvatura delle superficie e varietà. *Rendiconti Circ. Mat. Palermo* 42, S. 227—259.

9. Vermeil, H. Notiz über das mittlere Krümmungsmaß einer n-fach ausgedehnten Riemannschen Mannigfaltigkeit. *Göttinger Nachr.* S. 334—344.

1918. 1. Bianchi, L. Lezioni sulla teoria dei gruppi continui finiti di trasformazioni. *Pisa, Enrico Spoerri* VI + 590 S.

2. Bompiani, E. Nuovi criterî per l'isometria di due superficie o varietà. *Rendiconti Accad. Lincei* (5) 27^{I}, S. 230—234.

3. Bompiani, E. Le transformazioni puntuali di una varietà che conservano le superficie a curvatura nulla. *Rendiconti Accad. Lincei* (5) 27^{I}, S. 278—282.

4. Cisotti, U. Derivazione intrinseca nel calcolo differenziale assoluto. *Rendiconti Accad. Lincei* (5) 27^{I}, S. 387—391; 27^{II}, S. 22—24.

5. Finsler, P. Über Kurven und Flächen in allgemeinen Räumen. *Diss. Göttingen*, 121 S.

6. Fokker, A. D. Over hetgeen in niet-euklidische ruimten beantwoordt aan eene verplaatsing evenwijdig aan zichzelf en over de Riemanniaansche kromtemaat. *Versl. Kon. Akad. Wet. Amsterdam* 27, S. 363—376. Vgl. auch *Wiskundig Tijdschrift* 14 (1917—1918) S. 249—257.

Englisch: On the equivalent of parallel translation in non-euclidean space and on Riemanns measure of curvature. *Proc. Kon. Akad. Amsterdam* 21, S. 505.

7. Jung, F. Zur Ableitung der Schwerefeldgleichungen. *Physikalische Zeitschr.* 19, S. 61—66.

8. Ricci, G. Sulle varietà a tre dimensioni dotate di terne principali di congruenze geodetiche. *Rendiconti Accad. Lincei* (5) 27^{I}, S. 21—28, 75—87.

9. Ricci, G. Delle varietà a tre dimensioni con terne ortogonali di congruenze a rotazione costanti. *Rendiconti Accad. Lincei* (5) 27^{II}, S. 36—44.

10. Schouten, J. A. Die direkte Analysis zur neueren Relativitätstheorie. *Verhand. Kon. Akad. Wet. Amsterdam* 12, Nr. 6, 95 S.

11. Schouten, J. A. Over het aantal graden van vrijheid van het geodetisch meebewegende assenstelsel en de omvattende euklidische ruimte met het geringste aantal afmetingen. *Versl. Kon. Akad. Wet. Amsterdam* 27, S. 16—22.

Englisch: On the number of degrees of freedom of the geodetically moving systems and the enclosing euclidean space with the least possible number of dimensions. *Proc. Kon. Akad. Wet. Amsterdam*, 21, S. 607.

12. Serini, R. Euclideità dello spazio completamente vuoto nella relatività generale di Einstein. *Rendiconti Accad. Lincei* (5) 27^{I}, S. 235—238.

13. Vermeil, H. Bestimmung einer quadratischen Differentialform aus den Riemannschen und den Christoffelschen Differentialinvarianten mit Hilfe von Normalkoordinaten. *Math. Annalen* 79, S. 289—312.

14. Weyl, H. Reine Infinitesimalgeometrie. *Math. Zeitschr.* 2, S. 384—411.

15. Weyl, H. Gravitation und Elektrizität. *Sitzungsberichte Akad. Berlin*, S. 465—480.

1919 1. Blaschke, W. Über Affingeometrie XXV. Raumkurven und Schiebflächen. *Ber. sächs. Akad. Wiss. Leipzig* 71, S. 20—34.

2. Boggio, T. Geometria assoluta degli spazî curvi. *Rendiconti Accad. Lincei* (5) 28^{I}, S. 58—62, 169—174.

3. Carpanese, A. Parallelismo e curvatura in una varietà qualunque. *Annali di Mat.* (3) 28, S. 147—168.

4. Fubini, G. Fondamenti di geometria proiettivo-differenziale. *Rendiconti Circ. Mat. Palermo* 43, S. 1—46.

5. Jung, F. Schwerefeld und Krümmung. *Physikalische Zeitschr.* 20, S. 274—280.

6. König, R. Über affine Geometrie XXIV: Ein Beitrag zu ihrer Grundlegung. *Berl. Sächs. Gesellsch. Wiss. Leipzig*, 71, S. 1—19.

7. Palatini, A. Sui fondamenti del calcolo differenziale assoluto. *Rendiconti Circ. Mat. Palermo* 43, S. 192—202.

8. Palatini, A. Spazî a tre dimensioni con una curvatura nulla e le altre due eguali ed opposte. *Rendiconti Accad. Lincei* (5) 28^{II}, S. 334—337.

9. Pérès, J. Le parallélisme de M. Levi-Civita et la courbure riemannienne *Rendiconti Accad. Lincei* (5a) 28^{I}, S. 425—428.

10. Schouten, J. A. en Struik, D. J. Over n-voudig orthogonale stelsels van $(n-1)$-dimensionale uitgebreidheden in een algemeene uitgebreidheid van n afmetingen. *Versl. Kon. Akad. Wet. Amsterdam* 28, S. 201—212, 425—463.
Englisch: On n-tuple orthogonal systems of $(n-1)$-dimensional manifolds in a general manifold of n dimensions. *Proc. Kon. Akad. Wet. Amsterdam* 22, S. 596—605, 684—695.

11. Schouten, J. A. Over reeksontwikkelingen van ko- en kontravariante grootheden van hoogeren graad bij de lineaire homogene groep. *Versl. Kon. Akad. Wet. Amsterdam* 27, S. 1277—1292.
Englisch: On expansions in series of covariant and contravariant quantities of higher degree under the linear homogenous group. *Proc. Kon. Akad. Wet. Amsterdam* 22, S. 251—266.

12. König, R. Beiträge zu einer allgemeinen linearen Mannigfaltigkeitslehre. *Jahresber. Deutsche Math. Ver.* 28, S. 213—228.

13. Cartan, E. Sur les variétés à trois dimensions. *Comptes Rendus Paris* 167, S. 357—360.

14. Cartan, E. Sur les variétés développables à trois dimensions. *Comptes Rendus Paris* 167, S. 426—428.

15. Cartan, E. Sur les variétés de Beltrami à trois dimensions. *Comptes Rendus Paris* 167, S. 482—484.

16. Cartan, E. Sur les variétés de Riemann à trois dimensions. *Comptes Rendus Paris* 167, S. 550—551.

1920 1. Blaschke, W. Frenets Formeln für den Raum von Riemann. *Mathem. Zeitschr.* 6, S. 94—99.

2. Bompiani, E. Le trasformazioni puntuali fra varietà che conservano il parallelismo di Levi-Civita. *Rendiconti Accad. Lincei* (5) 29^{I}, S. 347—351.

3. Lang, H. Zur Tensorgeometrie in der allgemeinen Relativitätstheorie, *Annalen der Physik* 63, S. 32—68.

4. Oninescu, O. Sulle varietà che ammettono una traslazione infinitesima. *Rendiconti Accad. Lincei* (5) 29^{I}, S. 351—356.

5. Oninescu, O. Spazî che ammettono una traslazione infinitesima lungo le linee di lunghezza nulla. *Rendiconti Accad. Lincei* (5) 29^{II}, S. 294—297.

6. Pérès, J. A propos de la notion de parallélisme dans une variété quelconque. *Rendiconti Accad. Lincei* (5) 29^{I}, S. 134—138.

7. Schouten, J. A. Die Zahlensysteme der geometrischen Größen. *Nieuw Archief voor Wiskunde* (2) 13, S. 141—156.

1921 1. Bach, R. Zur Weylschen Relativitätstheorie und der Weylschen Erweiterung des Krümmungstensorbegriffs. *Mathem. Zeitschr.* 9, S. 110—135.

2. Eddington, A. S. A Generalisation of Weyls Theory of the Electromagnetic and Gravitational Fields. *Proc. Royal Soc. A.* 99, S. 104—122.

3. Finzi, A. Sulla representabilità conforme di due varietà ad n dimensioni l' una sull' altra. Atti R. Ist. Veneto 80II, S. 777–789.

4. Kasner, E. Einsteins Theory of Gravitation. Determination of the Field by Light Signals. *Amer. Journal of Math.* 43, S. 20—28.

5. Kasner, E. The Impossibility of Einstein Fields Immersed in Flat Space of Five Dimensions. *Amer. Journal of Math.* 43, S. 126—129.

6. Laue, M. v. Die Relativitätstheorie. II. Die allgemeine Relativitätstheorie und Einsteins Lehre von der Schwerkraft. *Braunschweig, Vieweg & Sohn,* XII + 276 S.

7. Schouten, J. A. Über die konforme Abbildung n-dimensionaler Mannigfaltigkeiten mit quadratischer Maßbestimmung auf eine Mannigfaltigkeit mit euklidischer Maßbestimmung. *Mathem. Zeitschr.* 11, S. 58—88.

8. Schouten, J. A. und Struik, D. J. Über das Theorem von Malus-Dupin und einige verwandte Theoreme in einer n-dimensionalen Mannigfaltigkeit mit beliebiger quadratischer Maßbestimmung. *Rendiconti Circ. Mat. Palermo* 45, S. 313—331.

9. Schouten, J. A. and Struik, D. J. On Curvature and Invariants of Deformation of a V_m in V_n. *Proc. Kon. Akad. Wet Amsterdam,* 24, S. 146–161.

10. Struik, D. J. Over uitgebreidheden met louter navelpunten. *Handelingen van het* 18° *Ned. Nat. en Gen. Kongres, Utrecht. Haarlem, Kleynenberg,* S. 88—89.

11. Weatherburn, C. E. Vector algebra in general relativity. *The Tôhoku Math. Journal* 19, S. 89—104.

12. Weyl, H. Raum-Zeit-Materie. 4. Auflage. *Berlin, Julius Springer,* IX + 300 S. (1. Auflage 1918).

13. Juvet, Les formules de Frenet pour un espace de M. Weyl. *Comptes Rendus Paris* 172, S. 1647—1650.

14. Weitzenböck, R. Zur Tensoralgebra. *Mathem. Zetschrift* 10, S. 80—87.

1922 1. Schouten, J. A. und Struik, D. J. Über Krümmungseigenschaften einer m-dimensionalen Mannigfaltigkeit, die in einer n-dimensionalen Mannigfaltigkeit mit beliebiger quadratischer Maßbestimmung eingebettet ist. *Rendiconti Circ. Mat. Palermo* 46, S. 165—184.

2. Schouten, J. A. Über die verschiedenen Arten der Übertragung in einer n-dimensionalen Mannigfaltigkeit, die einer Differentialgeometrie zugrunde gelegt werden kann. *Mathem. Zeitschr.* 13, S. 56—81.

3. Schouten, J. A. and Struik, D. J. On some properties of general manifolds relating to Einsteins theory of gravitation. *Amer. Journal of Math.* 43.

4. Schouten, J. A. Über die Bianchische Identität bei symmetrischer Übertragung. *Mathem. Zeitschr.*

5. Finzi, A. Sulle varietà in rappresentazione conforme con la varietà euclidea a più di tre dimensioni. *Rendiconti Accad. Lincei* (5) 31I, S. 8—12.

6. Eisenhart, L. P. Ricci's principal directions for a Riemann Space and the Einstein Theory. *Proceedings Nat. Academy Sciences U. S. A.* 8, S. 24—26.

Vergleichendes Verzeichnis der von einigen Autoren verwendeten Symbolik.

Hier verwendet		Ricci
Direkte Schreibweise	Bestimmungszahlen	
$\mathbf{u}'\,\widehat{\mathbf{v}}'\,\mathbf{w}'$	$u^{[\varkappa}\, v^{\lambda}\, w^{\mu]}$	$\frac{1}{6}(u^{\varkappa} v^{\lambda} w^{\mu} - u^{\varkappa} v^{\mu} w^{\lambda}$ $+ u^{\lambda} v^{\mu} w^{\varkappa} - u^{\lambda} v^{\varkappa} w^{\mu}$ $+ u^{\mu} v^{\varkappa} w^{\lambda} - u^{\mu} v^{\lambda} w^{\varkappa})$
$\mathbf{u}\,\breve{\mathbf{v}}\,\mathbf{w}$	$u_{(\varkappa}\, v_{\lambda}\, w_{\mu)}$	$\frac{1}{6}(u_{\varkappa} v_{\lambda} w_{\mu} + u_{\varkappa} v_{\mu} w_{\lambda}$ $+ u_{\lambda} v_{\mu} w_{\varkappa} + u_{\lambda} v_{\varkappa} w_{\mu}$ $+ u_{\mu} v_{\varkappa} w_{\lambda} + u_{\mu} v_{\lambda} w_{\varkappa})$
$d\,\mathbf{x}'$	$d\,x^{\mu}$	$d\,x_{\mu}$
$\mathbf{v} \overset{1}{.} \mathbf{w}'$	$v_{\lambda}\, w^{\lambda}$	$\sum\limits_{\lambda} v_{\lambda} w^{\lambda}$
$\overset{p}{\mathbf{v}} \overset{i}{.} \overset{q}{\mathbf{w}}'$	$v^{\lambda_1 \dots \lambda_{p-i} \lambda_{p-i+1} \dots \lambda_p}$ $.\, w_{\lambda_p \dots \lambda_{p-i+1}}{}^{\mu_1 \dots \mu_{q-i}}$	$\sum\limits_{\lambda_{p-i+1}, \dots, \lambda_p} v^{\lambda_1 \dots \lambda_{p-i} \lambda_{p-i+1} \dots \lambda_p}$ $.\, w_{\lambda_p \dots \lambda_{p-i+1}}{}^{\mu_1 - \mu_{q-i}}$
${}_p\mathbf{v} \overset{i}{\lrcorner}\, \overset{q}{\mathbf{w}}$	$v_{[\lambda_1 \dots \lambda_p}\, w_{\mu_1 \dots \mu_i]}{}_{\mu_{i+1} \dots \mu_q}$	. . . . .
$\overset{2}{\mathbf{v}} \frown \overset{2}{\mathbf{w}}$	$v_{\varkappa\lambda} \frown w_{\mu\nu}$	$\frac{1}{4}(v_{\varkappa\mu} w_{\lambda\nu} - v_{\lambda\mu} w_{\varkappa\nu}$ $+ v_{\lambda\nu} w_{\varkappa\mu} - v_{\varkappa\nu} w_{\lambda\mu})$
${}^2\mathbf{g} \frown {}^2\mathbf{g}$	$g_{\varkappa\lambda} \frown g_{\mu\nu}$	$\frac{1}{2}(g_{\varkappa\mu} g_{\lambda\nu} - g_{\varkappa\nu} g_{\lambda\mu})$
$\mathbf{i}_j$	$i_{j\lambda}$	$\lambda_{j/\lambda}$
$\mathbf{v} \cdot \mathbf{w}$	$\sum\limits_{i} v_i w_i,\; g^{\lambda\mu} v_{\lambda} w_{\mu}$	$\sum\limits_{\lambda,\mu} g^{\lambda\mu} v_{\lambda} w_{\mu}$
∇p	$\dfrac{\partial p}{\partial x^{\mu}}$	$\dfrac{\partial p}{\partial x_{\mu}},\; p_{\mu}$
$\nabla \mathbf{v}$	$\nabla_{\mu} v_{\lambda}$	$v_{\lambda\mu}$
$\nabla' \mathbf{v}$	$\nabla'_{\mu} v_{\lambda}$	. . . . .
$\nabla \mathbf{v}'$	$\nabla_{\mu} v^{\lambda}$	$\sum\limits_{\mu} g_{\mu\varkappa} v^{\lambda\varkappa}$
$\nabla \overset{1}{.} \mathbf{v}'$	$\nabla_{\mu} v^{\mu}$	$\sum\limits_{\lambda,\mu} g_{\lambda\mu} v^{\lambda\mu}$
$\widehat{\nabla \mathbf{v}}$	$\nabla_{[\mu} v_{\lambda]}$	$\frac{1}{2}(v_{\lambda\mu} - v_{\mu\lambda})$
${}^2\mathbf{h}$	$h_{\alpha\beta},\; h_{ab}$	$b_{rs},\; \omega_{hk}$
$\overset{3}{\mathbf{H}}$	$H_{\alpha\beta\varrho},\; H_{abe}$	$b_{a/rs},\; \omega_{ahk}$
$\mathbf{i}_j\, \mathbf{i}_k \overset{2}{.} \nabla\, \mathbf{i}_l$	$i_j^{\lambda}\, i_k^{\mu}\, \nabla_{\mu}\, i_{l\lambda},\; a_{lk}\, a_j$	γ_{ljk}

Hier verwendet: Direkte Schreibweise	Hier verwendet: Bestimmungszahlen	Ricci	Einstein	v. Laue	Weyl	Bianchi
$\overset{4}{\mathbf{K}}$	$K_{\varkappa\lambda\mu\nu}, K_{ijkl}$	$a_{qr,st}, \gamma_{hi,kl}$	$g_{\sigma\tau} B^{\tau}_{\varrho\mu\nu}$	R_{iklm}	$R_{\alpha\beta ik}$	$(\mu\nu, \varkappa\lambda)$
$\overset{2}{\mathbf{K}}$	$K_{\varkappa\lambda}, K_{ij}$	R_{hk}	$B_{\mu\nu}$	R_{ik}	R_{ik}	
$\overset{2}{\mathbf{G}}$	$G_{\varkappa\lambda}, G_{ij}$	$\alpha^{(rs)}; \gamma_{hk}, \omega_{hk}$ (für $n = 3$)		$R_{ik} - \frac{1}{2} R g_{ik}$	$R_{ik} - \frac{1}{2} R g_{ik}$	C_{rs} (f. $n = 3$)
K	K	R	$g^{\mu\nu} B_{\mu\nu}$	R	R	$-\frac{1}{2} K$ (für $n = 2$)

Vergleichendes Namensverzeichnis.

Schout.-Struik	Ricci	Einstein	Jung	Weyl
Affinor zweiten Grades	System zweiter Ordnung	Tensor zweiten Ranges	Affinor zweiter Ordnung	Tensor zweiter Stufe
Tensor zweiten Grades	Symmetrisches System zweiter Ordnung	Symmetrischer Tensor zweiten Ranges	Symmetrischer Affinor zweiter Ordnung	Symmetrischer Tensor zweiter Stufe
Bivektor	Antisymmetrisches System zweiter Ordnung	Antisymmetrischer Tensor zweiten Ranges	Antimetrischer Affinor zweiter Ordnung	Schiefsymmetrischer Tensor zweiter Stufe

Man vergleiche dazu z. B. Weitzenböck, 1921, 14, S. 81 Fußnote.

Übersicht der verschiedenen Indizes.

$\varkappa, \lambda, \mu, \nu;\ \alpha, \beta, \gamma, \delta;\ \varrho, \sigma, \tau : a_1, \ldots, a_m$.

$i, j, k, l : 1, \ldots, n$.

$a, b, c, d : 1, \ldots, m$.

$e, f, g, h : m + 1, \ldots, n$.

m : Rang eines Tensors zweiten Grades.

u, v / x, y } werden für verschiedene Zwecke verwendet, ihre Bedeutung wird für jeden Zweck wieder neu definiert.

Sonstige Bemerkungen.

Das Summenzeichen $\sum$ wird nur dann fortgelassen, wenn *griechische* Indizes in einem Term zweimal auftreten. Bei *lateinischen* Indizes wird $\sum$ immer verwendet.

X_n : n-dimensionale Mannigfaltigkeit.

V_n : n-dimensionale Mannigfaltigkeit mit quadratischer Maßbestimmung

C_n : konformeuklidische V_n.

S_n : V_n konstanter Riemannscher Krümmung.

R_n : euklidische V_n.

U_n : V_n mit unbestimmten Hauptrichtungen.

Namen- und Sachregister[1]).

[1]) Schrägstehende Zahlen weisen hin auf Definitionen oder wichtige Theoreme.

Nachtrag zu S. 7.

Herr G. Ricci hatte die Freundlichkeit, mich darauf aufmerksam zu machen, daß das Zeichen $B_{\varrho\nu}^{\lambda}$ für die im allgemeinen ganz verschiedenen Größen $g^{\lambda\mu} B_{\mu\varrho\nu}$ und $g^{\lambda\mu} B_{\varrho\nu\mu}$ nicht von ihm herrührt. Die auf S. 7 geübte Kritik gilt also nicht dem ursprünglichen, von Herrn Ricci eingeführten, Kalkül.